Gluschkow

# Einführung in die technische Kybernetik

Band 2

THEORETISCHE GRUNDLAGEN DER TECHNISCHEN KYBERNETIK

herausgegeben von Prof. Dr.-Ing. habil. F. H. Lange und Prof. Dr.-Ing. habil. G. Wunsch

# Einführung in die technische Kybernetik

## Band 2

V. M. Gluschkow

VEB VERLAG TECHNIK BERLIN

Übersetzung des 2. Teils des Werkes:
В. М. Глушков
Введение в Кибернетику
Издательство АН УССР, Киев 1964

Übersetzt von Prof. Dr. M. Peschel, Karl-Marx-Stadt

Überarbeitet von Prof. Dr.-Ing. habil. G. Wunsch, Dresden

Lektor: Doris Netz
DK 621/391
ES 20 K 2
Bestellnummer: 0/3/3886

VLN 201 · Dg.-Nr. 370/8 6/70 Deutsche Demokratische Republik
Reproduktion und Druck: VEB Graphische Kunstanstalt Reprocolor Werk III, Leipzig

## Vorwort zur deutschen Ausgabe

In der Gegenwart haben sich zwei verschiedene Definitionen des Begriffs „Kybernetik" herausgebildet. Nach der einen beschränkt sich die Kybernetik auf die Untersuchung der Steuerungsprozesse, die in lebenden Organismen vor sich gehen und ihre Analogien zu der Steuerung in den vielfältigen technischen Einrichtungen. Die zweite, allgemeinere Definition versteht die Kybernetik als eine Wissenschaft von den allgemeinen Gesetzen der Informationsumwandlung als das Wesen in den Steuerungsprozessen und bei der Datenverarbeitung.

Eine der wichtigsten Aufgaben, die sich die Kybernetik stellt, ist die Untersuchung des menschlichen Denkprozesses mit mathematischen Methoden und Modellen. Auch an diese Aufgabe kann man auf verschiedene Arten herangehen. Der erste Zugang hat es vorwiegend mit der Nachbildung des menschlischen Denkapparates zu tun – den Neuronensystemen, in enger Verbindung mit physiologischen Untersuchungen. Der zweite Zugang, der sich auch der Methode der Modellierung bedient, ist auf die funktionelle Nachbildung verschiedener Seiten der menschlichen Geistestätigkeit konzentriert. Dabei werden nicht unbedingt dieselben Mechanismen verwendet, durch die die Prozesse im Gehirn des Menschen verwirklicht werden.

Der erste Zugang ist für die Entwicklung der Kybernetik in westlichen Ländern charakteristisch, der zweite bestimmt den Inhalt des Begriffs Kybernetik, wie er in der Sowjetunion akzeptiert wurde.

Beim zweiten Herangehen gehören zum Beispiel die Theorie der Steuerung mit komplizierten technischen und ökonomischen Systemen, automatisierte Systeme der Datenverarbeitung, die allgemeine Theorie der Rechenmaschinen mit zur Kybernetik.

Man muß bemerken, daß die Rechenmaschinen und vor allem die universellen Ziffernrechenautomaten in der heutigen Kybernetik eine besondere Rolle spielen; sie bilden die Grundlage für die Modellierung komplizierter Denkprozesse.

Daher ist die allgemeine Theorie der Maschinen zur Informationsverarbeitung heute eines der wichtigsten Teilgebiete der Kybernetik.

Unserer Auffassung nach kann die Kybernetik in die allgemeine Theorie der Informationsverarbeitung und in die Theorie und die Prinzipien der Konstruktion von Informationswandlern eingeteilt werden.

Diese beiden großen Stoffgebiete sind jedoch so umfangreich, daß es unmöglich ist, sie auch nur konspektiv in einem Buch darzustellen. Daher muß eine Auswahl des Stoffes unter einigen allgemeinen Gesichtspunkten vorgenommen werden.

Die Themenabgrenzung dieses Buches wurde nach zwei Gesichtspunkten vorgenommen. Erstens wird gefordert, daß es in Form einer mathematischen Theorie dargelegt werden kann, wenn auch mit einer für die Kybernetik charakteristischen Hinwendung zur praktischen Modellierung. Zweitens beschränkt sich die Darstellung in der Regel auf diskrete Informationen und auf diskrete Informationswandler.

Es soll also der mathematische Apparat der Kybernetik entwickelt werden ausgehend von der mathematischen Logik und der Theorie der Rechenmaschinen und nicht von der Theorie der Selbstregelung und der Extrapolationstheorie, wie dies in den grundlegenden Arbeiten von N. Wiener getan wurde.

So wurden folgende Hauptabschnitte aufgenommen: Algorithmentheorie einschließlich der Programmierung für universelle elektronische Ziffernrechenautomaten und universelle algorithmische Programmierungssprachen, die Theorie der diskreten Automaten einschließlich der Theorie der Booleschen Funktionen und Begriffe über die Prinzipien der Konstruktion universeller elektronischer Ziffernrechenautomaten, die Theorie der diskreten selbstorganisierenden Systeme einschließlich der Grundlagen der Theorie der optimalen Lösungen und schließlich die mathematische Logik, der Aussagenkalkül, der Prädikatenkalkül der ersten Stufe und die formale Arithmetik. Die mathematische Logik wird dabei als Grundlage für die Automatisierung des Prozesses der Konstruktion deduktiver Theorien, die sich auf einem Axiomensystem aufbauen, angesehen.

Die Ausführlichkeit der Darstellung wird in erster Linie durch den Neuheitsgrad des jeweiligen Stoffes bestimmt. Die neuesten Abschnitte, die sich auf die eigentliche Kybernetik beziehen, werden eingehender dargelegt und die dort formulierten Sätze ausführlich bewiesen. In den Abschnitten über die abstrakte Algorithmenmethode und die mathematische Logik, die sich im Rahmen der traditionellen Mathematik entwickelt haben, wird das Material wesentlich gedrängter dargestellt und werden die Beweise in der Regel weggelassen.

Der Autor ist bemüht, eine Vorstellung über die wichtigsten Beweisverfahren der mathematischen Logik anhand so grundlegender Sätze wie des Gödelschen Beweises der Unvollständigkeit eines Axiomensystems oder der Sätze, die die algorithmische Unlösbarkeit eines Problems beweisen, zu geben.

Das Buch soll nicht spezielle Monographien ersetzen, denen einzelne Abschnitte dieses Buches gewidmet sind. Sein Hauptanliegen ist, breite Kreise von Mathematikern und Ingenieuren mit einem Minimum an Wissen auszurüsten, das zur Arbeit auf dem Gebiet theoretischer Probleme der modernen „diskreten" Kybernetik benötigt wird. Es ist allgemein bekannt, daß eingehende Monographien sich meist nicht als Einführung in ein Wissensgebiet eignen.

Was das vorliegende Buch anbelangt, so setzt es vom Leser, und zwar nur im Abschn. 2., die Kenntnis der Analysis und der Wahrscheinlichkeitsrechnung voraus, soweit sie jedem Ingenieur bekannt sind, ganz zu schweigen von Mathematikern. Weitergehende mathematische Hilfsmittel werden, soweit sie zum Verständnis gebraucht werden, in das Buch aufgenommen. Als Beispiel für Hilfssätze dieser Art seien einige Sätze der Wahrscheinlichkeitsrechnung, die im Abschn. 2.2. dargelegt wurden, genannt.

Wie diese Stoffaufzählung zeigt, wurden viele interessante Gebiete der modernen Kybernetik nicht in das Buch aufgenommen. Unter Berücksichtigung der oben angeführten Stoffauswahlkriterien hätte man zum Beispiel auch die Darlegung der Grundlagen der mathematischen Linguistik oder der Grundlagen der Spieltheorie mit aufnehmen können. Zweifellos von Interesse wäre eine Darlegung der Grundlagen der Automatentheorie unter Einbeziehung einiger neuer Resultate aus der Theorie der unendlichen und der lernenden Automaten.

Jedoch der ohnehin nicht geringe Umfang des Buches zwang den Autor, von einer Erweiterung Abstand zu nehmen. Das Buch enthält eine Reihe von Fragen, die heute bereits als Grundlage der theoretischen Kybernetik allgemein anerkannt sind (unter Beschränkung auf diskrete Systeme). Der Autor hofft, daß das Buch eine Hilfe bei der Aneignung des mathematischen Apparats der Kybernetik und zur Vorbereitung auf das Studium der theoretischen Probleme ist.

Kiew, 1965 W. N. Gluschkow

# Inhaltsverzeichnis

# 1. Automatentheorie

## 1.1. Abstrakte Automaten und Automatenabbildungen

Wir betrachten im weiteren Alphabettransformationen, die von diskreten Informationswandlern realisiert werden (vgl. Band 1). Diese geben ein bestimmtes Ausgangssignal (einen Buchstaben des Ausgangsalphabets) als Antwort auf ein gegebenes Eingangssignal (Buchstaben des Eingangsalphabets) aus. Solche Wandler nennt man unabhängig von ihrer inneren Struktur abstrakte Automaten.

Zur Vorgabe eines abstrakten Automaten müssen drei Mengen gegeben sein: das Eingangsalphabet $\mathfrak{X}$, das Ausgangsalphabet $\mathfrak{Y}$ und die Menge der inneren Zustände des Automaten, die wir mit dem Buchstaben $\mathfrak{A}$ bezeichnen. Der Automat arbeitet in einer diskreten Zeit, deren aufeinanderfolgende Zeitpunkte mit den natürlichen Zahlen $t = 0, 1, 2, \ldots$ identifiziert werden (was man immer tun kann, wenn man nur für die Zeit eine geeignete Maßeinheit wählt).

In jedem gegebenen Moment der diskreten Automatenzeit $t = 0, 1, 2, \ldots$ befindet sich der Automat A in einem bestimmten Zustand $a = a(t)$ der Menge $\mathfrak{A}$ seiner inneren Zustände, die wir der Kürze halber Menge der Zustände des Automaten A nennen wollen. Der Zustand $a_0 = a(0)$ im Anfangsmoment $t = 0$ heißt Anfangszustand des Automaten A. Bleibt dieser Anfangszustand bei beliebigen Experimenten mit dem Automaten unverändert, so sprechen wir von einem initialen Automaten. Da wir jedoch praktisch keine anderen als initiale Automaten betrachten werden, so können wir die Bezeichnung „initial" häufig auch weglassen.

In jedem Moment t der Automatenzeit, beginnend mit $t = 1$, gelangt an den Eingang des Automaten als Eingangssignal einer der Buchstaben $x = x(t)$ des Eingangsalphabets $\mathfrak{X}$. Endliche geordnete Folgen von Eingangssignalen $x(1) x(2) \ldots x(k)$ des Automaten nennen wir Eingangsworte dieses Automaten. An den Eingang des Automaten kann ein beliebiges Eingangswort aus einer bestimmten festgelegten Menge zulässiger Eingangsworte gegeben werden.

Ein beliebiges zulässiges Wort $p = x(1) x(2) \ldots x(k)$, das an den Eingang eines gegebenen initialen Automaten A gegeben wird, ruft am Ausgang des Automaten ein Ausgangswort $q = y(1) y(2) \ldots y(k)$ hervor, d.h. eine bestimmte geordnete endliche Folge von Ausgangssignalen des Automaten A (Buchstaben des Ausgangsalphabets $\mathfrak{Y}$), die die gleiche Länge hat, wie die dazugehörige und eindeutig bestimmte Eingangsfolge p. Die erhaltene Zuordnung $\varphi$ zwischen zulässigen Eingangsworten p und den ihnen entsprechenden Ausgangsworten q heißt die durch den betrachteten Automaten A induzierte (Alphabet-)Abbildung.

Die angegebene Abbildung $\varphi$ ist eindeutig durch die Vorgabe zweier Funktionen $\delta$ und $\lambda$ festgelegt, die man die Übergangsfunktion bzw. die Ausgabefunktion des betrachteten Automaten A nennt.

Die Übergangsfunktion bestimmt den Zustand a(t) des Automaten in einem beliebigen Moment der diskreten Automatenzeit in Abhängigkeit vom Eingangssignal x(t) im gleichen Zeitpunkt und dem Zustand $a(t - 1)$ im vorhergehenden Moment der Automatenzeit t:

$$a(t) = \delta\bigl(a(t-1),\ x(t)\bigr) \tag{1}$$

Die Ausgabefunktion bestimmt die Abhängigkeit des Ausgangssignals y(t) des Automaten von den gleichen Variablen:

$$y(t) = \lambda\left(a(t-1),\ x(t)\right) \qquad (2)$$

Bei Vorgabe eines beliebigen Eingangswortes $p = x(1)\, x(2) \ldots x(k)$ und des Anfangszustands a(0) des Automaten kann mit Hilfe der Beziehungen (1) und (2) nacheinander jeder Buchstabe des entsprechenden Ausgangswortes

$$q = \varphi(p) = y(1)\, y(2) \ldots y(k)$$

bestimmt werden. Somit legen die Beziehungen (1) und (2) tatsächlich die vom Automaten vermittelte Abbildung fest.

Die Übergangs- und Ausgabefunktionen sind im allgemeinen abstrakte Funktionen $\delta(a, x)$ und $\lambda(a, x)$, die eindeutige Abbildungen einer bestimmten Menge von Paaren (a, x) ($a \in \mathfrak{A}$ und $x \in \mathfrak{X}$) in die Mengen $\mathfrak{A}$ und $\mathfrak{Y}$ liefern. Zulässige Eingangsworte sind genau die Eingangsworte p, auf denen mit Hilfe der Funktionen $\delta$ und $\lambda$ mit dem obenbeschriebenen Verfahren entsprechende Ausgangsworte $\varphi(p)$ definiert sind.

Der Automat heißt „endlich", wenn alle drei ihn festlegenden Mengen $\mathfrak{A}$, $\mathfrak{X}$ und $\mathfrak{Y}$ endliche Mengen sind. Da wir uns auf die Betrachtung endlicher Automaten beschränken, werden wir häufig das Wort „endlich" weglassen. Der Automat heißt vollständig definiert, wenn seine Übergangs- und Ausgabefunktionen auf allen Paaren (a, x) erklärt sind, andemfalls heißt er partiell definiert.

Üblicherweise beschreibt man endliche Automaten durch Vorgabe zweier Tabellen, die man entsprechend Übergangstabelle und Ausgabetabelle des Automaten nennt. Die Zeilen beider Tabellen werden mit den verschiedenen Buchstaben des Eingangsalphabets $\mathfrak{X}$ des Automaten und die Spalten mit den verschiedenen Zuständen bezeichnet. Im Durchschnitt (Schnittpunkt) der x-ten Zeile und der a-ten Spalte der Übergangstabelle steht das Element $\delta(a, x)$, d.h. ein bestimmter Zustand des Automaten aus der Menge seiner inneren Zustände; im Durchschnitt der x-ten Zeile und der a-ten Spalte der Ausgabetabelle steht das Element $\lambda(a, x)$, also ein bestimmter Buchstabe des Ausgangsalphabets $\mathfrak{Y}$ des Automaten. So bestimmt die Vorgabe der Übergangs- und Ausgabetabelle sowohl die Mengen $\mathfrak{X}$, $\mathfrak{Y}$ und $\mathfrak{A}$ als auch die Übergangs- und Ausgabefunktionen des Automaten. Zur Festlegung des Anfangszustands dient gewöhnlich in beiden Tabellen die erste Spalte von links. Somit kann man mit Hilfe zweier Tabellen beliebige endliche Automaten vorgeben, insbesondere auch die initialen Automaten.

Ein anderes Verfahren zur Vorgabe endlicher Automaten, das durch eine größere Anschaulichkeit ausgezeichnet ist, ist die Vorgabe der Automaten mit Hilfe gerichteter Graphen. Die Knoten des Graphen (dargestellt auf den Diagrammen in Form von Kreisen) werden mit den verschiedenen Zuständen des Automaten identifiziert. Ein Pfeil, der den Knoten i mit dem Knoten j verbindet, besagt, daß es ein Eingangssignal x gibt, das den Automaten aus dem Zustand i in den Zustand j überführt, also der Beziehung

$$j = \delta(i, x)$$

genügt. Um unterscheiden zu können, von welchen Eingangssignalen ein gegebener Übergang des Automaten aus dem Zustand i in den Zustand j hervorgerufen wird, wird der Pfeil, der die bestimmte Zustände repräsentierenden Knoten miteinander verbindet, mit den Symbolen dieser Eingangssignale belegt. Das durch das Paar (i, x) bestimmte Ausgangssignal y wird im Graphen gewöhnlich neben das Eingangssignal x gesetzt und zur Unterscheidung von den Eingangssignalen in Klammern eingeschlossen.

Wir wollen ein Beispiel für die Vorgabe eines endlichen Automaten mit Hilfe der Übergangs- und Ausgabetabellen bzw. eines gerichteten Graphen besprechen. Zu diesem Zweck wählen wir einen relativ einfachen Automaten mit drei inneren Zuständen 1, 2, 3, zwei Eingangssignalen x, y und zwei Ausgangssignalen u, v. Wir nehmen an, daß der angegebene Automat durch folgende Übergangs- und Ausgabetabellen bestimmt sei:

| | 1 | 2 | 3 |
|---|---|---|---|
| x | 2 | 3 | 3 |
| y | 3 | 2 | 2 |

| | 1 | 2 | 3 |
|---|---|---|---|
| x | u | u | v |
| y | v | u | u |

Diesen Tabellen entspricht der im Bild 1 dargestellte gerichtete Graph.

Die von uns oben betrachteten Automaten nennt man gewöhnlich Mealy-Automaten (nach dem Namen des Gelehrten, der sich als erster mit Fragen der Wirkungsweise solcher Automaten beschäftigt hat; siehe [24]). In der Praxis hat man es häufig auch noch mit etwas anders definierten Automaten zu tun, die man Moore-Automaten nennt (s. [25]).

Die Moore-Automaten unterscheiden sich von den Mealy-Automaten nur durch die Art und Weise, wie die Ausgabefunktionen definiert sind. Anstelle der Beziehung

$$y(t) = \lambda\big(a(t-1),\ x(t)\big)$$

die für Mealy-Automaten das Ausgangssignal festlegt, wird im Fall der Moore-Automaten die etwas anders geartete Beziehung

$$y(t) = \mu\big(a(t)\big) \qquad (3)$$

benutzt.

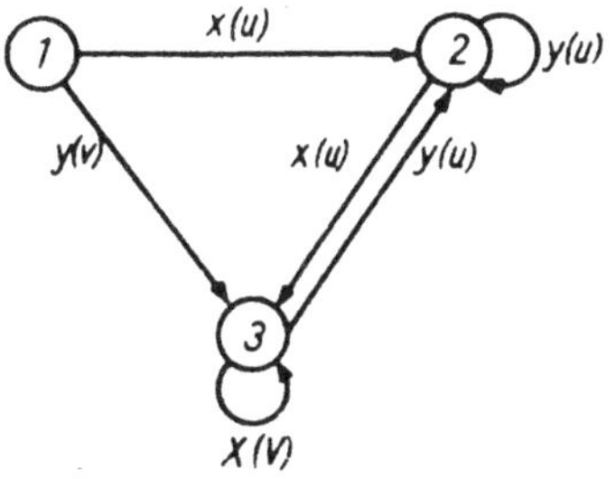


Bild 1

Mit Hilfe der Beziehung (3) und der angegebenen Beziehung (1) wird wieder wie im vorhergehenden Fall die von einem beliebigen gegebenen Moore-Automaten induzierte Abbildung bestimmt.

Aus Gründen, die wir später erörtern werden, nennen wir die Funktion $y = \mu(a)$ verschobene Ausgabefunktion des Moore-Automaten. Den Wert dieser Funktion auf einem beliebigen Zustand a nennen wir die Marke dieses Zustands. Endliche Moore-Automaten gibt man zweckmäßigerweise mit Hilfe sog. markierter Übergangstabellen vor. Eine markierte Übergangstabelle ist nichts anderes als die gewöhnliche Übergangstabelle des Automaten, bei der man über die Zustandssymbole, die die verschiedenen Spalten der Tabelle bezeichnen, noch die Marken dieser Zustände geschrieben hat. So gibt z.B. die folgende markierte Übergangstabelle

| | u | u | v |
|---|---|---|---|
| | 1 | 2 | 3 |
| x | 2 | 3 | 3 |
| y | 3 | 2 | 2 |

einen Moore-Automaten wieder, der die gleiche Übergangstabelle wie ein Mealy-Automat hat, bei dem den Zuständen 1 und 2 das Ausgangssignal u und dem Zustand 3 das Ausgangssignal v entspricht.

Bei der Darstellung von Moore-Automaten mit Hilfe von Graphen werden die Symbole der Ausgangssignale an die ihnen entsprechenden Knoten des Graphen geschrieben und nicht an die Pfeile, wie im Fall der Mealy-Automaten.

Wir wollen verabreden, daß die Ausgabe der Ausgangssignale beim Moore-Automaten mit dem Zeitpunkt t = 1 (und nicht vom Zeitpunkt t = 0 an) beginnt. Unter dieser Bedingung kann man für jeden Moore-Automaten $A_1$ unschwer einen Mealy-Automaten $A_2$ konstruieren, der die gleiche Übergangstabelle hat und dieselbe Abbildung vermittelt wie der Automat $A_1$.

Denn ist $\delta(a, x)$ die Übergangsfunktion, $\mu(a)$ die verschobene Ausgabefunktion des Moore-Automaten $A_1$, so kann man einen Mealy-Automaten $A_2$ definieren, dem man als Übergangsfunktion $\delta(a, x)$ und als Ausgabefunktion $\lambda(a, x) = \mu(\delta(a, x))$ gibt. Dann ist

$$y(t) = \lambda(a(t-1), x(t)) = \mu(\delta(a(t-1), x(t))) = \mu(a(t))$$

womit bewiesen ist, daß die Automaten $A_1$ und $A_2$ auf jede beliebige Folge von Eingangssignalen völlig gleich reagieren. Die beschriebene Konstruktion nennen wir eine Interpretation des gegebenen Moore-Automaten durch einen Mealy-Automaten. Die physikalische Bedeutung einer solchen Interpretation (in realen Automaten) besteht in einer Verschiebung der Automatenzeit um einen elementaren Zeitabschnitt, wodurch in dem konstruierten Mealy-Automaten die Ausgangssignale um eine Zeiteinheit der Automatenzeit den ihnen entsprechenden Ausgangssignalen des Moore-Automaten $A_1$ vorauseilen. Aus diesem Grund nennt man die Ausgabefunktionen von Moore-Automaten auch verschobene Ausgabefunktionen.

Diese Zeitverschiebung gibt die Möglichkeit, die Moore-Automaten immer dann als einen Spezialfall der Mealy-Automaten aufzufassen, wenn uns nicht die wahre Zeit des Auftretens irgendeines Ausgangssignals, sondern nur die zeitliche Reihenfolge der Ausgangssignale interessiert.

Diesen Sachverhalt treffen wir gerade in der abstrakten Automatentheorie an, die sich nur für die von den Automaten induzierten Abbildungen und die Übergänge in ihren Zuständen interessiert und nicht für die Art des Aufbaus eines gegebenen Automaten aus zur Verfügung stehenden elementaren Automaten.

Bei der Lösung der folgenden Frage, die den Gegenstand der sog. Strukturtheorie von Automaten bildet, muß man die Moore-Automaten als eine selbständige Klasse von Automaten betrachten, die keine eigentliche Unterklasse der Klasse aller Mealy-Automaten ist. Der Unterschied zwischen diesen beiden Klassen von Automaten in der Strukturtheorie ist dadurch bedingt, daß in den Mealy-Automaten das Ausgangssignal gleichzeitig mit dem erregenden Eingangssignal auftritt, während es in den Moore-Automaten gegenüber dem erregenden Eingangssignal um eine Zeiteinheit der Automatenzeit verzögert auftritt.

Die Möglichkeit der Interpretation jedes Moore-Automaten durch einen Mealy-Automaten in der abstrakten Automatentheorie bedeutet jedoch nicht, daß das auch umgekehrt möglich ist. Dennoch kann man zu jedem Mealy-Automaten A einen Moore-Automaten B konstruieren, der die gleiche Abbildung wie der Automat A vermittelt. Dabei fällt jedoch im Unterschied zum vorhergehenden Fall die Menge der Zustände des Automaten B im allgemeinen nicht mit der Menge der Zustände des Automaten A zusammen; sie ist jedoch immer dann endlich, wenn die Menge der Zustände des Automaten A endlich ist.

Es sei ein beliebiger Mealy-Automat A mit der Zustandsmenge $\mathfrak{A}$, dem Eingangsalphabet $\mathfrak{X}$, dem Ausgangsalphabet $\mathfrak{Y}$, der Übergangsfunktion $\delta(a, x)$, der Ausgabefunktion $\lambda(a, x)$ und dem Anfangszustand $a_0$ gegeben. Wir wollen hier der Einfachheit halber vereinbaren, daß wir im folgenden anstelle der Übergangsfunktion immer das Multiplikationssymbol verwenden wollen, indem wir den Wert der Funktion $\delta(a, x)$ mit dem Produkt ax bezeichnen.

Wir konstruieren nun einen Moore-Automaten B. Die Menge $\mathfrak{B}$ seiner Zustände besteht aus dem Anfangszustand $a_0$ und der Menge aller möglichen Paare (a, x) mit $a \in \mathfrak{A}$ und $x \in \mathfrak{X}$. Eingangs- und Ausgangsalphabete des Automaten B sollen mit den entsprechenden Alphabeten des Automaten A übereinstimmen. Die Übergangsfunktion des Automaten B definieren wir wie folgt:

$$a_0x = (a_0, x) \quad \text{und} \quad (a, x_i)x_j = (ax_i, x_j)$$

Die verschobene Ausgabefunktion $\mu(b)$ des Automaten B definieren wir auf jedem Zustand $b = (a, x)$, der vom Anfangszustand $a_0$ verschieden ist, mit Hilfe der Beziehung $\mu(b) = \lambda(a, x)$. Auf dem Anfangszustand kann der Wert der Funktion $\mu$ beliebig gewählt werden. Damit ist also ein gewisser Moore-Automat B konstruiert worden.

Man sieht nun unschwer ein, daß der Automat B die gleiche Abbildung wie der Automat A vermittelt. Wir bezeichnen mit dem Buchstaben $\varphi$ die vom Automaten A und mit dem Buchstaben $\Psi$ die vom Automaten B vermittelte Abbildung. Es sei für ein beliebiges Eingangswort $p = p_1x_i$ mit einer Länge $n \geq 1$ bereits gezeigt, daß gilt $\varphi(p) = \Psi(p) = q$ (für Eingangsworte der Länge 1, d.h., für einen beliebigen Buchstaben x gilt offensichtlich $\varphi(x) = \Psi(x) = \lambda(a_0, x)$).

Wir betrachten die Reaktionen beider Automaten auf ein beliebiges Wort $px_j$ der Länge n+1. Hier wollen wir vereinbaren, im folgenden den Zustand, in den Automaten beim Empfang eines Eingangswortes e aus dem Zustand a übergeht, mit ae zu bezeichnen. Wegen der Definition der Übergangsfunktion im Automaten B ist $a_0p = (a_0p_1, x_i)$. Nach dem Eintritt des Eingangssignals $x_j$ in beide Automaten A und B gibt der Automat A das Ausgangssignal $y = \lambda(a_0p, x_j)$ ab. Der Automat B geht dabei offenbar in den Zustand

$$b = (a_0p_1x_i, x_j) = (a_0p, x_j)$$

über und gibt das Ausgabesignal $\mu(b)$ ab, das auf Grund der Definition von $\mu$ gleich dem Signal $\lambda(a_0p, x)$ ist.

Damit ist gezeigt, daß die Automaten A und B auf beliebige Eingangsworte der Länge n+1 völlig gleich reagieren. Durch vollständige Induktion über n kommen wir zu dem Schluß, daß die durch die Automaten A und B vermittelten Abbildungen einander gleich sind. Dieser Schluß gilt nicht nur für gewöhnliche (vollständig definierte Automaten), sondern auch für die partiell definierten Automaten.

Nun wollen wir die von Automaten induzierten Abbildungen etwas genauer charakterisieren. Wir bemerken, daß die Forderung nach der Existenz eines Eingangssignals und der Abgabe eines Ausgangssignals zu jedem Zeitpunkt der Automatenzeit auf den ersten Blick in vielen konkreten Automaten nicht erfüllt ist. Man kann diese Bedingung jedoch leicht befriedigen, wenn man spezielle Buchstaben zur Bezeichnung von leeren Eingangssignalen und leeren Ausgangssignalen einführt (d.h. Fehlen jeglicher realer physikalischer Signale) und wenn man diese Buchstaben als völlig gleichberechtigt zu den anderen Buchstaben der Eingangs- und Ausgangsalphabete ansieht.

Man sieht ferner leicht, daß dann eine von einem beliebigen Moore- oder Mealy-Automaten vermittelte Abbildung $\varphi$ folgenden beiden Bedingungen genügt:

1. Jedem Wort l im Eingangsalphabet $\mathfrak{X}$ ordnet die Abbildung $\varphi$ ein Wort $\varphi(l)$ im Ausgangsalphabet $\mathfrak{Y}$ zu, das die gleiche Länge wie das Wort l hat

2. Ist das Wort $l_1$ ein Anfangsabschnitt des Wortes l, so ist das Wort $\varphi(l_1)$ ein Anfangsabschnitt des Wortes $\varphi(l)$.

Wir nennen diese Bedingungen Automatenbedingungen der Abbildung $\varphi$, und jede Zuordnung zwischen Worten in den Alphabeten $\mathfrak{X}$ und $\mathfrak{Y}$, die diesen Bedingungen genügt, heißt Automatenabbildung oder Automatenoperator.

Man kann leicht zeigen, daß jede Automatenabbildung mit Hilfe eines bestimmten abstrakten Automaten vermittelt werden kann (der jedoch nicht unbedingt endlich sein muß).

Die Automatenabbildung $\varphi$ bilde die Menge der Wörter im Alphabet $\mathfrak{X} = (x_1, x_2, \ldots x_n)$ in die Menge der Wörter im Alphabet $\mathfrak{Y} = (y_1, y_2, \ldots, y_m)$ ab. Wir konstruieren nun einen Automaten A, dessen innere Zustände alle möglichen Wörter im Alphabet $\mathfrak{X}$ sind, wobei als Anfangszustand das leere Wort e dienen soll (das Wort der Länge Null, das aus der leeren Menge von Buchstaben besteht). Die Übergangsfunktion $\delta$ wird ganz trivial definiert: Ist l ein beliebiger Zustand des Automaten (Wort im Alphabet $\mathfrak{X}$) und $x_i$ ein beliebiges Eingangssignal, so wird der Wert der Funktion $\delta(l, x_i)$ einfach gleich $lx_i$ gesetzt. Die Ausgabefunktion $\lambda$ definieren wir durch die Beziehung $\lambda(l, x_i) = y_j$, wobei $y_j$ der letzte Buchstabe des Wortes $\varphi(lx_i)$ ist. So erhalten wir einen Automaten, der die Ausgangsabbildung $\varphi$ realisiert.

Ist die Abbildung $\varphi$ einer Menge von Wörtern im Alphabet $\mathfrak{X}$ in eine Menge von Wörtern im Alphabet $\mathfrak{Y}$ durch einen partiellen Automaten gegeben, so ist das natürlich nur eine partielle Abbildung, die nur auf einer Teilmenge aller Wörter erklärt ist. Jedoch sind wie früher beide Automatenbedingungen erfüllt unter der zusätzlichen Voraussetzung, daß $\varphi(l)$ existiert. Die zweite Automatenbedingung nimmt dabei folgende verschärfte Form an: Wenn $\varphi(l)$ existiert, und wenn $l_1$ ein Anfangsabschnitt des Wortes l ist, so existiert auch $\varphi(l_1)$ und fällt mit einem bestimmten Anfangsabschnitt des Wortes $\varphi(l)$ zusammen.

Wir nennen die so umformulierten Bedingungen nun Automatenbedingungen für die partielle Abbildung $\varphi$. Jede partielle Abbildung, die diesen Bedingungen genügt, ist eine partielle Automatenabbildung.

Man stellt leicht die Richtigkeit der folgenden Behauptung fest

Satz 1: Jede partielle Automatenabbildung kann mit Hilfe eines bestimmten partiellen Automaten induziert werden (der Automat braucht dabei jedoch nicht unbedingt endlich zu sein).

Dieser Satz wird genauso wie der entsprechende Satz über vollständig definierte Abbildungen bewiesen. Der Unterschied besteht lediglich darin, daß als Zustände des partiellen Automaten nicht alle Wörter des Eingangsalphabets, sondern nur die genommen werden, auf denen die Abbildung $\varphi$ definiert ist.

Die Automatenbedingungen scheinen auf den ersten Blick die Klasse der mit Hilfe abstrakter Automaten vorgebbaren Abbildungen sehr einzuengen. Es ist insbesondere gut bekannt, daß die Forderung der Gleichheit der Längen von Eingangs- und Ausgangsworten von den meisten Algorithmen nicht erfüllt wird. Das scheint eine auf den ersten Blick sehr ernste Schwierigkeit zu sein, in Wirklichkeit kann sie leicht durch eine Umkodierung der Eingangs- oder Ausgangsinformation durch ein ganz einfaches Verfahren umgangen werden.

Das Standardverfahren zur Umwandlung einer beliebigen partiellen Zuordnung $\varphi$ zwischen Worten in den Alphabeten $\mathfrak{X}$ und $\mathfrak{Y}$ in eine partielle Automatenabbildung beruht auf der Einführung eines zusätzlichen Buchstaben $\alpha$ in die Alphabete $\mathfrak{X}$ und $\mathfrak{Y}$, den wir leeren Buchstaben nennen. Das Erscheinen eines leeren Buchstabens am Eingang entspricht dem Fall, daß in Wirklichkeit am

Eingang kein Signal einfällt, während analog das Auftreten des leeren Buchstabens als Ausgangssignal das Nichteintreffen eines Signals am Automatenausgang bedeutet.

Wir betrachten ein beliebiges Wort l der Länge n im Alphabet $\mathfrak{X}$, dem die ursprünglich gegebene partielle Abbildung $\varphi$ das Wort $q = \varphi(l)$ der Länge m im Alphabet $\mathfrak{Y}$ zuordnet. Mit dem Buchstaben $l_1$ bezeichnen wir das Wort im Alphabet $\mathfrak{X}_1 = \mathfrak{X} \vee (\alpha)$, das man erhält, wenn man rechts an das Wort l m Exemplare des Buchstabens $\alpha$ anhängt. Analog bezeichnen wir mit dem Buchstaben $q_1$ das Wort im Alphabet $\mathfrak{Y}_1 = \mathfrak{Y} \vee (\alpha)$, das man erhält, wenn man links an das Wort q n Exemplare des Buchstabens $\alpha$ anhängt. Wir nennen diese Verfahren Standardverfahren zur Gleichmachung der Wortlängen.

Nun definieren wir eine neue partielle Abbildung $\varphi_1$ zwischen den Worten in den Alphabeten $\mathfrak{X}_1$ und $\mathfrak{Y}_1$, indem wir $q_1 = \varphi_1(l_1)$ setzen, und wiederholen dieses Verfahren für ein beliebiges anderes Wort l im Alphabet $\mathfrak{X}$, auf dem vorher die Abbildung $\varphi$ definiert war. Wir setzen diese Zuordnung auf alle Anfangsabschnitte $l_1^{(i)}$ des Wortes $l_1$ fort, indem wir festsetzen, daß $\varphi_1(l_1^i)$ mit dem Anfangsabschnitt des Wortes $\varphi_1(l_1)$ zusammenfällt, das die gleiche Länge wie $l_1^i$ hat.

Bei einer solchen Fortsetzung der Definition entsteht die Gefahr, daß die Abbildung $\varphi$ nicht mehr eindeutig bleibt, da das Wort $l_1^i$ als Anfangsabschnitt nicht nur in das Ausgangswort $l_1$, sondern auch noch in andere Wörter, zum Beispiel in das Wort $s_1$ eingehen könnte, das man durch Anwendung des Standardverfahrens zur Gleichmachung der Wortlängen aus einem bestimmten Wort s im Alphabet $\mathfrak{X}$ erhält.

Da das Wort $s_1$ die Form $s_1 = s\alpha\alpha \ldots \alpha$ hat, und das Wort $l_1$ die Form $l_1 = l\alpha\alpha \ldots \alpha$, wobei die Wörter s und l den Buchstaben $\alpha$ nicht enthalten, ist $p = s = l$, wenn das Wort $l_1^i$ rechts wenigstens einen Buchstaben $\alpha$ hat: $l_1^i = p\alpha \ldots$ In diesem Fall müssen also die Wörter $s_1$ und $l_1$ übereinstimmen, und die Gefahr, daß es zur Nichteindeutigkeit der Abbildung $\varphi_1$ kommt, besteht nicht.

Man muß also nur noch den Fall betrachten, daß das Wort $l_1^i = p$ lediglich aus Buchstaben des Alphabets $\mathfrak{X}$ besteht. In diesem Fall übersteigt offensichtlich die Länge des Wortes p nicht die Längen der Worte l und s. Doch dann müssen wegen des Standardverfahrens zur Gleichmachung der Wortlängen die Anfangsabschnitte $\varphi(l)$ und $\varphi_1(s_1)$, die eine zu dem Wort $l_1^i = p$ gleiche Länge besitzen, vollständig aus dem Buchstaben $\alpha$ zusammengesetzt sein und fallen somit zusammen. Somit ist das Entstehen einer Nichteindeutigkeit auch in diesem Fall ausgeschlossen.

Die von uns konstruierte partielle Abbildung $\varphi_1$ zwischen den Worten der Alphabete $\mathfrak{X}_1$ und $\mathfrak{Y}_1$ genügt nach dem Konstruktionsverfahren selbst beiden Automatenbedingungen für partielle Abbildungen und ist folglich die gesuchte partielle Automatenabbildung.

Es handelt sich bei dem beschriebenen Verfahren der Umwandlung einer beliebigen partiellen Abbildung in eine Automatenabbildung um ein allgemeines Verfahren, das jedoch wegen seiner Allgemeinheit nicht immer zur ökonomischsten Lösung führt (vom Standpunkt des Verbrauchs an zusätzlichen Buchstaben). Diesen Umstand kann man sich besonders leicht an dem Fall klarmachen, in dem die partielle Ausgangsabbildung selbst beiden Automatenbedingungen genügt. Es ist klar, daß die ökonomischste Lösung in diesem Fall $\varphi_1 = \varphi$ wäre. Das beschriebene Standardverfahren (das wir natürlich auch in diesem Fall anwenden) führt zu einer unnötigen Vergrößerung der Längen der Ausgangsworte, die an der Zuordnung beteiligt sind.

Deshalb entbindet das gefundene allgemeine Verfahren nicht von der Notwendigkeit, ökonomischere Lösungen zu suchen. Solche ökonomischen Lösungen findet man gewöhnlich, indem man zu den Worten nicht auf einmal so viele leere Buchstaben hinzufügt, wie es das Standardverfahren zur Gleichmachung der Wortlängen vorsieht, vielmehr dies nur Schritt für Schritt tut und bei jedem Schritt prüft, ob die Automatenbedingungen schon erfüllt sind. Dies setzt man so lange fort, bis die Automatenbedingungen zum erstenmal erfüllt werden. Ein solches vervollkommnetes Verfahren zur Gleichmachung der Wortlängen führt früher oder später zu einer Automatenabbildung.

Von großem Interesse ist das Problem der Auffindung einer ökonomischen Umkodierung einer Abbildung, die in irgendeiner algorithmischen Sprache gegeben ist (zum Beispiel in der Sprache der Normalalgorithmen), mit dem Ziel, die Abbildung in eine Automatenzuordnung zu verwandeln, sowie die Aufgabe der Entwicklung von Algorithmen, die den Automatenbedingungen genügen, und die deshalb kurz Automatenalgorithmen genannt werden. Ein mögliches Herangehen an eine solche Algorithmentheorie wird im folgenden Abschnitt entwickelt werden.

## 1.2. Ereignisse und Darstellung von Ereignissen in Automaten

A sei ein beliebiger (im allgemeinen partieller) initialer Automat, $\varphi$ eine durch ihn induzierte Abbildung. Für jeden Buchstaben $y_i$ des Ausgangsalphabets $\mathfrak{Y} = (y_1, y_2, \ldots, y_m)$ des Automaten A betrachten wir die Menge $R_i$ aller Wörter l im Eingangsalphabet $\mathfrak{X} = (x_1, x_2, \ldots, x_n)$ dieses Automaten, für die das Wort $\varphi(l)$ erklärt ist und auf den Buchstaben $y_i$ endet.

Wir nennen die in dieser Weise definierte Menge $R_i$ ein in dem (partiellen) Automaten A durch das Ausgangssignal $y_i$ $(i = 1, 2, \ldots, m)$ dargestelltes Ereignis. Ist M eine beliebige Menge von Ausgangssignalen, so bezeichnen wir als das durch die Menge M im partiellen Automaten A dargestellte Ereignis die Vereinigung der Ereignisse, die durch alle einzelnen Elemente dieser Menge dargestellt werden.

Man sieht leicht, daß die Mengen $R_i$ paarweise durchschnittsfremd sind und daß die Menge S aller Wörter des Alphabets $\mathfrak{X}$, die in keine der Mengen $R_i$ $(i = 1, 2, \ldots, m)$ eingehen, aus allen den Wörtern besteht, die für den gegebenen partiellen Automaten verboten sind. Als verbotene Wörter bezeichnen wir dabei hier und im folgenden alle die Wörter im Eingangsalphabet, die bei Eingabe in den Eingang des gegebenen partiellen Automaten für wenigstens ein in das jeweilige Wort eingehendes Eingangssignal zu einem im Automaten nicht definierten Ausgangssignal führen. Die Gesamtheit aller verbotenen Wörter S wollen wir Verbotsbereich des gegebenen partiellen Automaten A nennen. Ereignis im Alphabet $\mathfrak{X}$ nennen wir jede beliebige Menge von Wörtern in diesem Alphabet.

Ausgehend von den eingeführten Definitionen, können wir das oben erhaltene Resultat in Form der folgenden Behauptung formulieren

S a t z 1: Die Vorgabe einer partiellen Automatenabbildung $\varphi$, realisiert durch einen partiellen Automaten A mit dem Eingangsalphabet $\mathfrak{X} = (x_1, x_2, \ldots, x_n)$ und dem Ausgangsalphabet $\mathfrak{Y} = (y_1, y_2, \ldots, y_m)$ bestimmt eindeutig eine Zerlegung der Menge F aller Wörter im Alphabet $\mathfrak{X}$ in $m+1$ paarweise durchschnittsfremde Ereignisse im Alphabet $\mathfrak{X}$, nämlich die Ereignisse $R_1, R_2, \ldots, R_m$, die im Automaten A durch die Ausgangssignale $y_1, y_2, \ldots, y_m$ dargestellt werden und den Verbotsbereich S des gegebenen (partiellen) Automaten A.

Es gilt auch die Umkehrung: Bei Kenntnis der Ereignisse $R_1, R_2, \ldots, R_m$, die in einem bestimmten partiellen Automaten A durch die Ausgangssignale $y_1, y_2, \ldots, y_m$ dargestellt werden, kann man eindeutig die durch diesen Automaten realisierte partielle Abbildung $\varphi$ zwischen Wörtern des Eingangsalphabets $\mathfrak{X}$ und des Ausgangsalphabets $\mathfrak{Y}$ wieder rekonstruieren, ohne die Übergangsfunktion und die Ausgabefunktion des Automaten zu verwenden.

Gegeben sei ein beliebiges Wort $l = x_{i_1} x_{i_2} \ldots x_{i_n}$ im Alphabet $\mathfrak{X}$. Für jedes k ($1 \leq k \leq n$) finden wir das Ausgangssignal $y_{j_k}$ nach der Regel: $y_{j_k}$ ist das Ausgangssignal, welches im Automaten A das Ereignis $R_{j_k}$ darstellt, das den Anfangsabschnitt $x_{i_1} x_{i_2} \ldots x_{i_k}$ der Länge k des Wortes l enthält. Gibt es für alle $k = 1, 2, \ldots, n$ ihnen entsprechende $y_{j_k}$, so setzen wir

$$\varphi(l) = \varphi(x_{i_1} x_{i_2} \ldots x_{i_n}) = y_{j_1} y_{j_2} \ldots y_{j_n}$$

Gibt es für wenigstens ein $k = 1, 2, \ldots, n$ kein Ausgangssignal $y_{j_k}$ mit den verlangten Eigenschaften, so legen wir fest, daß dann die partielle Abbildung $\varphi$ auf dem Wort l nicht definiert ist.

Man erkennt unschwer, daß auf Grund der Definition von im Automaten darstellbaren Ereignissen, die auf diese Weise eingeführte partielle Abbildung $\varphi$ gerade die partielle Abbildung ist, die von dem gegebenen partiellen Automaten A induziert wird.

Auf Grund des dargelegten kann man folgenden Satz formulieren.

S a t z 2: Die Vorgabe einer partiellen Automatenabbildung zwischen Wörtern in den Alphabeten $\mathfrak{X}$ und $\mathfrak{Y} = (y_1, y_2, \ldots, y_m)$ ist gleichbedeutend mit der Angabe von durch die Ausgangssignale $y_1, y_2, \ldots, y_m$ dargestellten Ereignissen $R_1, R_2, \ldots, R_m$ in dem partiellen Automaten A, der die Abbildung $\varphi$ induziert.

Der Satz 2 legt die Grundlage für die Untersuchung von Automatenabbildungen (insbesondere von Automatenalgorithmen). Zur Beschreibung solcher Abbildungen genügt es offenbar, eine Zerlegung der Menge aller Wörter des Eingangsalphabets in endlich viele paarweise durchschnittsfremde Ereignisse vorzunehmen. Damit die entsprechenden Beschreibungen einen konstruktiven Charakter tragen, ist es notwendig, die Betrachtung nur auf solche Ereignisse zu beschränken, die eine effektive Beschreibung zulassen.

Es leuchtet ein, daß eine einfache konstruktive Beschreibung zunächst nur endliche Ereignisse zuläßt, d.h. solche Ereignisse, die aus endlich vielen Wörtern bestehen. Man kann sie einfach durch Aufzählung aller dazugehörigen Elemente beschreiben. Um einige wichtige Klassen unendlicher Ereignisse charakterisieren zu können, ist es zweckmäßig, eine Reihe von Operationen auf der Menge von Ereignissen einzuführen, wodurch diese Menge selbst zu einer Algebra – einer Algebra der Ereignisse – wird.

Für unsere Zwecke am geeignetsten ist ein System von drei Operationen, die eine Modifikation der Operationen darstellen, die zum erstenmal von Kleene [20] eingeführt worden sind (siehe dazu auch Copi, Elgot, Wright [7] und Gluschkow [11].

Die erste Operation ist die Operation der mengentheoretischen Vereinigung von Ereignissen. Wir werden diese Operation mit dem Symbol V bezeichnen und Disjunktion von Ereignissen nennen.

Die zweite Operation ist die Operation der Multiplikation von Ereignissen, die man nicht verwechseln darf mit der Operation des mengentheoretischen Durchschnitts. Besteht das Ereignis S aus den Wörtern $l_\alpha (\alpha \in M)$ und das Ereignis R aus den Wörtern $q_\beta (\beta \in N)$, so nennt man das Produkt der Ereignisse S und R das Ereignis, das aus allen möglichen Wörtern der Form $l_\alpha q_\beta (\alpha \in M, \beta \in N)$ besteht. Die Operation der Multiplikation von Ereignissen ist nicht kommutativ, d.h., im allgemeinen sind die Ereignisse SR und RS verschieden.

Die dritte Operation ist die sog. Iteration von Ereignissen, zu deren Bezeichnung wir geschweifte Klammern verwenden. Es ist also $\{S\}$ die Iteration des Ereignisses S. Die Iteration eines beliebigen Ereignisses S wird definiert als die Vereinigung des leeren Wortes, des Ereignisses $S = S^1$, des Ereignisses $SS = S^2$, des Ereignisses $S \cdot SS = S^3$ usw. bis unendlich. Anders ausgedrückt: Wenn das Ereignis S aus den Wörtern $l_\alpha (\alpha \in M)$ besteht, so besteht dessen Iteration $\{S\}$ aus allen möglichen Wörtern der Gestalt $l_{\alpha_1} l_{\alpha_2} \dots l_{\alpha_n}$, wo $\alpha_1, \alpha_2, \dots, \alpha_n \in M$ sind und $n = 0, 1, 2, 3, \dots$ ist.

Die geschweiften Klammern, die wir zur Bezeichnung der Iteration verwenden, wollen wir die Iterationsklammern nennen. Zur Bezeichnung der Reihenfolge von Operationen werden wir runde Klammern verwenden, die wir gewöhnliche Klammern nennen wollen. Beim Fehlen von Klammern (zur Abänderung der gewöhnlichen Reihenfolge von Operationen) sollen als erste Iterationen, dann Multiplikationen und schließlich Disjunktionen ausgeführt werden.

Wir vereinbaren, daß wir einelementige Ereignisse, d.h. Ereignisse, die nur aus einem einzigen Wort bestehen, mit dem Symbol dieses Wortes selbst bezeichnen. Ist $\mathfrak{X} = (x_1, x_2, \dots, x_n)$, so nennen wir die folgenden einelementigen Ereignisse $x_1, x_2, \dots, x_m$, e in diesem Alphabet Elementarereignisse.

Hier und im folgenden sei mit dem Buchstaben e das leere Wort bezeichnet, das aus der leeren Menge von Buchstaben besteht und folglich die Länge Null besitzt. Dieses Wort spielt nur eine Hilfsrolle. Wir wollen insbesondere vereinbaren, Ereignisse als nicht verschieden voneinander anzusehen, wenn sie sich nur durch das leere Wort unterscheiden. Somit kann man einem beliebigen betrachteten Ereignis das leere Wort hinzufügen oder auch weglassen. Dies hängt damit zusammen, daß auf Grund der oben angegebenen Definitionen das leere Wort im Automaten nicht dargestellt werden kann.

Wir führen nun einen Begriff ein, der einer der zentralsten bei allen folgenden Betrachtungen ist.

Reguläres Ereignis im endlichen Alphabet $\mathfrak{X} = (x_1, x_2, \dots, x_n)$ heißt ein beliebiges Ereignis, das in diesem Alphabet aus den elementaren Ereignissen $x_1, x_2, \dots, x_m$, e durch endlich oft wiederholte Anwendung der Operationen Disjunktion, Multiplikation und Iteration gewonnen werden kann.

Diese Definition führt zur Definition eines regulären Ereignisses, wie sie von Kleene [20] gegeben wurde, obwohl sie sich der Form nach wesentlich von dieser unterscheidet (s. Gluschkow [11]). Wir bemerken, daß ein und dasselbe Ereignis in verschiedener Weise durch elementare Ereignisse dargestellt werden kann. Eine solche beliebige Darstellung (Formel der Ereignisalgebra) werden wir im folgenden einen regulären Ausdruck nennen.

Eine der wichtigsten Aufgaben in der Algebra der Ereignisse ist die Auffindung von Äquivalenztransformationen regulärer Ausdrücke, d.h. solcher Transformationen, welche die durch diese Ausdrücke dargestellten Ereignisse nicht verändern (bis auf das leere Wort e).

Zu den Gesetzen, die besonders häufig bei Äquivalenztransformationen in der Ereignisalgebra angewandt werden, gehören die Assoziativitätsgesetze für die Disjunktion und Multiplikation, das Kommutativgesetz für die Disjunktion, das linke und rechte Distributivgesetz für die Multiplikation hinsichtlich der Disjunktion $(S(R \vee Q) = SR \vee SQ,\ (R \vee Q)S = (RS \vee QS))$.

Insbesondere erlauben die Distributivgesetze die Auflösung von Klammern und das Herausheben gemeinsamer Faktoren aus Klammern (wie in der gewöhnlichen Algebra). Dabei muß aber nochmals daran erinnert werden, daß die Multiplikation in der Ereignisalgebra eine nichtkommutative Operation ist.

Jedes beliebige Wort kann man als Produkt von Elementarereignissen, nämlich der einzelnen Buchstaben, die dieses Wort bilden, darstellen. Jedes endliche Ereignis ist darstellbar in Form einer Disjunktion der zu ihm gehörenden Wörter. Hieraus folgt insbesondere, daß alle endlichen Ereignisse reguläre Ereignisse sind.

Erst die Ausnutzung der Iteration führt zur Konstruktion unendlicher regulärer Ereignisse. Dabei lassen sich auch leicht einfache Beispiele irregulärer Ereignisse konstruieren. Man braucht dazu nur eine solche wachsende Folge ganzer Zahlen $n_1, n_2, \ldots, n_i, \ldots$ zu konstrieren, deren Differenzen $n_{i+1} - n_i$ ($i = 1, 2, \ldots$) keine gemeinsame obere Schranke besitzen (dieser Bedingung genügt zum Beispiel die Folge der Quadrate natürlicher Zahlen). Dazu konstruiert man in einem beliebigen Eingangsalphabet $\mathfrak{X}$ ein Ereignis S, das aus allen Wörtern des Alphabets $\mathfrak{X}$ besteht, die die Längen $n_1, n_2, \ldots$ besitzen.

Das in dieser Weise konstruierte Ereignis S ist zwangsläufig irregulär.

Denn nehmen wir an, daß es zu S einen bestimmten regulären Ausdruck R gibt. Da das Ereignis S unendlich ist, enthält dieser Ausdruck wenigstens ein Paar von Iterationsklammern, die einen von dem leeren Wort e verschiedenen Ausdruck umschließen. Wir ersetzen alle übrigen Iterationsklammern in dem Ausdruck R durch das leere Wort und die ausgesonderten Klammern durch einen Ausdruck $\{p\}$, wobei p ein beliebiges nichtleeres Wort aus dem in den Klammern eingeschlossenen Ereignis ist. Als Resultat erhalten wir einen regulären Ausdruck $R_1$ für ein bestimmtes in S enthaltenes Ereignis.

Aus dem Ausdruck $R_1$ geht unmittelbar hervor, daß zu dem Ereignis S auch die folgenden Wörter gehören, rs, rps, rpps, rppps, ..., deren Längen eine unendliche in arithmetischer Progression wachsende Folge bilden. Dies jedoch widerspricht der Art der Konstruktion des Ereignisses S. Infolgedessen kann das Ereignis durch keinen regulären Ausdruck dargestellt werden, d.h., es handelt sich um ein irreguläres Ereignis.

Nun führen wir den Begriff der zyklischen Tiefe eines regulären Ausdrucks ein. Wir verstehen darunter die maximale Zahl ineinanderliegender Paare von Iterationsklammern, die in diesem Ausdruck enthalten sind. So hat zum Beispiel der Ausdruck $\{x\,\{y\}\,\{x\}\}$ die zyklische Tiefe 2 und der Ausdruck $\{xvy\}\ x\ \{y\}$ die zyklische Tiefe 1. Unter der zyklischen Tiefe eines regulären Ereignisses verstehen wir die minimale zyklische Tiefe aller das Ereignis darstellenden regulären Ausdrücke.

Reguläre Ereignisse haben in der abstrakten Automatentheorie besondere Bedeutung, weil die Klasse der regulären Ereignisse mit der Klasse der Ereignisse zusammenfällt, die in endlichen Automaten darstellbar sind. Wir beweisen in den folgenden Abschnitten diesen wichtigen Satz. Hier wollen wir zunächst die Frage über die Beziehung von Ereignisklassen untersuchen, die in Mealy-Automaten und in Moore-Automaten dargestellt werden können.

Die allgemeine Definition für die Darstellung von Ereignissen in einem Automaten, wie sie am Anfang dieses Abschnitts angegeben wurde, bezog sich auf einen Mealy-Automaten. Da der Moore-Automat als Spezialfall der Mealy-Automaten aufgefaßt werden kann, ist diese Definition auch auf diese Automaten anwendbar. Es ist jedoch in der Praxis zweckmäßig, für Moore-Automaten die Ereignisse nicht durch die Eigenschaft des Ausgangs im Moment des Einfalls des nächsten Eingangssignals (die das Ereignis bilden) darzustellen, sondern durch den Zustand, in dem er sich nach Eintritt eines Ereignisses am Automateneingang befindet.

Es ist, mit anderen Worten, besser, wenn man im Fall der Moore-Automaten annimmt, daß die Ereignisse durch bestimmte Mengen von Automatenzuständen dargestellt werden. Auf Grund der Definition der Moore-Automaten ist dieses Verfahren der Darstellung von Ereignissen vollständig dem Verfahren der Darstellung von Ereignissen durch Mengen von Ausgangssignalen äquivalent. Der Unterschied besteht lediglich darin, daß bei der Darstellung von Ereignissen durch Mengen von Automatenzuständen auch das leere Wort e darstellbar wird (mit Hilfe des Anfangszustands), das jedoch durch kein Ausgangssignal dargestellt werden kann (wenn man nicht die Zeitzählung mit negativen Zeitpunkten beginnen will).

Jedoch haben wir vereinbart, zwei Ereignisse nicht als verschieden anzusehen, wenn sie sich voneinander nur durch das leere Wort e unterscheiden. Daher sind beide Verfahren zur Darstellung von Ereignissen (durch Zustände oder durch Ausgangssignale) im Fall der Moore-Automaten tatsächlich einander äquivalent.

Da die Moore-Automaten in der abstrakten Theorie als ein Spezialfall der Mealy-Automaten angesehen werden können, wäre es ganz natürlich, wenn die Klasse der in Moore-Automaten darstellbaren Ereignisse nicht so umfangreich wie die Klasse der in Mealy-Automaten darstellbaren Ereignisse wäre. Dies ist in Wirklichkeit jedoch nicht der Fall.

Ein bestimmtes Ereignis S sei in einem bestimmten Mealy-Automaten A durch eine Menge M seiner Ausgangssignale darstellbar. Man sieht leicht, daß das Ereignis S auch durch eine bestimmte Menge von inneren Zuständen eines Moore-Automaten B (der die gleiche Abbildung $\varphi$ wie der Automat A vermittelt) dargestellt werden kann, wie er im vorhergehenden Abschnitt konstruiert worden war.

Wir erinnern daran, daß die Zustände des Automaten B alle möglichen Paare (a, x) aus Zuständen a des Automaten A und Buchstaben x des Eingangsalphabets $\mathfrak{X}$ waren; außerdem war noch der Anfangszustand $a_0$ des Automaten A ein Zustand des Automaten B. Die verschobene Ausgabefunktion $\mu$ des Automaten B war auf dem Anfangszustand $a_0$ vollständig willkürlich und auf dem Zustand b = (a, x) mit Hilfe der Beziehung $\mu(b) = \lambda(a, x)$ definiert, wobei $\lambda(a, x)$ die Ausgabefunktion des Automaten A war.

Ist $h = gx_j$ ein beliebiges nichtleeres Eingangswort, so ist im Automaten A der letzte Buchstabe des ihm entsprechenden Ausgangswortes offenbar der Buchstabe $y = \lambda(a_0g, x_j)$. Der Automat B wird, wie man leicht sieht, aus dem Anfangszustand $a_0$ durch das Wort h in den Zustand $(a_0g, x_j)$ übergeführt.

Somit werden alle nichtleeren Worte des Ausgangsereignisses in dem Automaten B durch die Menge K aller möglichen Zustände $(a_i, x_j)$, für welche die Beziehung $\lambda(a_i, x_j) \in M$ gilt, dargestellt.

## 1.3. Analyse endlicher Automaten

Das Problem der Analyse besteht in der Bestimmung der Ereignisse, die in einem Automaten durch Mengen von Ausgangssignalen (im Fall von Mealy-Automaten) oder durch Mengen innerer Zustände (im Fall von Moore-Automaten) dargestellt werden können. Da jeder Moore-Automat als ein Mealy-Automat interpretiert werden kann, genügt es, nur die Mealy-Automaten zu untersuchen.

Wir wollen das Analyseproblem nur für den Fall endlicher Mealy-Automaten lösen. Alle in solchen Automaten darstellbaren Ereignisse sind zwangsläufig regulär, wie im folgenden effektiv nachgewiesen werden soll. Der Analysealgorithmus wird auf die Überführungstabellen und auf die Ausgabetabellen des zu analysierenden Automaten angewendet, und man erhält als abschließende Information die regulären Darstellungen der

Ereignisse, die durch jedes der Ausgangssignale des Automaten darstellbar sind. Ein Ereignis, das durch eine beliebige Menge von Ausgangssignalen dargestellt wird, wird dann als eine Disjunktion der Ereignisse geschrieben, die durch die einzelnen Ausgangssignale darstellbar sind und die die gegebene Menge von Ausgangssignalen bilden.

Wir betrachten einen beliebigen endlichen Mealy-Automaten A mit der Menge $(a_1, a_2, \ldots, a_p)$ innerer Zustände, mit dem Eingangsalphabet $\mathfrak{X} = (x_1, x_2, \ldots, x_n)$ und dem Ausgangsalphabet $\mathfrak{Y} = (y_1, y_2, \ldots, y_m)$.

Gegeben sei der Anfangszustand $a_1$, die Übergangsfunktion $\delta(a_i, x_j)$ und die Ausgabefunktion $\lambda(a_i, x_j)$ des Automaten A. Wir suchen einen regulären Ausdruck R für das Ereignis, das durch irgendein Ausgangssignal, sagen wir durch das Signal $y_1$, dargestellt wird. Dazu bezeichnen wir die inneren Zustände, in die der Automat A aus dem Anfangszustand $a_1$ durch aufeinanderfolgende Anfangsabschnitte e, $x_{i_1}, x_{i_1}x_{i_2}, \ldots, x_{i_1}x_{i_2}\ldots x_{i_k}$ eines bestimmten Eingangswortes q übergeführt wird, mit $a_1, a_{j_1}, \ldots, a_{j_k}$. Setzen wir die Symbole der erhaltenen Zustände in das Wort q hinter die ihnen entsprechenden Anfangsabschnitte, so entsteht aus dem Wort q das neue Wort $q' = a_1 x_{i_1} a_{j_1} x_{i_2} \ldots a_{j_{k-1}} x_{i_k} a_{j_k}$. Dieses Wort wollen wir den dem Wort q entsprechenden Weg nennen. Entfernen wir aus einem gegebenen Weg die Symbole der inneren Zustände $a_j$, so erhalten wir das dem gegebenen Weg entsprechende Eingangswort.

Außerdem werden wir noch sog. abgeschnittene Wege verwenden, die wir aus den gewöhnlichen Wegen einfach dadurch erhalten, daß wir das am äußersten rechten Ende stehende Symbol des inneren Zustands $a_{j_k}$ weglassen. Wir bezeichnen den Weg, der einem gegebenen Eingangswort q entspricht, mit $q'$ und den zugehörigen abgeschnittenen Weg mit $q''$.

Damit ein nichtleeres Eingangswort q dem Ereignis $R_i$, das im Automaten durch das Ausgangssignal $y_i$ dargestellt wird, angehört, ist offenbar notwendig und hinreichend, daß der dem Wort q entsprechende abgeschnittene Weg $q''$ mit einem Paar $a_{j_{k-1}} x_{i_k}$ endet, für das die Ausgabefunktion den Wert $y_i$ annimmt. Wir nennen alle solche (abgeschnittenen) Wege auch Wege vom Typ $y_i$ oder allgemeiner (für beliebiges i) Wege vom darstellbaren Typ.

Wege (nichtabgeschnittene), die Eingangswörtern entsprechen und den Automaten aus einem Zustand $a_j$ in denselben Zustand $a_j$ überführen, nennen wir Wege vom Typ $a_j$ oder Wege vom zyklischen Typ. Kommen in einem bestimmten Weg $q'$ vom zyklischen Typ $a_j$ die Symbole irgendwelcher inneren Zustände $a_{k_1}, a_{k_2}, \ldots, a_{k_r}$ nicht vor, so nennen wir den Weg $q'$ auch einen Weg vom Typ $a_j [a_{k_1}, a_{k_2}, \ldots, a_{k_r}]$ (die Symbole, die in den eckigen Klammern stehen, heißen dabei verbotene Symbole oder Zustände).

Ein Weg $q'$ von beliebigem Typ heißt einfach, wenn in dem zugehörigen abgeschnittenen Weg $q''$ keine zwei gleichen Symbole innerer Zustände vorkommen. Es gibt in jedem endlichen Automaten nur endlich viele verschiedene einfache Wege. Alle einfachen Wege von beliebig gegebenem Typ können unmittelbar anhand der Übergangstabelle (für Wege von darstellbarem Typ) oder anhand der Ausgabetabelle des Automaten gefunden werden.

Wir konstruieren nun einige Hilfsereignisse in dem Alphabet $\mathfrak{Z} = (x_1, x_2, \ldots, x_n, a_1, a_2, \ldots, a_p)$, deren Elemente gewisse abgeschnittene Wege im gegebenen Automaten A sind. Das Ereignis $S(y_1)$ vom Typ $y_1$ ist das Ereignis, das aus allen (abgeschnittenen) Wegen vom Typ $y_1$ besteht; das einfache Ereignis $P(y_1)$ vom Typ $y_1$ ist die Disjunktion aller einfachen (abgeschnittenen) Wege vom Typ $y_1$. Einfaches Ereignis P (t) eines beliebigen gegebenen zyklischen Typs $t = a_j [a_{k_1}, a_{k_2}, \ldots, a_{k_r}]$ ($j = 1, 2, \ldots, p$, $r \;\; p-1$) nennen wir die Iteration der Disjunktion aller einfachen Wege vom Typ t (die Disjunktion der leeren Menge von Wegen ist das unmögliche Ereignis, dessen Iteration mit dem leeren Wort e zusammenfällt, das Ereignis S(t) vom Typ t ist das Ereignis, das aus allen abgeschnittenen Wegen vom Typ t besteht. Schließlich nennen wir bedingt einfaches Ereignis U(t) vom Typ $t = a_j [a_{k_1}, a_{k_2}, \ldots, a_{k_r}]$ die Iteration des Teiles des Ereignisses S(t), der nur Worte enthält, in die das Symbol $a_j$ einmal eingeht.

Gegeben sei eine bestimmte Menge (abgeschnittener) Wege vom Typ $y_1$; sie sei gegeben mit Hilfe eines regulären Ausdrucks Q. Setzt man in diesen regulären Ausdruck vor jede Stelle, wo das Symbol des inneren Zustands $a_j$ auftritt, den regulären Ausdruck eines Ereignisses $S(a_j)$ vom Typ $a_j$ oder eines Ereignisses vom Typ $a_j [a_{k_1}, a_{k_2}, \ldots, a_{k_r}] = t$, so erhalten wir einen neuen regulären Ausdruck, der nach wie vor nur Wege vom Typ $y_1$ darstellt. Eine solche Operation nennen wir Substitution des Ereignisses $S(a_j)$ in das Ereignis Q.

Nun sei q´´ ein beliebiger (abgeschnittener) Weg vom Typ $y_1$. Das (von links) erste Symbol eines in diesen Weg eingehenden inneren Zustands ist das Symbol $a_1$. Wir sondern auch die Stelle aus, bei der von links nach rechts das Symbol $a_1$ zum letzten Mal in den Weg q´´ eingeht: q´´ = $a_1 \ldots a_1 s$. Dabei enthält das Wort s das Symbol $a_1$ nicht mehr. Dann kann man den Weg q´´ als Produkt einer bestimmten Anzahl von Wörtern des bedingt einfachen Ereignisses $U(a_1)$ vom Typ $a_1$ mit dem Wort $a_1 s$ darstellen.

In dem Wort s sondern wir das (von links) erste Symbol eines inneren Zustands aus: $s = x_{i_k} a_{i_k} \ldots$ Wenn wir auch die Stelle suchen, an der dieses Symbol zum letzten Mal in das Wort s eintritt, erhalten wir die Möglichkeit, das Wort s als Produkt des Buchstabens $x_{i_k}$ mit einer bestimmten Anzahl von Wörtern des bedingt einfachen Ereignisses vom Typ $a_{j_k} [a_1]$ und eines bestimmten Wortes $a_{j_k} r$ darzustellen, wobei r bereits nicht mehr die beiden Symbole der inneren Zustände $a_1$ und $a_{j_k}$ enthält.

Wir kommen also zu dem Schluß, daß der Weg q´´ in einem Ereignis enthalten ist, das man dadurch erhält, daß man in einem bestimmten einfachen Weg vom Typ $y_1$ vor den einzigen in ihn eingehenden Buchstaben $a_1$ ein bedingt einfaches Ereignis vom Typ $a_1$, und vor die in der Ordnung folgenden Symbole innerer Zustände $a_{j_k}, a_{j_l}, \ldots$, die in diesen Weg eingehen, die bedingt einfachen Ereignisse vom Typ $a_{j_k} [a_1]$, $a_{j_l} [a_1, a_{j_k}]$ usw. substituiert.

Genau derselbe Weg kann wiederholt werden mit den Worten der bedingt einfachen Ereignisse, die aus dem Ausgangsweg q´´ ausgesondert wurden. Danach kommen wir zu dem Schluß, daß der Weg q´´ vom Typ $y_1$ in ein Ereignis eingeht, das man dadurch erhält, daß man in ein einfaches Ereignis $P(y_1)$ vom Typ $y_1$ keine bedingt einfachen, sondern gewöhnliche einfache Ereignisse der Typen $a_1$, $a_{j_k} [a_1]$, ... substituiert und nachfolgend in die Wege, aus denen die substituierten einfachen Ereignisse bestehen, bedingt einfache Ereignisse substituiert: für ein einfaches Ereignis vom Typ $a_1$ bestimmte Typen $a_x [a_1]$, $a_y [a_1, a_x]$, ..., für ein einfaches Ereignis vom Typ $a_{j_k} [a_1]$ bestimmte Typen $a_u [a_1, a_{j_k}]$, $a_v [a_1, a_{j_k}, a_u]$, ... usw.

Weiter kommen wir zu dem Schluß, daß man auch auf der zweiten Etappe nicht nur bedingt einfache, sondern auch gewöhnliche einfache Ereignisse substituieren kann, indem man seinerseits (schon auf der dritten Etappe), in die Wörter, aus denen sie gebildet sind, bedingt einfache Ereignisse noch höherer zyklischer Typen (im Sinn der Zahl verbotener Buchstaben) substituiert.

Erhöhen wir die Zahl der Etappen aufeinanderfolgender Substitutionen, so kommen wir schließlich zur Substitution von Ereignissen zyklischer Typen, bei denen alle Buchstaben, außer einem, verbotene Buchstaben sind. Da für Typen dieser Art kein Unterschied zwischen bedingt einfachen und gewöhnlichen einfachen Ereignissen vom gleichen Typ mehr besteht, ist der Prozeß der Erhöhung der Zahl von Etappen und neuer Substitutionen hiermit beendet.

Als Ergebnis kommen wir zu dem Schluß, daß der Weg $q''$ in ein Ereignis $S_1$ eingeht, das man durch endlich viele aufeinanderfolgende Substitutionen (zerlegt in einzelne Etappen) von einfachen Ereignissen immer höherer zyklischer Typen in ein einfaches Ereignis vom Typ $y_1$ erhält. Da der Weg $q''$ völlig beliebig gewählt war, ist das Ereignis $S(y_1)$ in dem Ereignis $S_1$) enthalten.

Wie oben erwähnt wurde, kann ein solcher Prozeß nicht zu einem Ereignis führen, das Wege enthält, die vom Typ $y_1$ verschieden sind. Folglich ist $S_1 = S(y_1)$, und der von uns beschriebene Prozeß von Substitutionen ergibt einen regulären Ausdruck $R_1$ für das Ereignis $S(y_1)$, das aus allen Wegen vom Typ $y_1$ besteht.

Lassen wir nun in dem regulären Ausdruck $R_1$ alle Symbole innerer Zustände weg (ersetzen wir diese durch das leere Wort), so erhalten wir einen regulären Ausdruck R, der, wie man leicht sieht, nichts anderes ist als ein regulärer Ausdruck für das gesuchte Ereignis, das im Automaten A durch das Ausgangssignal $y_1$ dargestellt wird.

Somit wurde von uns der folgende Satz bewiesen.

S a t z 1: Ein Ereignis, das in einem beliebigen endlichen Mealy-Automaten (und folglich auch in einem beliebigen endlichen Moore-Automaten) durch eine beliebige Menge von Ausgangssignalen dargestellt wird, ist zwangsläufig regulär. Es gibt ein allgemeines konstruktives Verfahren (den Algorithmus der Analyse endlicher Automaten), nach dem man reguläre Ausdrücke für die Ereignisse finden kann, die durch Mengen von Ausgangssignalen in einem beliebigen endlichen Automaten dargestellt werden.

Man kann dem beschriebenen Algorithmus für die Analyse endlicher Automaten eine für die praktischen Anwendungen zweckmäßigere Form geben [12]. Zu diesem Zweck operieren wir nicht mit Ereignissen in einer Menge von Wegen, sondern mit formalen Ausdrücken, sog. Komplexen.

Für eine beliebige Menge M von Ausgangssignalen eines gegebenen endlichen Mealy-Automaten A nennen wir Komplex vom Typ M (oder Komplex vom Ausgangstyp) die Disjunktion aller einfachen abgeschnittenen Wege, die mit Paaren $a_i x_i$ enden, denen Ausgangssignale entsprechen, die in der Menge M enthalten sind. Komplex vom Typ $a_i\,[a_{i_1}, a_{i_2}, \ldots, a_{i_r}]$ (Komplex vom zyklischen Typ) heißt der formale Ausdruck, den man erhält, wenn man mit dem Disjunktionszeichen alle einfachen Wege vom Typ $a_i\,[a_{i_1}, a_{i_2}, \ldots, a_{i_r}]$ vereint, den Buchstaben $a_i$ streicht und das erhaltene formale Polynom in Iterationsklammern einschließt. ($a_i, a_{i_1}, a_{i_2}, \ldots, a_{i_r}$ sind dabei beliebige paarweise verschiedene innere Zustände des Automaten, $0 \leqq r \leqq p-1$, wobei p die Zahl der inneren Zustände des Automaten A ist.)

I. Der erste Schritt des Analysealgorithmus: Anhand der Übergangs- und Ausgabetabellen des Automaten und der gegebenen (darstellenden) Menge von Ausgangssignalen finden wir durch Durchsicht aller möglichen Varianten einfacher Wege den Komplex K(M) des Typs M und die Komplexe $K(a_i)$ für alle inneren Zustände $a_i$ des Automaten A.

II. Zweiter Schritt: Aus den Komplexen $K(a_i)$ bestimmen wir durch Aussonderung unnötiger Terme in den Iterationsklammern die für die folgenden Konstruktionen benötigten Komplexe höherer zyklischer Typen $a_i[a_{i_1}, a_{i_2}, \ldots, a_{i_r}]$ $(r \geq 1)$.

III. Dritter Schritt: Ausgehend von dem Komplex vom Typ M finden wir, indem wir nacheinander alle Symbole innerer Zustände $a_i$ durch Komplexe zyklischer Typen ersetzen, einen Ausdruck R, der kein einziges Symbol innerer Zustände mehr enthält. Die Ersetzungsregel können wir wie folgt formulieren:

Geht der Weg $a_1 x_{i_1} a_{j_1} x_{i_2} a_{j_2} \ldots$ in einen Komplex vom Ausgangstyp M ein, so wird der Buchstabe $a_1$ durch den Komplex vom Typ $a_1$, der Buchstabe $a_{j_1}$ durch den Komplex vom Typ $a_{j_1}[a_1]$, der Buchstabe $a_{j_2}$ durch einen Komplex vom Typ $a_{j_2}[a_1, a_{j_1}]$ usw. ersetzt. Geht das Glied $x_{i_1} a_{j_1} x_{i_2} a_{j_2} \ldots$ in einen Komplex vom Typ $a_i(N)$ ein, wo N eine Menge (eventuell auch die leere Menge) von inneren Zuständen ist, die von $a_i$ verschieden sind, so wird der Buchstabe $a_{j_1}$ durch einen Komplex vom Typ $a_{j_1}[a_1, N]$, der Buchstabe $a_{j_2}$ durch einen Komplex vom Typ $a_{j_2}[a_1, a_{j_1} N]$ usw. ersetzt.

Im dritten Schritt erhalten wir im Ergebnis von endlich oft angewendeter Ersetzungsregel den gesuchten regulären Ausdruck R für das Ereignis, das im Automaten A durch die Menge M von Ausgangssignalen dargestellt wird.

Aus dem beschriebenen Algorithmus geht unmittelbar der folgende Satz hervor.

S a t z 2. Jedes in einem endlichen Mealy-Automaten mit n inneren Zuständen (oder Moore-Automaten) darstellbare Ereignis läßt einen regulären Ausdruck zu, dessen zyklische Tiefe n nicht übersteigt.

Als Beispiel betrachten wir den regulären Ausdruck für das Ereignis S, das durch das Ausgangssignal v in dem Automaten dargestellt wird, dessen Übergangs- und Ausgabetabellen im Abschn. 2.1. beschrieben wurde (sein Graph ist im Bild 7, Bd. 1, dargestellt).

Wir finden unmittelbar nach den Tabellen den Komplex K(v) vom Typ v.

$$K(v) = 1y \vee 1y3x \vee 1x2x3x$$

und die Komplexe der Typen 1, 2 und 3

$$K(1) = e, \quad K(2) = \{y \vee x3y\}, \quad K(3) = \{x \vee y2x\}.$$

Nun geben wir einige Komplexe höherer zyklischer Typen an:

$$K(2[1]) = K(2); \quad K(3[1]) = K(3);$$

$$K(3[1, 2]) = \{x\}; \quad K(2[3]) = K(2[1, 3]) = \{y\}$$

Bezeichnen wir die Substitutionsoperation von Komplexen mit einem Pfeil, so erhalten wir die nachstehende Folge von Substitutionen:

$$K(v) \to y \vee yK(3[1])x \vee xK(2[1])\, xK(3[1, 2])x$$

$$= y \vee y\{x \vee y2x\}x \vee x\{y \vee x3y\}\, x\, \{x\}\, x \to y \vee y$$

$$\left\{ x \vee yK(2[1, 3]\ x \{x \vee x\}\ y \vee xK(3[1, 2])\ y \right\}\{x\}\ x$$

$$x = y \vee y \left\{ x \vee y \{y\}\ x \right\} x \vee x \left\{ y \vee x \{x\}\ y \right\} x \{x\}\ x$$

Der letzte der erhaltenen regulären Ausdrücke ist der gesuchte reguläre Ausdruck für das Ereignis S. Er gestattet Umformungen und Vereinfachungen unter Benutzung der in der Algebra der Ereignisse geltenden Beziehungen.

## 1.4. Abstrakte Synthesen endlicher Automaten

Das Problem der abstrakten Synthese ist dem Analyseproblem endlicher Automaten entgegengesetzt: es soll eine Methode gefunden werden, die gestattet, anhand der regulären Ausdrücke der Ereignisse die Übergangs- und Ausgabetabelle eines endlichen Automaten zu bestimmen, der diese Ereignisse darstellt.

Das Problem der Synthese von Moore-Automaten ist allgemeiner als das Problem der Synthese von Mealy-Automaten. Da jeder Moore-Automat als ein Mealy-Automat interpretiert werden kann, studiert man, wenn man sich mit der Synthese der Moore-Automaten beschäftigt, zugleich die Synthese der Mealy-Automaten. Wir wollen deshalb das Problem der Synthese der Moore-Automaten lösen.

In einem bestimmten endlichen Alphabet $\mathfrak{X} = (x_1, x_2, \ldots, x_n)$ seien p reguläre Ausdrücke $R_1, R_2, \ldots, R_p$ gegeben. Wir numerieren alle Stellen, an denen Buchstaben des Alphabets $\mathfrak{X}$ in die Ausdrücke $R_1, R_2, \ldots, R_p$ eingehen, durch aufeinanderfolgende natürliche Zahlen durch; im folgenden wollen wir sie die Indizes der entsprechenden Stellen dieser Ausdrücke nennen. Wir unterstreichen besonders, daß, wenn derselbe Buchstabe des Alphabets $\mathfrak{X}$ an mehreren verschiedenen Stellen eingeht, diese Stellen auch verschiedene Indizes erhalten.

Bei der Entwicklung eines regulären Ausdrucks in ein Wort identifizieren wir jeden der nacheinander aufgeschriebenen Buchstaben dieses Wortes mit der entsprechenden Stelle, an der der Buchstabe in den zu entwickelnden Ausdruck eingeht. Wenn wir z. B. den letzten notierten Buchstaben mit der Stelle identifizieren, die den Index j erhalten hat, so wollen wir annehmen, daß wir uns an der j-ten Stelle des entsprechenden regulären Ausdrucks befinden. Wir sagen, daß die j-te Stelle eines regulären Ausdrucks auf die i-te Stelle $x_k$ folgt, wenn der letzte Buchstabe eines Wortes q den Index i hat und man den letzten Buchstaben des Wortes $qx_k$ nach der obigen Vorschrift den Index j zuordnen kann. In jedem regulären Ausdruck wird noch die Anfangsstelle ausgesondert, der man den Index 0 zuschreibt (gleich für alle gegebenen regulären Ausdrücke). Wenn bei dieser Identifizierung der erste Buchstabe $x_k$ eines bestimmten Wortes mit irgendeiner Stelle in einem regulären Ausdruck identifiziert wird, die mit dem Index j bezeichnet ist, so nimmt man an, daß die j-te Stelle auf die Nullstelle (der Anfangsstelle) $x_k$ folgt (gleichermaßen für alle regulären Ausdrücke).

Wird schließlich die Zugehörigkeit eines bestimmten Wortes p zu dem Ereignis mit dem regulären Ausdruck R im Ergebnis der Identifizierung des letzten Buchstabens des Wortes p mit seinem Eintreten in R festgestellt, das dort den Index j hat, so heißt die j-te Stelle des Ausdrucks R Wort-Endstelle dieses Ausdrucks.

Man kann für eine beliebige endliche Menge regulärer Ausdrücke $R_1, R_2, \ldots, R_p$ in ein und demselben Alphabet $\mathfrak{X}$ unter Verwendung der oben definierten Vorrangregeln für die Reihenfolge der Operationen in der Ereignisalgebra leicht eine Tabelle der Stellenaufeinanderfolge aufstellen. Die Zeilen dieser Tabelle werden mit den Buchstaben des Alphabets $\mathfrak{X}$ bezeichnet und die Spalten mit den Indizes aller Stellen der Ausdrücke $R_1, R_2, \ldots, R_p$. In die Schnittstelle der $x_i$-ten Zeile mit der j-ten Spalte der Tabelle schreibt man die Indizes aller der Stellen, die hinter der j-ten Stelle $x_i$ folgen. Gibt es solche Indizes nicht, so bringt man an die entsprechende Stelle der Tabelle ein spezielles Kennzeichen, das die leere Menge von Indizes bezeichnet. Als solches Zeichen werden wir ein Sternchen verwenden.

Wir konstruieren nun einen Moore-Automaten A, dessen innere Zustände alle möglichen Teilmengen von Stellenindizes in den gegebenen regulären Ausdrücken $R_1, R_2, \ldots, R_p$ sind (einschließlich der leeren Menge). Die Übergangsfunktion $\delta$ dieses Automaten wird folgendermaßen gewonnen: Für einen beliebigen Zustand $a_i$ des Automaten A (einer Menge von Stellenindizes der gegebenen Ereignisse) und einen beliebigen Buchstaben $x_j$ des Eingangsalphabets wird der Zustand $a_k = \delta(a_i, x_j)$ definiert als die Menge der Indizes aller $x_j$-Folgestellen auf wenigstens einer der Stellen, deren Indizes zu $a_i$ gehören.

Die verschobene Ausgabefunktion $\mu$ des Moore-Automaten A wird für das Ausgangsalphabet $\mathfrak{Y}$ konstruiert, das aus allen möglichen Teilmengen (einschließlich der leeren Menge) der Menge aller Symbole $R_1, R_2, \ldots, R_p$ der gegebenen regulären Ausdrücke besteht. Für einen beliebigen Zustand $a_i$ (Menge von Indizes) des Automaten A wird als $\mu(a_i)$ die Menge aller der regulären Ausdrücke $R_1, R_2, \ldots, R_p$ gewählt, bei denen wenigstens einer der zu $a_i$ gehörenden Indizes Wortend-Stelle ist.

Damit ist von uns ein bestimmter endlicher Moore-Automat A konstruiert worden. Aus dem Konstruktionsverfahren für seine Übergangsfunktion und für die Ausgabefunktion geht unmittelbar hervor, daß er (wenn man als Anfangszustand 0 wählt) jedes der gegebenen Ereignisse $R_1, R_2, \ldots, R_p$ sowie die Ergänzung S ihrer Vereinigung darstellt. Das Ereignis $R_i$ wird durch die Menge aller der Ausgangssignale (der Mengen der Symbole $R_1, R_2, \ldots, R_p$) dargestellt, in die das Symbol $R_i$ eingeht ($i = 1, 2, \ldots, p$). Das Ereignis S wird offenbar durch die leere Menge von Symbolen $R_1, R_2, \ldots, R_p$ dargestellt. Damit ist von uns der folgende Satz bewiesen worden!

S a t z 1. Ein beliebiges reguläres Ereignis kann in einem endlichen Automaten dargestellt werden. Es gibt ein einheitliches konstruktives Verfahren (einen Synthesealgorithmus), das zu einer beliebigen endlichen Menge regulärer Ereignisse, die durch reguläre Ausdrücke gegeben sind, endliche Automaten (Moore- oder Mealy-Automaten) konstruiert, die diese Ereignisse darstellen.

Fassen wir den eben bewiesenen Satz mit dem im Abschn. 1.2. erhaltenen Ergebnis zusammen, so erhalten wir folgendes Resultat:

S a t z 2. Reguläre Ereignisse, und nur solche Ereignisse, sind in endlichen Automaten darstellbar.

Ein analoges Ergebnis wurde von Kleene [20] früher für Automaten von spezieller Art (Nervennetze) und der Definition nach kompliziertere Ereignisse erhalten.

Aus den erhaltenen Resultaten folgt auch die Richtigkeit der folgenden Aussage!

S a t z 3. Der Durchschnitt von zwei (und damit auch von endlich vielen) regulären Ereignissen und das Komplement (in der Menge aller Worte im Ausgangsalphabet) eines beliebigen regulären Ereignisses ist auch ein reguläres Ereignis.

Der oben beschriebene Synthesealgorithmus läßt auch die folgende für praktische Zwecke geeignetere Interpretation zu [11].

Gegeben seien p reguläre Ausdrücke $R_1, R_2, \ldots, R_p$ in einem beliebigen endlichen Alphabet $\mathfrak{X} = (x_1, x_2, \ldots, x_n)$. Ist irgendeiner dieser Ausdrücke $R_i$ die Disjunktion einiger Terme, so wollen wir ohne Beschränkung der Allgemeinheit annehmen, daß er in gewöhnliche Klammern (nicht in Iterationsklammern) eingeschlossen ist. Stellen in den Ausdrücken $R_1, R_2, \ldots, R_p$ nennen wir speziell eingeführte Trennzeichen (vertikale Striche), die man zwischen zwei beliebige Zeichen (Buchstaben, Klammern, Disjunktionszeichen) dieser Ausdrücke setzt und auch links (Anfangsstelle) und (oder) rechts von dem Ausdruck (Endstelle) anbringt.

Eine Stelle, bei der links unmittelbar ein Buchstabe des Grundalphabets steht, und die Anfangsstelle heißen Grundstellen; Stellen, bei denen unmittelbar rechts ein Buchstabe des Alphabets steht, heißen Vorgrundstellen. Die Anfangsstellen aller Ausdrücke $R_1, R_2, \ldots, R_p$ werden miteinander zu einer einzigen Anfangsstelle identifiziert. Alle Grundstellen bezeichnen wir mit verschiedenen nichtnegativen ganzen Zahlen, diese nennen wir die Grundindizes dieser Stellen. Die Anfangsstelle erhält dabei den Grundindex 0.

Die Wirkung jedes Grundindex erstreckt sich nicht nur auf die betreffende Stelle, sondern auch auf alle Stellen (Grundstellen und Nichtgrundstellen), die ihm untergeordnet sind. Die Unterordnungsregel der Stellen wird ausgedrückt durch die Reihenfolge der Operationen in der Ereignisalgebra. Sie ist durch folgende Regel über die Reichweite der Indizes bestimmt:

Die Stellenindizes vor beliebigen Klammern (Iterationsklammern oder gewöhnliche Klammern) wirken auf die Anfangsstelle aller Terme, die innerhalb dieser Klammern stehen. Die Indizes einer Endstelle eines beliebigen in Klammern eingeschlossenen Terms erstrecken sich auf die Stelle, die unmittelbar hinter diesen Klammern folgt. Stellenindizes, die unmittelbar Iterationsklammern oder dem Symbol des leeren Wortes vorausgehen, wirken auf die Stelle, die unmittelbar hinter diesen Klammern (bzw. unmittelbar hinter dem Symbol e) folgt. Schließlich wirken Stellenindizes, die unmittelbar auf Iterationsklammern folgen, auf die Anfangsstellen aller in diese Klammern eingeschlossenen Terme.

Alle Indizes, die unter Anwendung der eben formulierten Regel auf Grundstellen oder Nichtgrundstellen zusätzlich auftauchen, heißen Nichtgrundindizes. Die Regel selbst muß dabei so lange angewandt werden, bis ihre Anwendung auf keiner Stelle zum Auftreten neuer Indizes führt.

Die Indizierung der vorgegebenen regulären Ausdrücke, die Ummarkierung der Stellen und die Ausdehnung der Indizes gemäß der oben formulierten Regel stellen den ersten Schritt des Synthesealgorithmus dar.

Der zweite Schritt besteht in der Konstruktion der Übergangstabelle für den gesuchten Automaten A. Dabei dienen die Buchstaben des Alphabets $\mathfrak{X}$ in der Darstellung der regulären Ausdrücke $R_i$ als Eingangssignale, und die inneren Zustände des Automaten werden mit den Mengen der Grundindizes identifiziert. Wir wollen diese Mengen als Disjunktion der betreffenden dazugehörigen Indizes und die leere Menge von Indizes mit einem Sternchen bezeichnen.

Die Regel für den Aufbau der Übergangstabelle des Automaten besteht in folgendem:

Als Anfangszustand des Automaten A dient die einelementige Menge, die nur aus dem Index 0 besteht. Der Zustand $a_i$ wird durch das Eingangssignal $x_k$ in den Zustand $a_j$ übergeführt, der aus den Grundindizes aller Grundstellen besteht, die durch den Buchstaben $x_k$ von den unmittelbar ihnen vorhergehenden Vorgrundstellen getrennt werden, zu deren Indizes (Grundindizes oder Nichtgrundindizes) wenigstens ein Index der in den Zustand $a_i$ eingehenden Indizes gehört.

Bei der Anwendung der formulierten Regel in der Praxis empfiehlt es sich, die Grundindizes besonders herauszustellen, indem man sie über eine speziell zu diesem Zweck gezogene Horizontallinie stellt. Alle Indizes (Grundindizes und Nichtgrundindizes) auf Vorgrundstellen sondert man zweckmäßigerweise auch aus, indem man sie z.B. rechteckig einrahmt. Beim Aufbau der Übergangstabelle kann man sich nur auf die Zustände beschränken, die faktisch im Prozeß der Konstruktion der Tabelle auftreten, wenn man vom Anfangs-(Null-)Zustand ausgeht.

Der dritte Schritt besteht in der Konstruktion der verschobenen Ausgabetabelle oder, was dasselbe ist, in der Markierung der Zustände des Automaten A, die den Ausgangssignalen entsprechen. Als Ausgangssignale werden verschiedene Mengen von Symbolen der regulären Ausgangsausdrücke genommen (die leere Menge eingeschlossen). Die Regel für die Markierung der Zustände besteht in folgendem:

Der Zustand $a_i$ wird durch die Menge der Symbole von Ausdrücken $R_1$, $R_2$, ..., $R_p$ markiert, in deren Indexbestand (Grundindizes oder Nichtgrundindizes) an Wort-Endstellen wenigstens ein Index aus $a_i$ eingeht.

Zustände, die mit der leeren Menge von Symbolen markiert sind, heißen nichtmarkierte Zustände.

Wir bemerken, daß der so konstruierte Moore-Automat das Ereignis $R_i$ durch die Menge aller der Ausgangssignale darstellt, in deren Bestand das Symbol $R_i$ eingeht ($i = 1, 2, \ldots, p$).

Der vierte Schritt des Synthesealgorithmus besteht in einer Umbezeichnung der inneren Zustände und der Ausgangssignale mit dem Ziel, eine einfachere Schreibweise für die Tabelle der Übergänge und für die verschobene Ausgabetabelle zu erhalten. Dabei werden am häufigsten die inneren Zustände durch aufeinanderfolgende natürliche Zahlen 1, 2, ..., k durchnumeriert.

Wenn ein Mealy-Automat zu synthetisieren ist, wird noch ein fünfter Schritt des Synthesealgorithmus angewandt. Er besteht in der Konstruktion der gewöhnlichen (unverschobenen) Ausgabetabelle. Wie aus dem Abschn. 1.1. hervorgeht, genügt es dazu, in der Übergangstabelle an die Stelle der inneren Zustände die durch sie markierten Ausgangssignale zu setzen.

Bei der Lösung praktischer Aufgaben, die bei der Automatensynthese auftreten, ist es häufig zweckmäßig, einigen Grundstellen gleiche Grundindizes zuzuschreiben, wodurch diese Stellen faktisch identifiziert werden. Eine solche Identifizierung ist möglich, wenn den zu identifizierenden Stellen die gleichen Mengen von Vorgrundstellen und Endstellen untergeordnet sind Stellen die dieser Bedingung genügen, wollen wir ähnliche Stellen nennen).

Ein anderer Fall, bei dem auch eine Identifizierung von Stellen möglich ist, betrifft die sog. entsprechenden Stellen.

Entsprechend heißen alle die Stellen in verschiedenen regulären Ausdrükken $R_1$, $R_2$, ..., $R_p$ oder in verschiedenen in ein und dieselben Klammern eingeschlossenen Termen, zu denen gleiche Wege (Wortmengen) von der Anfangsstelle oder entsprechend von der Stelle, die den Klammern unmittelbar vorhergeht, führen.

Bei der Benutzung des oben beschriebenen Synthesealgorithmus treten Grundindizes entsprechender Stellen in die Zustände des zu synthetisierenden Automaten immer zusammen ein. Dadurch ist eben die Möglichkeit gegeben, sie mit dem gleichen Index zu versehen. Die Begründung für die Möglichkeit der Identifizierung ähnlicher Stellen folgt aus dem Minimisierungsalgorithmus, den wir im Abschn. 1.5. beschreiben werden.

Zu bemerken ist, daß man Stellen immer nur nach einem der Kennzeichen identifizieren darf (Ähnlichkeit oder Entsprechung), weil eine gleichzeitige Identifizierung nach beiden Kennzeichen zu Fehlern führen kann. Da insbesondere die Anfangsstellen faktisch nach dem Merkmal der Entsprechung identifiziert werden, kann man im allgemeinen beim Vorhandensein von mehr als einem Ereignis eine Anfangsstelle in irgendeinem Ereignis mit einer anderen Stelle nicht nach dem Kennzeichen der Ähnlichkeit identifizieren.

Aus dem beschriebenen Synthesealgorithmus folgt unmittelbar die Richtigkeit der folgenden Behauptung.

Satz 4. Ereignisse, die durch reguläre Ausdrücke $R_1, R_2, \ldots, R_p$ in einem endlichen Alphabet $\mathfrak{X}$ gegeben sind, können in einem endlichen Automaten (Mealy- oder Moore-Automaten) dargestellt werden, der nicht mehr als $2^{n+1}$ innere Zustände besitzt, wobei n die Gesamtzahl aller Stellen ist, an denen Buchstaben des Alphabets in die Ausdrücke $R_1, R_2, \ldots, R_p$ eingehen.

Wir wollen nun feststellen, welche Änderungen man am Synthesealgorithmus vornehmen muß, wenn außer den Ausgangsereignissen $R_1, R_2, \ldots, R_p$ in dem Alphabet $\mathfrak{X} = (x_1, x_2, \ldots, x_m)$ noch ein Verbotsgebiet S gegeben ist.

Das Verbotsgebiet kann entweder mit Hilfe eines bestimmten regulären Ausdrucks oder durch die Gesamtheit der Worte im Alphabet $\mathfrak{X}$ vorgegeben werden, die in keines der Ereignisse $R_1, R_2, \ldots, R_p$ eingehen. Diese beiden Verfahren sind im wesentlichen äquivalent, da man vom ersten Verfahren der Vorgabe zum zweiten und umgekehrt übergehen kann.

Der Verbotsbereich läßt nach Definition eine Multiplikation von rechts mit der Menge F aller Wörter (einschließlich des leeren Wortes) im Alphabet $\mathfrak{X}$ zu: $SF = S$. Deshalb kann man bei der Vorgabe des Verbotsbereichs durch einen regulären Ausdruck R ohne Beschränkung der Allgemeinheit annehmen, daß der Ausdruck R die Gestalt

$$R = S_1 \{x_1 \vee x_2 \vee \ldots \vee x_n\}$$

hat, wobei $S_1$ ein geeigneter regulärer Ausdruck ist.

Der oben beschriebene Synthesealgorithmus gibt die Lösung der Aufgabe auch beim Vorhandensein eines Verbotsbereichs. Jedoch sind dann viele Übergänge in dem synthetisierten Automaten überflüssig, da sie bei der realen Arbeit des Automaten nicht ausgenutzt werden. Die Aufgabe besteht darin, alle solche Übergänge aufzufinden und anstelle des gewöhnlichen (vollständig definierten) Automaten einen partiellen Automaten zu konstruieren, bei dem in der Übergangstabelle und Ausgabetabelle auf den Plätzen verbotener Übergänge Sternchen stehen. Der Übergang zu einem partiellen Automaten bietet zusätzliche Möglichkeiten für eine weitere Vereinfachung des Automaten.

Diese Aufgabe kann dann, wenn das Verbotsglied als Menge von Wörtern im Alphabet $\mathfrak{X}$ vorgegeben wird, die in keinem der regulären Ausdrücke $R_1, R_2, \ldots, R_p$ eingehen, offensichtlich gelöst werden. Nach der Durchführung des oben beschriebenen Synthesealgorithmus wird das Ausgangssignal, das mit der leeren Menge von Symbolen $R_1, R_2, \ldots, R_p$ bezeichnet ist, dem Auftreten eines verbotenen Eingangswortes entsprechen. Folglich genügt es, dieses Ausgangssignal in der Ausgabetabelle mit einem Sternchen zu versehen und an alle die Stellen in der Übergangstabelle Sternchen zu setzen, die dem Auftreten eines verbotenen Ausgangssignals entsprechen (legt man die Ausgangstabelle auf die Übergangstabelle, so müssen die mit einem Sternchen versehenen Stellen in beiden Tabellen übereinanderfallen).

Gibt man das Verbotsgebiet durch einen regulären Ausdruck S vor, so hat man den üblichen Synthesealgorithmus auf die Ausdrücke $S, R_1, R_2, \ldots, R_p$ anzuwenden und alle die Ausgabesignale als verboten anzusehen, die durch Mengen bezeichnet sind, in deren Bestand das Symbol S eingeht. Verbotene

Ausgabesymbole in der Ausgabetabelle werden durch Sternchen markiert, die dann in der oben bereits beschriebenen Weise in die Übergangstabelle übertragen werden. Es ist klar, daß ein solches Verfahren wirklich zur Lösung der gestellten Aufgabe führt.

In dem betrachteten Fall muß man annehmen, daß der Ausdruck die Form

$$S = S_1\{x_1 \vee x_2 \vee \ldots \vee x_n\}$$

hat.

Genügt der ursprünglich gegebene Ausdruck für das Verbotsgebiet dieser Bedingung nicht, so muß man ihn ersetzen durch den Ausdruck

$$R = S\{x_1 \quad x_2 \vee \ldots \vee x_n\}$$

Als Beispiel betrachten wir die Synthese eines partiellen Mealy-Automaten, der das Ereignis $R = x\{y\}$ beim Vorhandensein des Verbotsgebietes $S = yx\{xvy\}$ darstellt. Im ersten Schritt führen wir eine Ummarkierung der Stellen, eine Indizierung und Ausdehnung der Indizes in den Ausdrücken R und S durch, indem wir von der Möglichkeit der Identifizierung ähnlicher Stellen Gebrauch machen:

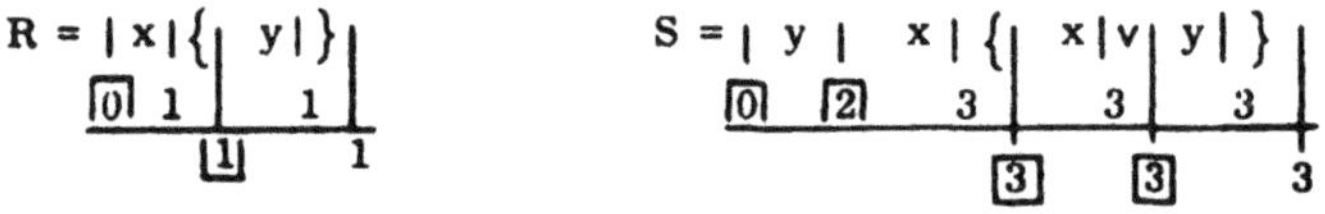


Nach Ausführung des zweiten und dritten Schrittes des Algorithmus gelangen wir zu der markierten Übergangstabelle eines Moore-Automaten:

| | – | R | – | – | S |
|---|---|---|---|---|---|
| | 0 | 1 | 2 | * | 3 |
| x | 1 | * | 3 | * | 3 |
| y | 2 | 1 | * | * | 3 |

Beim vierten Schritt führen wir die Umbezeichnungen durch: 0 → 1, 1 → 2, 2 → 3, * → 4, 3 → 5, ( ) → u, R → v, S → w [mit den Klammern ( ) ist hier die leere Menge der Symbole R und S bezeichnet]. Danach erhalten wir die folgende markierte Übergangstabelle:

| | u | v | u | u | w |
|---|---|---|---|---|---|
| | 1 | 2 | 3 | 4 | 5 |
| x | 2 | 4 | 5 | 4 | 5 |
| y | 3 | 2 | 4 | 4 | 5 |

Beim fünften Schritt wird der Übergang zu einem Mealy-Automaten vollzogen. Wir erhalten dabei die folgende Übergangstabelle bzw. Ausgabetabelle:

| | 1 | 2 | 3 | 4 | 5 |
|---|---|---|---|---|---|
| x | 2 | 4 | 5 | 4 | 5 |
| y | 3 | 2 | 4 | 4 | 5 |

| | 1 | 2 | 3 | 4 | 5 |
|---|---|---|---|---|---|
| x | v | u | w | u | w |
| y | u | v | u | u | w |

Schließlich gehen wir zu einem partiellen Automaten über. Im vorliegenden Fall ist das Signal w als verboten anzusehen. Dann nehmen die Übergangstabelle und die Ausgabetabelle die folgende Form an:

| | 1 | 2 | 3 | 4 | 5 |
|---|---|---|---|---|---|
| x | 2 | 4 | – | 4 | – |
| y | 3 | 2 | 4 | 4 | – |

| | 1 | 2 | 3 | 4 | 5 |
|---|---|---|---|---|---|
| x | v | u | – | u | – |
| y | u | v | u | u | – |

Jedoch der Zustand 5 ist überflüssig, da der Automat niemals in diesen Zustand übergehen kann, wenn er von dem Anfangszustand 1 ausgeht. Durch Beseitigung dieses überflüssigen Zustands kommen wir zu den endgültigen Übergangstabellen:

| | 1 | 2 | 3 | 4 |
|---|---|---|---|---|
| x | 2 | 4 | – | 4 |
| y | 3 | 2 | 4 | 4 |

| | 1 | 2 | 3 | 4 |
|---|---|---|---|---|
| x | v | u | – | u |
| y | u | v | u | u |

## 1.5. Minimisierung abstrakter Automaten

Wie oben aufgezeigt wurde, sehen wir einen abstrakten Automaten als eine Einrichtung für die Realisierung von Automatenabbildungen an. Im Zusammenhang damit ist es natürlich, äquivalente Automaten, d.h. Automaten, die gleiche Abbildungen vermitteln, nicht voneinander zu unterscheiden.

Die Hauptaufgabe, die in dem vorliegenden Abschnitt gelöst wird, ist die Aufgabe der Minimisierung von Automaten, d.h. die Auffindung eines Automaten mit einer minimalen Zahl von Zuständen in der Klasse aller Automaten, die zueinander äquivalent sind. Die dargelegten Lösungsmethoden dieser Aufgabe stellen eine Entwicklung der Ideen von Mealy [24], Aufenkamp und Hohn [2] [3] dar.

a und b seien zwei Zustände ein und desselben oder zweier verschiedener Mealy-Automaten, die ein und dasselbe Eingangsalphabet und dasselbe Ausgangsalphabet besitzen. Sind für ein beliebiges Eingangssignal $x_i$ die Ausgangssignale, die durch die Paare $(a, x_i)$ und $(b, x_i)$ bestimmt sind, einander gleich, so heißen die Zustände a und b 1-äquivalent.

Werden 1-äquivalente Zustände durch ein beliebiges Eingangssignal $x_i$ auch in 1-äquivalente Zustände übergeführt, so heißen sie 2-äquivalent. Werden 2-äquivalente Zustände durch ein beliebiges Eingangssignal in 2-äquivalente Zustände übergeführt, so heißen sie 3-äquivalent usw.

Es ist leicht einzusehen, daß i-äquivalente Zustände im Fall der Anwendung eines beliebigen Eingangswortes der Länge i wieder gleiche Ausgangswörter erzeugen ($i = 1, 2, \ldots$).

Die Beziehung der i-Äquivalenz besitzt für beliebiges $i = 1, 2, \ldots$ die Eigenschaften der Reflexivität, der Symmetrie und der Transitivität. Hieraus geht hervor, daß die Menge aller inneren Zustände eines gegebenen Mealy-Automaten durch diese Beziehung in paarweise disjunkte Klassen zueinander i-äquivalenter Zustände zerfällt. Solche Klassen werden wir i-Äquivalenzklassen oder i-Klassen nennen.

Zustände, die i-äquivalent sind für alle $i = 1, 2, \ldots$, heißen äquivalente Zustände, und die durch diese Äquivalenzbeziehungen bestimmten Klassen heißen Äquivalenzklassen oder $\infty$-Klassen.

Aus der Definition der Äquivalenz von Zuständen folgt unmittelbar die Richtigkeit der folgenden Behauptung.

Satz 1. Zwei Zustände ein und desselben oder zweier verschiedener Mealy-Automaten sind dann, und nur dann, zueinander äquivalent, wenn bei Anwendung eines beliebigen Eingangswortes auf diese Zustände ein und dasselbe Ausgangswort erhalten wird.

Der angegebene Satz gestattet auch die Formulierung des folgenden Resultats.

Satz 2. Zwei Mealy-Automaten sind dann, und nur dann, einander äquivalent (im Sinne des Zusammenfallens der durch sie induzierten Automatenabbildungen), wenn ihre Anfangszustände äquivalent sind.

Die Anwendung ein und desselben Eingangswortes p auf zwei äquivalente Zustände a und b führt diese wieder in äquivalente Zustände ap und bp über. Da äquivalente Zustände auch 1-äquivalent sind, bestimmen für beliebiges Eingangssignal $x_i$ die Paare (a, $x_i$) und (b, $x_i$) gleiche Ausgangssignale.

Somit kann man zu jedem Mealy-Automaten A einen neuen Mealy-Automaten B konstruieren mit den gleichen Ein- und Ausgangsalphabeten wie der Automat A, indem man als Menge seiner inneren Zustände die Menge aller Äquivalenzklassen des Automaten A wählt. Die Übergänge und Ausgänge im Automaten B werden wie folgt festgelegt: Die Äquivalenzklasse $K_1$ wird durch das Eingangssignal $x_i$ in die Äquivalenzklasse $K_2$ übergeführt, die den Zustand $a_j x_i$ enthält, wobei $a_j$ ein beliebiger in der Klasse $K_1$ enthaltener Zustand ist. Dem Paar $K_1 x_i$ wird dabei das durch das Paar $a_j x_i$ bestimmte Ausgangssignal zugeordnet. Den so konstruierten Automaten wollen wir die kanonische Minimisierung des Mealy-Automaten A nennen.

Aus der Art und Weise, wie wir den Automaten B kontruiert haben und aus Satz 1 folgt die Richtigkeit der folgenden Behauptung.

Satz 3. Bei der kanonischen Minimisierung eines beliebigen Mealy-Automaten sind zwei verschiedene innere Zustände zueinander nichtäquivalent.

Bei der Realisierung von Automatenzuordnungen kann man sich auf die Betrachtung der sog. zusammenhängenden Automaten beschränken, d.h. solcher Automaten, bei denen jeder Zustand erreichbar ist, oder anders ausgedrückt, die unter der Einwirkung eines passenden Eingangswortes aus dem Anfangszustand in einen beliebigen inneren Zustand übergeführt werden können.[1)]

Denn wird eine Abbildung $\varphi$ von einem nichtzusammenhängenden Automaten A induziert, so bilden die erreichbaren Zustände des Automaten A einen neuen Automaten B, der zusammenhängend ist und die gleiche Abbildung $\varphi$ induziert. Wir bemerken, daß man im Ergebnis der Anwendung des im vorhergehenden Abschnitt beschriebenen Synthesealgorithmus immer zusammenhängende Automaten erhält.

Wir betrachten irgendeinen zusammenhängenden Mealy-Automaten A, der eine gegebene Automatenabbildung $\varphi$ induziert. Die kanonische Minimisierung B des Automaten A ist auch zusammenhängend und realisiert die gleiche Abbildung $\varphi$ (wenn man als Anfangszustand die Äquivalenzklasse $K_0$ wählt, die den Anfangszustand des Automaten A enthält).

D sei ein beliebiger Automat, der die gleiche Zuordnung realisiert, und $d_0$ sei sein Anfangszustand. Da der Automat B zusammenhängend ist, kann man für jeden seiner Zustände $K_i$ ein Eingangswort $p_i$ so wählen, daß gilt $K_0 p_i = K_i$ $(i \in M)$. Wir konstruieren eine Abbildung $\Psi$ der Menge der Zustände des Automaten B in die Menge der Zustände des Automaten D, indem wir setzen $\Psi(K_i) = d_0 p_i$ $(i \in M)$.

Es ist klar, daß die Anfangszustände $K_0$ und $d_0$ der Automaten B und D einander äquivalent sind. Doch dann sind auch die Zustände $K_i$ und $d_i = \Psi(K_i)$ für beliebiges $i \in M$ äquivalent. Ist $\Psi(K_i) = \Psi(K_j)$, so folgt hieraus die Äquivalenz der Zustände $K_i$ und $K_j$. Wegen Satz 3 bedeutet dies, daß $K_i = K_j$ ist. Somit handelt es sich bei $\Psi$ um eine umkehrbar eindeutige Zuordnung, woraus die Richtigkeit der folgenden Behauptung hervorgeht.

Satz 4. Die kanonische Minimisierung eines zusammenhängenden Mealy-Automaten ist ein Automat, der unter allen Mealy-Automaten, die dieselbe Abbildung $\varphi$ induzieren, die kleinstmögliche Zahl innerer Zustände hat (d.h. unter allen Automaten, die zu dem Automaten A äquivalent sind).

---

1) In der Theorie stetiger Systeme spricht man von vollständiger Steuerbarkeit bei freier Zeit (Bemerkung der deutschen Redaktion)

Diese Behauptung löst vollständig das Problem der Minimisierung eines Mealy-Automaten unter der Bedingung, daß es ein konstruktives Verfahren für die Konstruktion der Äquivalenzklassen für einen beliebigen zusammenhängenden) Mealy-Automaten gibt. Ein solches Verfahren wurde von Aufenkamp und Hohn [3] für den Fall endlicher Mealy-Automaten vorgelegt. Es gründet sich auf die folgende leicht beweisbare Behauptung.

Satz 5. Fällt für ein bestimmtes i die Zerlegung der Zustände des Automaten in (i + 1)-Klassen mit der Zerlegung in i-Klassen zusammen, so ist dies auch eine Zerlegung in $\infty$-Klassen.

Denn ist ein beliebiges Paar $(a_k, a_j)$ i-äquivalenter Zustände auch (i + 1)-äquivalent, so werden die Zustände $a_k$ und $a_j$ durch ein beliebiges Eingangssignal $x_r$ in zueinander i-äquivalente Zustände übergeführt. Doch dann werden sie durch dieses Signal auch in (i + 1)-äquivalente Zustände übergeführt. Folglich sind die Zustände $a_k$ und $a_j$ nicht nur (i + 1)-äquivalent, sondern auch (i + 2)-äquivalent.

Wir erhalten weiter das Ergebnis, daß die Zustände $a_j$ und $a_k$ auch n-äquivalent sind für alle $n = i, i + 1, i + 2, \ldots$, und folglich sind sie überhaupt zueinander äquivalent. Da die Zustände $a_j$ und $a_k$ völlig beliebig gewählt waren, ist damit der Satz 5 bewiesen.

Der Algorithmus von Aufenkamp und Hohn für die Konstruktion der Äquivalenzklassen ($\infty$-Klassen) beruht auf einer aufeinanderfolgenden Konstruktion der i-Klassen für alle $i = 1, 2, \ldots$

Da die Zerlegung in (i + 1)-Klassen eine Feinerunterteilung der Zerlegung in i-Klassen ist, so gelangt man wegen der Endlichkeit des Automaten A nach einer endlichen Zahl von Schritten auf Grund von Satz 5 zu der gesuchten Zerlegung in $\infty$-Klassen.

Die Zerlegung in 1-Klassen kann man unmittelbar anhand der Ausgabetabelle des Automaten vornehmen: In ein und dieselbe 1-Klasse werden alle die Zustände aufgenommen, denen gleiche Spalten in der Ausgabetabelle entsprechen. Nun wird die sog. 1-Tabelle aufgebaut, die man dadurch erhält, daß man in der Übergangstabelle des Automaten die inneren Zustände durch die sie enthaltenden 1-Klassen ersetzt.

In ein und dieselbe 2-Klasse vereinigt man alle die Zustände, die derselben 1-Klasse angehören und denen in der 1-Tabelle gleiche Spalten entsprechen. Nun fährt man analog fort: Indem man in der Übergangstabelle die Zustände des Automaten durch die sie enthaltenden 2-Klassen ersetzt, erhält man die 2-Tabelle. Anhand der 2-Tabelle findet man die 3-Klassen, indem man in eine 3-Klasse alle die Zustände ein und derselben 2-Klasse vereinigt, denen gleiche Spalten in der 2-Tabelle entsprechen.

Nach einer endlichen Zahl von Schritten kommt man so zur Zerlegung in $\infty$-Klassen, auf diese Weise gewinnt man die kanonische Minimisierung des Ausgangsautomaten A unmittelbar anhand seiner Übergangstabelle und Ausgabetabelle.

Damit ist von uns ein Algorithmus zur Minimisierung beliebiger endlicher Mealy-Automaten konstruiert worden. Für den Fall der Moore-Automaten muß man in diesem Algorithmus noch gewisse Veränderungen einführen, denn wenn man einen Moore-Automaten als Mealy-Automaten interpretiert und ihn entsprechend dem eben beschriebenen Algorithmus minimisiert, so konstruiert man einen Automaten, der zwar zu dem Ausgangsautomaten äquivalent ist, der jedoch möglicherweise bereits kein Moore-Automat mehr ist.

Damit bei der Minimisierung ein Moore-Automat stets auch ein Moore-Automat bleibt, ist offenbar notwendig und hinreichend, daß gleichmarkierte Zustände des Automaten nicht in verschiedene Äquivalenzklassen geraten.

Am einfachsten kann man diese Bedingung berücksichtigen, wenn man für Moore-Automaten noch den Begriff der 0-Äquivalenz von Zuständen einführt und eine Zerlegung der Menge aller Zustände in 0-Klassen vornimmt. 0-äquivalente nennen wir dabei beliebige gleich markierte Zustände des Moore-Automaten. Wenn zwei 0-äquivalente Zustände durch ein beliebiges Eingangssignal in zwei 0-äquivalente Zustände übergeführt werden, so heißen sie 1-äquivalent.

Alle weiteren Konstruktionen (Definition der i-Klassen für $i \geqq 2$, die Definition der Äquivalenzklassen und die Gewinnung der kanonischen Minimisierung) werden genauso verwirklicht, wie im Fall der Mealy-Automaten. Natürlich kann man im Fall der Moore-Automaten bei der Konstruktion der kanonischen Minimisierung B anstelle der Ausgabetabelle die verschobene Ausgabetabelle vorgeben, indem man die Zustände des Automaten B (die Äquivalenzklasse) mit den gleichen Ausgangssignalen markiert, mit denen die in die Klassen eingehenden Zustände des ursprünglichen Automaten markiert sind.

Jedoch ist die Minimisierungsmethode für die Moore-Automaten in der eben beschriebenen Form der entsprechenden Theorie für den Fall der Mealy-Automaten nicht völlig äquivalent. Insbesondere gilt ein zu dem Satz 1 analoger Satz für die Moore-Automaten nicht.

Um eine Äquivalenz beider Theorien zu erreichen, darf man als Reaktion des Moore-Automaten auf das Eingangswort p nicht nur das Ausgangswort q ansehen, daß man auf Grund der im Abschn. 1. gegebenen allgemeinen Definition des Automaten erhält, sondern vielmehr das Wort $y_i q$, wobei $y_i$ das Ausgangssignal ist, das den Zustand markiert, in dem sich der Automat befand, bevor das Wort p in den Automaten gegeben wurde. Bei dieser Definition der Reaktion des Moore-Automaten auf das Eingangswort gelten offensichtlich für diesen Automaten Sätze, die aus den Sätzen 1, 2, 3, 4 des vorliegenden Paragraphen hervorgehen, indem man alle in ihnen vorkommenden Formulierungen der Mealy-Automaten durch entsprechende Formulierungen der Moore-Automaten ersetzt. Der Satz 5 bleibt natürlich für die Moore-Automaten auch richtig bei der üblichen Definition der Ausgangsreaktion des Automaten.

Geht man zu der üblichen Auffassung der Ausgangsreaktionen des Automaten über, so gibt es Besonderheiten nur für die Zustände, in die der Automat nicht übergehen kann, wenn man von anderen Zuständen ausgeht (für den Fall zusammenhängender Automaten kann eine solche Eigenschaft nur der Anfangszustand haben). Man überprüft leicht, daß zur Herstellung der Parallelität in den Minimisierungstheorien der Moore-Automaten und Mealy-Automaten in diesem Fall genügt, solche Zustände nicht mit Ausgangssignalen zu markieren. Dies gestattet, bei der Bildung der 0-Klassen solche Zustände zu einer beliebigen 0-Klasse zu zählen, wodurch die Möglichkeiten zur Minimisierung noch erhöht werden.

Eine solche Analogie gilt jedoch nicht bei der Minimisierung der nicht partiell definierten Automaten, sondern beim Übergang zu der allgemeineren Aufgabe der Minimisierung partieller Automaten.

Das Wesen der Aufgabe der Minimisierung partieller Automaten besteht in folgendem: Gegeben sei ein partieller Automat A (Moore- oder Mealy-Automat), der eine partielle Automatenabbildung vermittelt, die auf einer bestimmten Menge M von Wörtern des Eingangsalphabets erklärt sei. Es soll ein partieller Automat (Moore- oder Mealy-Automat) B konstruiert werden, der eine partielle Automatenabbildung vermittelt, die auf der Menge M mit der Abbildung $\varphi$ übereinstimmt und unter allen Automaten (Moore- oder Mealy-Automaten), die dieser Bedingung genügen, die geringste Anzahl innerer Zustände besitzt.

Da es nur endlich viele verschiedene partielle Automaten gibt, die ein gemeinsames Eingangs- und Ausgangsalphabet mit einem gegebenen endlichen partiellen Automaten A besitzen und deren Zahl der Zustände die des Automaten A nicht übertrifft, ist die formulierte Aufgabe algorithmisch lösbar. Jedoch sind die existierenden Methoden einer genauen Lösung dieser Aufgabe mit einer sehr großen Durchmusterungsarbeit verbunden (s. z.B. Ginsburg [10]), und sie sind deshalb praktisch wenig geeignet.

In der Praxis verwendet man gewöhnlich folgendes Verfahren zur Minimisierung partieller Automaten: Man füllt in Gedanken die gestrichenen Stellen in der Übergangs- und Ausgabetabelle des gegebenen partiellen Automaten A aus, vereinigt die Zustände in i-Klassen und minimisiert nach den gleichen Regeln, wie im Fall der gewöhnlichen (überall definierten) Automaten. Alle oder einige der so entstandenen Varianten der Vereinigung von Zuständen in Klassen werden überprüft, und aus den erhaltenen kanonischen Minimisierungen wird die ausgewählt, die die geringste Zahl von Zuständen besitzt.

Das angegebene Verfahren löst tatsächlich die Aufgabe der Konstruktion eines partiellen Automaten B mit einer geringeren Zahl von Zuständen als der Ausgangsautomat, wobei die durch den Automaten B vermittelte partielle Automatenabbildung $\Psi$ mit der partiellen Automatenabbildung $\varphi$ zusammenfällt, die vom Automaten A im Definitionsbereich der Abbildung $\varphi$ vermittelt wird. Dabei wird im allgemeinen der Definitionsbereich der Abbildung $\Psi$ größer als der Definitionsbereich der Abbildung $\varphi$.

Wir wollen zeigen, wie sich das beschriebene Minimisierungsverfahren im Beispiel eines partiellen Mealy-Automaten A gestaltet, der durch folgende Übergangs- und Ausgabetabellen gegeben ist:

| | 1 | 2 | 3 | 4 |
|---|---|---|---|---|
| x | 2 | – | 2 | 4 |
| y | – | 3 | 4 | 4 |

| | 1 | 2 | 3 | 4 |
|---|---|---|---|---|
| x | u | – | u | u |
| y | – | u | v | v |

Bei der Minimisierung des vorgegebenen Automaten erhalten wir zwei Möglichkeiten für die Vereinigung in 1-Klassen, die zu der geringsten Anzahl von Klassen führen:

$$a_1 = (1, 3, 4), \quad b_1 = (2) \quad \text{und} \quad a_1 = (1, 2), \quad b_1 = (3, 4)$$

Wir betrachten zuerst die erste Möglichkeit: Die zugehörige 1-Tabelle sieht wie folgt aus:

| | 1 | 2 | 3 | 4 |
|---|---|---|---|---|
| x | $b_1$ | – | $b_1$ | $a_1$ |
| y | – | $a_1$ | $a_1$ | $a_1$ |

Aus der 1-Tabelle ist ersichtlich, daß man die Klasse $a_1$ in zwei 2-Klassen: $a_2 = (1, 3)$ und $c_2 = (4)$ aufteilen muß; die dritte 2-Klasse $b_2$ fällt mit der 1-Klasse $b_1 = (2)$ zusammen; die 2-Tabelle nimmt dabei diese Gestalt an:

| | 1 | 2 | 3 | 4 |
|---|---|---|---|---|
| x | $b_2$ | – | $b_2$ | $c_2$ |
| y | – | $a_2$ | $c_2$ | $c_2$ |

Aus der 2-Tabelle ist ersichtlich, daß die 3-Klassen mit den 2-Klassen zusammenfallen, es sind folglich bereits die gesuchten $\infty$-Klassen. Die kanonische Minimisierung ist in der ausgewählten Variante dargestellt durch die Tabellen

| | $a_2$ | $b_2$ | $c_2$ |
|---|---|---|---|
| x | $b_2$ | – | $c_2$ |
| y | $c_2$ | $a_2$ | $c_2$ |

| | $a_2$ | $b_2$ | $c_2$ |
|---|---|---|---|
| x | u | – | u |
| y | v | u | v |

Bei der zweiten Minimisierungsvariante führt die Zerlegung in 1-Klassen $a_1 = (1, 2)$ und $b_1 = (3, 4)$ zu der 1-Tabelle

| | 1 | 2 | 3 | 4 |
|---|---|---|---|---|
| x | $a_1$ | – | $a_1$ | $b_1$ |
| y | – | $b_1$ | $b_1$ | $b_1$ |

und die Zerlegung in 2-Klassen $a_2 = (1, 2)$; $b_2 = (3)$; $c_2 = (4)$ zu

| | 1 | 2 | 3 | 4 |
|---|---|---|---|---|
| x | $a_2$ | – | $a_2$ | $c_2$ |
| y | – | $b_2$ | $c_2$ | $c_2$ |

Daraus folgt, daß sich die erhaltene Zerlegung in 2-Klassen nicht weiter verfeinern läßt; folglich fällt sie mit der Zerlegung in $\infty$-Klassen zusammen. Bei dieser Variante ist die kanonische Minimisierung durch folgende Tabellen gegeben:

| | $a_2$ | $b_2$ | $c_2$ |
|---|---|---|---|
| x | $a_2$ | $a_2$ | $c_2$ |
| y | $b_2$ | $c_2$ | $c_2$ |

| | $a_2$ | $b_2$ | $c_2$ |
|---|---|---|---|
| x | u | u | u |
| y | u | v | v |

Die erhaltenen kanonischen Minimisierungen sind wesentlich verschieden voneinander: die erste reagiert auf das Eingangswort y mit dem Ausgangswort v und die zweite mit dem Ausgangswort u.

## 1.6. Struktursynthese endlicher Automaten

Bei der Struktursynthese handelt es sich darum, elementare Automaten auszuwählen, mit denen die Synthese des Strukturschemas eines gegebenen abstrakten Mealy- oder Moore-Automaten verwirklicht wird. Wir werden voraussetzen, daß wir es mit zwei Arten von elementaren Automaten zu tun haben: elementare Automaten mit Gedächtnis oder Gedächtniselemente (Trigger, Verzögerungsleitungen usw.) und elementare Automaten ohne Gedächtnis, sog. logische Elemente. Der Einfachheit halber wollen wir uns auf den Fall beschränken, daß wir nur im Besitz einer Art von Gedächtniselementen sind.

Eingangs- und Ausgangssignale sowohl der elementaren Automaten als auch des gesamten im ganzen betrachteten Automaten werden durch endliche Folgen von Buchstaben eines gewissen festen endlichen Alphabets bezeichnet (kodiert), das wir Strukturalphabet nennen. Gewöhnlich wählt man als Strukturalphabet ein Dualalphabet, das aus den beiden Buchstaben 0 und 1 besteht. Das zweite Alphabet, das die wichtigste Rolle bei der Struktursynthese spielt, ist das Alphabet, das aus den Symbolen der inneren Zustände der gewählten Gedächtniselemente besteht. Wir nennen dieses Alphabet das Zustandsalphabet. Es kann sein, daß das Zustandsalphabet nicht mit dem Strukturalphabet zusammenfällt, jedoch wählt man in der Praxis als Zustandsalphabet gewöhnlich auch ein Dualalphabet.

Eine der wichtigsten Aufgaben, die bei einer Struktursynthese von Automaten gelöst werden, ist die Aufstellung sog. kanonischer Gleichungen. Diese beschreiben den Zusammenhang der Signale, die auf die Eingänge der Gedächtniselemente gegeben werden mit den Ausgangssignalen dieser Elemente und den Signalen, die auf den Eingang des gesamten Automaten gelangen. Um ein richtiges Funktionieren der Schemata zu gewährleisten, darf man nicht zulassen, daß Eingangssignale, die auf den Eingang von Gedächtniselementen gegeben werden, unmittelbar an der Bildung von Ausgangssignalen beteiligt sind, die über Rückführketten im gleichen Zeitpunkt wieder auf diese Eingänge wirken. Anders ausgedrückt: Die Gedächtniselemente müssen Moore-Automaten und dürfen keine Mealy-Automaten sein. Der aus diesen Elementen gebildete zusammengesetzte Automat darf natürlich sowohl ein Moore-Automat als auch ein Mealy-Automat sein.

Wir setzen voraus, daß die bei der Struktursynthese verwendeten elementaren Automaten mit Gedächtnis Moore-Automaten sind. Indem man entsprechend den Beginn der Zählung der Zeitintervalle für die Ausgangssignale verschiebt, können wir annehmen, daß das Ausgangssignal in einem beliebigen Zeitpunkt t für jedes Gedächtniselement durch den inneren Zustand dieses Elements in ebendemselben Zeitpunkt bestimmt ist.

Um die Möglichkeit zu haben, beliebige Automaten bei einem minimalen Verbrauch von Gedächtniselementen zu synthetisieren, ist es zweckmäßig, als solche Elemente Moore-Automaten zu wählen, die ein vollständiges System von Übergängen und ein vollständiges System von Ausgaben besitzen.

Der Kürze halber werden wir sie als vollständige Automaten bezeichnen. Die Vollständigkeit des Systems der Übergänge bedeutet, daß es für ein beliebiges Paar von Zuständen des Automaten ein Eingangssignal gibt, das das erste Element dieses Paares in das zweite überführt. Diese Forderung ist mit der Forderung gleichbedeutend: In jeder Spalte der Übergangstabelle müssen alle Zustände des gegebenen Automaten auftreten. Die Vollständigkeit des Systems der Ausgaben bedeutet in dem Fall der Moore-Automaten, daß jedem Zustand des Automaten sein besonderes Ausgangssignal zugeordnet ist, das sich von den Ausgangssignalen aller anderen Zustände unterscheidet. Deshalb kann man für die vollständigen Moore-Automaten natürlicherweise die Ausgangssignale einfach mit den entsprechenden inneren Zuständen des Automaten identifizieren. Im folgenden werden wir an diesem Verfahren festhalten.

Als Gedächtniselement wählen wir einen bestimmten vollständigen Moore-Automaten. Die inneren Zustände dieses Automaten bezeichnen wir mit den Buchstaben $z_1, z_2, \ldots, z_r$ ($r \geq 2$). Sie sind nach der oben vereinbarten Bedingung gleichzeitig auch die Ausgangssignale. Zur Bezeichnung der Eingangssignale des Gedächtniselements werden wir die Buchstaben $s_1, s_2, \ldots, s_q$ verwenden. Das Alphabet $(z_1, z_2, \ldots, z_r)$ ist nichts anderes als das Zustandsalphabet. Das Strukturalphabet wählen wir etwas später; zunächst zeigen wir, wie man die kanonischen Gleichungen eines Automaten findet, der aus Elementen des gewählten Typs zusammengesetzt ist.

Wir nehmen an: Gegeben sei ein abstrakter endlicher Mealy-Automat oder Moore-Automat A mit dem Eingangsalphabet $\mathfrak{X} = (x_1, x_2, \ldots, x_n)$, dem Ausgangsalphabet $\mathfrak{Y} = (y_1, y_2, \ldots, y_m)$ und der Menge innerer Zustände $\mathfrak{A} = (a_1, a_2, \ldots, a_p)$, gegeben durch die Übergangsfunktion $\delta(a, x)$ und die Ausgabefunktion $\lambda$ (a, x). Das ausgewählte Gedächtniselement B sei durch die Übergangsfunktion $\nu$ (z, s) gegeben. Wir stellen uns die Aufgabe, kanonische Gleichungen für den Automaten A zu finden, unter der Bedingung, daß sein Gedächtnis aus einigen Exemplaren $B^{(1)}, B^{(2)}, \ldots, B^{(k)}$ des elementaren Automaten B aufgebaut ist.

Für die Konstruktion des Automaten A muß die Zahl k der Gedächtniselemente der Bedingung $r^k \geqq p$ genügen. In diesem Fall kann man verschiedene innere Zustände $a_i$ mit verschiedenen Tupeln von Zuständen der Automaten $B^{(1)}, B^{(2)}, \ldots, B^{(k)}$ identifizieren. Den Prozeß einer solchen Identifizierung wollen wir Kodierung der Zustände des Automaten A in dem gewählten Zustandsalphabet nennen. Es versteht sich, daß der Kodierungsprozeß seinem Wesen nach nicht eindeutig ist. Jedoch werden wir nicht auf die Einzelheiten der Frage der Wahl dieser oder jener Kodierungsvariante eingehen, sondern wir sehen eine solche Variante als gegeben an.

Nach der Kodierung sind die Zustände des Automaten A mit k-dimensionalen Vektoren $z^{(1)}, z^{(2)}, \ldots, z^{(k)}$ bezeichnet, deren Komponenten verschiedene Buchstaben $z_1, z_2, \ldots, z_r$ des Zustandsalphabets sind. Die zweistellige Ausgabefunktion $\lambda$ (a, x) des Automaten A verwandelt sich dabei in eine (k + 1)-stellige Funktion $\lambda^o(z^{(1)}, \ldots, z^{(k)}, x)$, die wir wie vorher Ausgabefunktion nennen wollen. Das Äquivalent der Übergangsfunktion $\delta$ (a, x) wird nach der Kodierung ein System aus k(k + 1)-stelligen Funktionen

$$\varphi^{(1)}(z^{(1)}, \ldots, z^{(k)}, x) \ldots, \varphi^{(k)}(z^{(1)}, \ldots, z^{(k)}, x)$$

der Übergänge in den Gedächtniselementen. Die Funktion $\varphi^{(i)}$ bestimmt den Zustand, in den das i-te Gedächtniselement im Moment t + 1 übergehen muß, wenn sich zum Zeitpunkt t der Automat A in dem Zustand $(z^{(1)}, z^{(2)}, \ldots, z^{(k)})$ befunden hatte und auf seinen Eingang das Signal $x_i$ gegeben wurde $(i = 1, 2, \ldots, k; t = 0, 1, 2, \ldots)$.

Der nächste wichtige Schritt ist die Konstruktion der Erregungsfunktionen $\sigma^{(i)}(z^{(1)}, \ldots, z^{(k)}, x)$ der Gedächtniselemente $(i = 1, 2, \ldots, k)$. Der Wert jeder dieser Funktionen $\sigma^{(i)}$ bei gewähltem Zustand $(z^{(1)}, z^{(2)}, \ldots, z^{(k)})$ des Automaten A und Eingangssignal x ist das Eingangssignal $s^{(i)}$ des i-ten Gedächtniselements, das den Übergang in dem i-ten Gedächtniselement hervorruft, der durch die i-te Übergangsfunktion bestimmt ist, d.h. den Übergang $z^{(i)} \to \varphi^{(i)}(z^{(i)}, \ldots, z^{(k)}, x)$ $(i = 1, \ldots, k)$. Das Eingangssignal $s^{(i)}$ kann im allgemeinen nicht nur auf eine Weise gewählt werden. Daher ist auch die Konstruktion der Erregungsfunktionen der Gedächtniselemente anhand ihrer Übergangsfunktionen ein nichteindeutiger Prozeß.

Die Wahl des besten Verfahrens für die Konstruktion der Erregungsfunktionen hängt mit den Aufgaben der Kombinationssynthese zusammen. Im übrigen läßt sich für viele Typen von Gedächtniselementen (Verzögerungsleitungen, Trigger mit Zählereingang usw.) dieser Übergang eindeutig durchführen. Für eine Reihe von Elementtypen kann man spezielle kombinatorisch-rechnerische Verfahren angeben, die es gestatten, im Vergleich zu dem dargelegten allgemeinen Verfahren auf einfachere Weise die Erregungsfunktionen zu bestimmen [13].

Die Erregungsfunktionen $\sigma^{(i)}$, gleichgesetzt dem durch sie bestimmten Eingangssignal $s^{(i)}$, liefern die gesuchten kanonischen Gleichungen der Rückführungen im Automaten A. Jedoch haben diese Gleichungen noch eine nicht vollständig befriedigende Form: Die Zustände des Automaten A sind in einem universellen (für den gewählten Typ von Gedächtniselementen) Zustandsalphabet kodiert, das nicht von der Wahl des Automaten A abhängt. Für die Bezeichnung der Eingangs- und Ausgangssignale werden jedoch verschiedene Alphabete verwendet, unter ihnen auch solche, die von der Wahl des Automaten A abhängen. Daher ist es notwendig, ein Strukturalphabet $\mathfrak{L}$ fest zu wählen (das gewöhnlich faktisch durch die gewählte Kodierung der Eingangssignale der Gedächtniselemente bestimmt ist), um durch endliche Folgen von Buchstaben dieses Alphabets nicht nur die Eingangssignale $\sigma^{(i)}$ der Gedächtniselemente, sondern auch die Eingangssignale und Ausgangssignale x und y des gesamten Automaten zu kodieren. Eine solche Kodierung führt das oben gefundene System von Funktionen der Erregung $\sigma^{(i)}$ in ein neues System von Funktionen

$$\sigma_j^{(i)}(z^{(1)}, \ldots, z^{(k)}, u_1, u_2, \ldots, u_g) \quad (i = 1, 2, \ldots, k;\ j = 1, 2, \ldots, l)$$

über. Dabei ist jede der Funktionen $\sigma_j^{(i)}$ das Eingangssignal (Buchstaben des Strukturalphabets), das man auf den j-ten Eingangskanal des i-ten Gedächtniselements geben muß, wenn der Automat A sich in dem Zustand $(z^{(1)}, z^{(2)}, \ldots, z^{(k)})$ befindet und auf seine Eingangskanäle die Signale $u_1, u_2, \ldots, u_g$ (Buchstaben des Strukturalphabets) gegeben werden.

Analog wird die oben gefundene Ausgabefunktion $\lambda^o(z^{(1)}, \ldots, z^{(k)}, x)$ durch das Funktionssystem $\lambda_j(z^{(1)}, z^{(2)}, \ldots, z^{(k)}, u_1, u_2, \ldots, u_g)$ $(j = 1, 2, \ldots, h)$ ersetzt. Dabei bestimmt die Funktion $\lambda_j$ das Ausgangssignal (Buchstaben des Strukturalphabets), das an dem j-ten Ausgangskanal des Automaten A zu der Zeit erscheint, wo der Automat A sich in dem Zustand $(z^{(1)}, z^{(2)}, \ldots, z^{(k)})$ befindet und auf seine Eingangskanäle die Signale $u_1, u_2, \ldots, u_g$ gegeben wurden.

Die erhaltenen Funktionen $\sigma_j^{(i)}$ heißen strukturelle Erregungsfunktionen und die Funktionen $\lambda_j$ strukturelle Ausgabefunktionen des Automaten A.

In dem Fall (den man gewöhnlich in der Praxis antrifft), in dem sowohl das Strukturalphabet als auch das Zustandsalphabet duale Alphabete sind, kann man die Erregungsfunktionen und auch die Ausgabefunktionen als gewöhnliche Boolesche Funktionen ansehen. Die Aufgabe beim nächsten Schritt (der Kombinationssynthese) besteht in der Konstruktion der gefundenen Funktionen aus elementaren logischen Funktionen, die durch die gewählten logischen Elemente verwirklicht werden. Die Methoden zur Lösung dieser Aufgabe wurde im Band 1 entwickelt.

Als Gedächtniselemente wählt man in der Mehrzahl der modernen Ziffernrechenautomaten vollständige Moore-Automaten mit zwei inneren Zuständen. Es ist interessant, die Frage zu analysieren, wieviel und welche elementaren Automaten diese Eigenschaft besitzen. Wir betrachten den Fall, daß der vollständige Moore-Automat mit zwei Zuständen 0 und 1 auch nur zwei Eingangssignale besitzt: x und y. Aus den Bedingungen der Vollständigkeit folgt, daß man in jeder Spalte der Übergangstabelle des Automaten beide Zustände 0 und 1 antreffen muß. Diese Einschränkung führt dazu, daß es im ganzen nur 4 mögliche Übergangstabellen gibt

| | 0 | 1 |
|---|---|---|
| x | 0 | 0 |
| y | 1 | 1 |

| | 0 | 1 |
|---|---|---|
| x | 0 | 1 |
| y | 1 | 0 |

| | 0 | 1 |
|---|---|---|
| x | 1 | 1 |
| y | 0 | 0 |

| | 0 | 1 |
|---|---|---|
| x | 1 | 0 |
| y | 0 | 1 |

Bei Umbenennung der Eingangssignale fällt die dritte Tabelle mit der ersten und die zweite mit der vierten zusammen. Somit gibt es nur zwei wesentlich verschiedene Automaten von der verlangten Gestalt. Diese sind durch folgende Übergangstabellen gegeben

| | 0 | 1 |
|---|---|---|
| x | 0 | 0 |
| y | 1 | 1 |

| | 0 | 1 |
|---|---|---|
| x | 0 | 1 |
| y | 1 | 0 |

Setzt man $x = 0$ und $y = 1$, so ist die erste Tabelle das wohlbekannte Gedächtniselement, das man Eintaktverzögerungselement nennt, das zweite Element ist ein nicht weniger gut bekanntes Element, es ist der sog. Trigger mit Zählereingang. Wir bemerken, daß man das übliche elektronische Relais mit schließendem Kontakt als ein Verzögerungselement ansehen kann.

Erhöht man die Zahl der Eingangssignale, so treten neue Typen von Gedächtniselementen auf. Zum Beispiel ist der Trigger mit getrennten Eingängen durch folgende Übergangstabelle gegeben:

| | 0 | 1 |
|---|---|---|
| x | 0 | 1 |
| y | 0 | 0 |
| z | 1 | 1 |

Der gemischte Trigger hat die Tabelle

| | 0 | 1 |
|---|---|---|
| x | 0 | 1 |
| y | 0 | 0 |
| z | 1 | 1 |
| u | 1 | 0 |

usw.

Beim Vorhandensein von nur zwei inneren Zuständen hat es keinen Sinn, die Zahl der Eingangssignale auf mehr als vier zu steigern, da bei einer größeren Zahl von Eingangssignalen notwendige Duplizitäten auftreten (die gleiche Übergänge im Automaten hervorrufen). Man kann daher unschwer einen Katalog aller vollständigen und wesentlich verschiedenen Moore-Automaten mit zwei Zuständen aufstellen (wesentlich verschieden sehen wir dabei Automaten an, deren Übergangstabellen nicht durch bloße Umbenennung der Eingangssignale ineinander übergeführt werden können). Außer den bereits aufgezählten Automatentypen gehören in diesen Katalog noch drei Automaten, die durch folgende Übergangstabellen gegeben sind:

| | 0 | 1 |
|---|---|---|
| x | 0 | 1 |
| y | 0 | 0 |
| z | 1 | 0 |

| | 0 | 1 |
|---|---|---|
| x | 0 | 1 |
| y | 1 | 1 |
| z | 1 | 0 |

| | 0 | 1 |
|---|---|---|
| x | 0 | 0 |
| y | 1 | 1 |
| z | 1 | 0 |

Es versteht sich, daß jeder der aufgezählten Automatentypen verschiedene Modifikationen auf Grund verschiedener Kodierung seiner Eingangssignale im Dualalphabet zuläßt. Wir betrachten als Beispiel die vollständige Synthese (abstrakte und strukturelle Synthese bis zur Aufstellung der kanonischen Gleichungen (für einen Moore-Automaten A, der ein dualer Folgequadrator ist. Der Automat A arbeitet wie folgt: Auf seinem Eingang werden Stelle für Stelle, und zwar die niedrig bewerteten Stellen vor den höher bewerteten die Ziffern einer zweistelligen Dualzahl gegeben. An dem Ausgang des Automaten soll nacheinander, von den niedrig bewerteten Ziffern angefangen, die Ziffernfolge des Quadrats dieser ganzen Zahl erscheinen. Anders ausgedrückt, soll der Automat A folgende partielle Abbildung $\varphi$ realisieren:

$$0\ 0\ 0\ 0 \longrightarrow 0\ 0\ 0\ 0$$
$$1\ 0\ 0\ 0 \longrightarrow 1\ 0\ 0\ 0$$
$$0\ 1\ 0\ 0 \longrightarrow 0\ 0\ 1\ 0$$
$$1\ 1\ 0\ 0 \longrightarrow 1\ 0\ 0\ 1$$

Man überprüft leicht, daß die Abbildung $\varphi$, ausgedehnt auf die Anfangsabschnitte der Wörter, der Automatenbedingung genügt. Bezeichnen wir das Nullsignal am Eingang mit dem Buchstaben x und dm Ausgang mit dem Buchstaben u und entsprechend das Einheitssignal am Eingang mit y und am Ausgang mit v, so schreibt sich die Zuordnungstabelle in der Form:

x x x x ⟶ u u u u

y x x x ⟶ v u u u

x y x x ⟶ u u v u

y y x x ⟶ v u u v

In der erhaltenen Zuordnung wird durch das Ausgangssignal u das Ereignis R = x v xx v xxx v xxxxv yx v yxx v yxxx v xy v xyxx v yy v yyx und durch das Ausgangssignal v das Ereignis Q = xyxv y v yyxx dargestellt. Alle Wörter, die nicht in die Ereignisse R und Q eingehen, sind verboten. Man kann diese Ereignisse beliebig durch verbotene Wörter ergänzen, ohne fürchten zu müssen, daß man dadurch die Reaktion des synthetisierten Automaten auf die gegebenen Wörter störend beeinflußt.

Da die Ereignisse R und Q durchschnittsfremd sind, kann man auf Grund des oben Gesagten das Ereignis R durch das Komplementärereignis Q′ zu Q ersetzen. In einem solchen Fall kann man den Automaten allein anhand des Ereignisses Q synthetisieren: Das Ereignis Q′ ist dann automatisch durch die Menge aller nichtmarkierten Zustände dieses Automaten dargestellt. Bedenkt man, daß zur Markierung der Zustände so oder so später ohnehin die Symbole u und v verwendet werden, so kann man gleich das Ereignis Q mit v und sein Komplement Q′ mit u bezeichnen.

Der Prozeß der abstrakten Synthese führt zu der folgenden Ummarkierung des regulären Ausdrucks für das Ereignis Q = v:

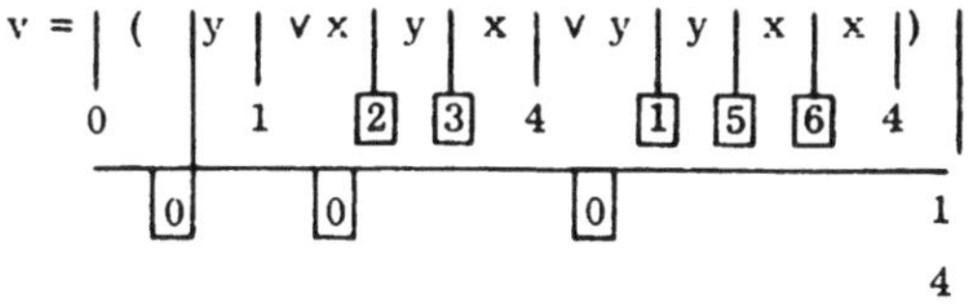

Hier wurden ein und dieselben Grundindizes einem Paar entsprechender Stellen (Index 1) oder einem Paar ähnlicher Stellen (Index 4) zugeordnet. Die markierte Übergangstabelle, die der eben durchgeführten Ummarkierung entspricht, schreibt sich wie folgt:

| | u | v | u | u | v | u | u | u |
|---|---|---|---|---|---|---|---|---|
| | 0 | 1 | 2 | 3 | 4 | 5 | 6 | * |
| x | 2 | * | * | 4 | * | 6 | 4 | * |
| y | 1 | 5 | 3 | * | * | * | * | * |

Da der Anfangszustand 0 nur das leere Wort darstellt, kann man seine Markierung als nichtdefiniert ansehen.

Nach der Umbezeichnung des Zustands (*) erhalten wir die folgende Tabelle:

| | – | v | u | u | v | u | u | u |
|---|---|---|---|---|---|---|---|---|
| | 0 | 1 | 2 | 3 | 4 | 5 | 6 | 7 |
| x | 2 | 7 | 7 | 4 | 7 | 6 | 4 | 7 |
| y | 1 | 5 | 3 | 7 | 7 | 7 | 7 | 7 |

Die Menge der Zustände des Moore-Automaten, der durch die letzte Tabelle gegeben ist, kann man in zwei 0-Klassen zerlegen: $a_0 = (0, 2, 3, 5, 6, 7)$ und $b_0 = (1, 4)$. Wir konstruieren die 0-Tabelle und bestimmen nach ihr die 1-Klassen:

| | 0 | 1 | 2 | 3 | 4 | 5 | 6 | 7 |
|---|---|---|---|---|---|---|---|---|
| | $a_0$ | $b_0$ | $a_0$ | $a_0$ | $b_0$ | $a_0$ | $a_0$ | $a_0$ |
| x | $a_0$ | $a_0$ | $a_0$ | $b_0$ | $a_0$ | $a_0$ | $b_0$ | $a_0$ |
| y | $b_0$ | $a_0$ | $a_0$ | $a_0$ | $a_0$ | $a_0$ | $a_0$ | $a_0$ |

$a_1 = (0)$, $b_1 = (1, 4)$, $c_1 = (2, 5, 7)$, $d_1 = (3, 6)$

Wir konstruieren nun die 1-Tabelle und dann die 2-Klassen:

| | 0 | 1 | 2 | 3 | 4 | 5 | 6 | 7 |
|---|---|---|---|---|---|---|---|---|
| | $a_1$ | $b_1$ | $c_1$ | $d_1$ | $b_1$ | $c_1$ | $d_1$ | $c_1$ |
| x | $c_1$ | $c_1$ | $c_1$ | $b_1$ | $c_1$ | $d_1$ | $b_1$ | $c_1$ |
| y | $b_1$ | $c_1$ | $d_1$ | $c_1$ | $c_1$ | $c_1$ | $c_1$ | $c_1$ |

Es ergibt sich

$a_2 = (0)$, $b_2 = (1, 4)$, $c_2 = (2)$, $d_2 = (3, 6)$, $f_2 = (5)$, $g_2 = (7)$

Die 2-Tabelle und die 3-Klassen nehmen die folgende Gestalt an:

| | 0 | 1 | 2 | 3 | 4 | 5 | 6 | 7 |
|---|---|---|---|---|---|---|---|---|
| | $a_2$ | $b_2$ | $c_2$ | $d_2$ | $b_2$ | $f_2$ | $d_2$ | $g_2$ |
| x | $c_2$ | $g_2$ | $g_2$ | $b_2$ | $g_2$ | $d_2$ | $b_2$ | $g_2$ |
| y | $b_2$ | $f_2$ | $d_2$ | $g_2$ | $g_2$ | $g_2$ | $g_2$ | $g_2$ |

$a_3 = (0)$, $b_3 = (1)$, $c_3 = (2)$, $d_3 = (3, 6)$, $e_3 = (4)$, $f_3 = (5)$, $g_3 = (7)$

Da die 3-Klassen, wie man leicht nachprüft, mit den 4-Klassen übereinstimmen, sind es auch $\infty$-Klassen, so daß man also den Automaten durch die Vereinigung der beiden Zustände 3 und 6 vereinfachen kann. Nach einer entsprechenden Umnumerierung der Zustände nimmt die markierte Übergangstabelle des gesuchten Moore-Automaten A die folgende Form an:

| | – | v | u | v | u | u | u |
|---|---|---|---|---|---|---|---|
| | 1 | 2 | 3 | 4 | 5 | 6 | 7 |
| x | 3 | 7 | 7 | 7 | 6 | 4 | 7 |
| y | 2 | 5 | 6 | 7 | 7 | 7 | 7 |

Wir gehen nun zur Struktursynthese über, indem wir als Gedächtniselemente Verzögerungsleitungen mit der Übergangstabelle

| | 0 | 1 |
|---|---|---|
| 0 | 0 | 0 |
| 1 | 1 | 1 |

wählen.

Da der zu synthetisierende Automat 7 Zustände hat, und da das Gedächtniselement 2 Zustände hat, muß man 3 Gedächtniselemente wählen ($2^3 \geqq 7$). Wir bezeichnen ihre inneren Zustände mit den Buchstaben $z_1$, $z_2$, $z_3$ und ihre Eingangssignale mit $s_1$, $s_2$, $s_3$ (alle diese Größen können die Werte 0 und 1 annehmen). Die Zustände des Automaten A bezeichnen wir mit den Werten des Vektors ($z_1$, $z_2$, $z_3$). Wir wählen das sog. natürliche Kodierungssystem der Zustände, bei dem jeder Zustand durch seine Ziffer im dualen Zahlsystem kodiert wird:

$$1 = 001;\ 2 = 010;\ 3 = 011;\ 4 = 100;\ 5 = 101;\ 6 = 110;\ 7 = 111$$

Das physikalische Eingangssignal des gesamten Automaten bezeichnen wir mit dem Buchstaben c, das physikalische Ausgangssignal mit d und schreiben die markierte Übergangstabelle dieses Automaten entsprechend dem gewählten Kodierungssystem um (eine solche Tabelle nennt man gewöhnlich physikalische Übergangstabelle des Automaten im Gegensatz zu der früher betrachteten abstrakten Übergangstabelle, in der die Besonderheiten der Kodierung keine Berücksichtigung fanden).

| d | – | 1 | 0 | 1 | 0 | 0 | 0 |
|---|---|---|---|---|---|---|---|
| c \ z | 001 | 010 | 011 | 100 | 101 | 110 | 111 |
| 0 | 011 | 111 | 111 | 111 | 110 | 100 | 111 |
| 1 | 010 | 101 | 110 | 111 | 111 | 111 | 111 |

Die erhaltene physikalische Übergangstabelle gibt die Zustände $z_1' = z_1$, $z_2' = z_2(t+1)$, $z_3' = (t+1)$ der Gedächtniselemente in jedem folgenden Zeitpunkt t+1 als Boolesche Funktionen ihrer Zustände $z_1 = z_1(t)$, $z_2 = z_2(t)$, $z_3 = z_3(t)$ und des Eingangssignals $c = c(t)$ des Automaten A im momentanen Zeitpunkt t wieder. Aus der Übergangstabelle des Verzögerungselements ist ersichtlich, daß sein Zustand in jedem folgenden Zeitpunkt t+1 mit dem Signal an seinem Eingang im gegenwärtigen Zeitpunkt zusammenfällt. Man kann daher annehmen, daß die angeschriebene Tabelle die strukturellen Erregungsfunktionen des gesuchten Automaten A angibt

$$s_i = \sigma_i(z_1, z_2, z_3, c) \quad (i = 1, 2, 3).$$

Wir schreiben sofort die Wertetabellen, die durch die Funktionen $s_1$, $s_2$, $s_3$ bestimmt sind, in Form von Karnaugh-Diagrammen (s. Abschn. 2.4., Band 1).

| $z_1z_2$ \ $z_3c$ | 00 | 01 | 11 | 10 |
|---|---|---|---|---|
| 00 | – | – | 0 | 0 |
| 01 | 1 | 1 | 1 | 1 |
| 11 | 1 | 1 | 1 | 1 |
| 10 | 1 | 1 | 1 | 1 |

| $z_1z_2$ \ $z_3c$ | 00 | 01 | 11 | 10 |
|---|---|---|---|---|
| 00 | – | – | 1 | 1 |
| 01 | 1 | 0 | 1 | 1 |
| 11 | 0 | 1 | 1 | 1 |
| 10 | 1 | 1 | 1 | 1 |

| $z_1z_2$ \ $z_3c$ | 00 | 01 | 11 | 10 |
|---|---|---|---|---|
| 00 | – | – | 0 | 1 |
| 01 | 1 | 1 | 0 | 1 |
| 11 | 0 | 1 | 1 | 1 |
| 10 | 1 | 1 | 1 | 0 |

Mit den Methoden, die im Band 1 entwickelt wurden, finden wir minimale disjunktive Normalformen für die Erregungsfunktionen (der Eingangssignale der Gedächtniselemente) des Automaten A:

$$s_1 = z_1 \vee z_2; \; s_2 = z_3 \vee \bar{z}_2 \vee \bar{z}_1 \bar{c} \vee z_1 c;$$

$$s_3 = z_1 c \vee z_1 z_2 z_3 \vee \bar{z}_2 \bar{z}_3 \vee c \bar{z}_3 \vee \bar{z}_1 \bar{c}$$

Die strukturelle Ausgabefunktion (die das Ausgangssignal d des Automaten A als Funktion der Zustände der Gedächtniselemente bestimmt) läßt sich auch unmittelbar anhand der markierten physikalischen Übergangstabelle des Automaten A bestimmen. Das Karnaugh-Diagramm für diese Funktion schreibt sich wie folgt:

| $z_1 z_2$ \ $z_3'$ | 0 | 1 |
|---|---|---|
| 00 | – | – |
| 01 | 1 | 0 |
| 11 | 0 | 0 |
| 10 | 1 | 0 |

Anhand des Karnaugh-Diagramms finden wir leicht eine minimale disjunktive Normalform, die die erforderliche Ausgabefunktion d wiedergibt:

$$d = \bar{z}_1 \bar{z}_3 \vee \bar{z}_2 \bar{z}_3$$

Wir bemerken, daß alle unsere Funktionen nicht auf allen Tupeln definiert waren und setzen ihre Definition so fort, daß wir möglichst einfache Darstellungen für sie erhalten.

Führen wir als Elemente Negatoren und Konjunktions- bzw. Disjunktionsglieder mit zwei Eingängen ein, bezeichnen wir diese Elemente mit Kreisen, in denen die Symbole der ihnen entsprechenden Operationen $\neg, \wedge, \vee$ eingetragen sind, führen wir für die Gedächtniselemente (Verzögerungsglieder) Quadrate mit den Buchstaben $z_1$, $z_2$ und $z_3$ im Inneren ein, so erhalten wir das Schema des Automaten A, wie im Bild 2 dargestellt.

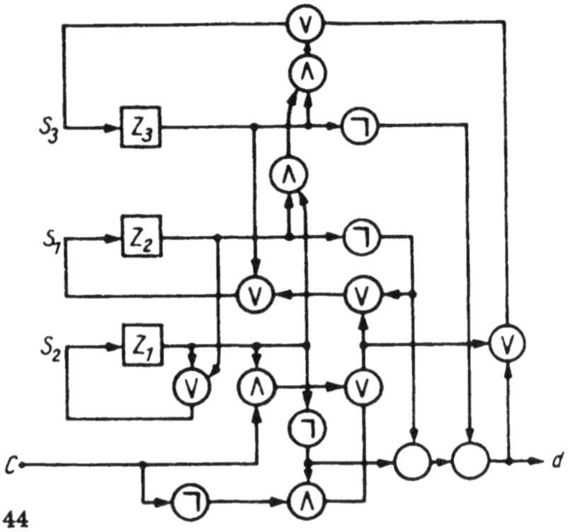


Bild 2

Dieses Schema umfaßt außer den drei Verzögerungselementen 4 Negatoren, 5 Konjunktions- und 7 Disjunktionsglieder (im ganzen also 16 logische und 3 Gedächtniselemente).

# 2. Selbstorganisierende Systeme

## 2.1. Begriff der Selbstveränderung und Selbstorganisation in Automaten

Mit dem Begriff des Algorithmus und des diskreten Automaten wird gewöhnlich die Vorstellung verbunden, daß diese sich mit der Zeit nicht ändern. Die entsprechenden Alphabetabbildungen stellt man sich als etwas Starres, ein für alle mal Gegebenes vor. In bezug auf den klassischen Algorithmenbegriff und auf die übliche Auffassung von der Funktionsweise eines diskreten Automaten ist eine solche Vorstellung bis zu einem gewissen Grad begründet. Daneben ist aber bekannt, daß die vollkommensten der in der heutigen Zeit modellierbaren selbstorganisierenden Systeme auf universellen elektronischen Ziffernrechenautomaten nachgebildet wurden. Diese Ziffernrechenautomaten stellen aber nichts anderes dar als diskrete Automaten mit einer „starren" Struktur, und die Modelle sind nichts anderes als bestimmte Programme, die ihrerseits nur spezielle Schreibweisen von besonderen Algorithmen darstellen.

Der hierbei auftretende Widerspruch ist im wesentlichen nur scheinbar. In Wahrheit ist der Unterschied zwischen „starren" und „selbstveränderlichen" Informationswandlern in der Mehrzahl der Fälle relativ und wird nicht nur durch die Konstruktion des Informationswandlers allein, sondern auch durch die Organisation des Experiments mit diesem Informationswandler bestimmt. Ein und derselbe Informationswandler kann unter gewissen Bedingungen als starr und unveränderlich, aber unter anderen Bedingungen als selbstveränderlich und selbstorganisierend angesehen werden.

Zur Präzision des Gesagten betrachten wir einen beliebigen diskreten Automaten A mit einem Eingangsalphabet $\mathfrak{X}$, dem Ausgangsalphabet $\mathfrak{Y}$, der Menge der inneren Zustände $\mathfrak{A}$ und dem Anfangszustand $a_0$. Die übliche Vorstellung über den Charakter der Funktion des Automaten setzt implizit voraus, daß, nachdem auf seinen Eingang irgendein Wort p im Alphabet $\mathfrak{X}$ gegeben und das entsprechende Ausgangswort $q = \xi(p)$ im Alphabet $\mathfrak{Y}$ erhalten wurde, der Automat wieder in den Anfangszustand zurückkehrt. Auf diese Weise befindet sich der Automat immer dann, wenn mit der Eingabe eines neuen Eingangswortes begonnen wird, in ein und demselben Zustand $a_0$. Dann ist die vom Automaten induzierte Abbildung $\xi$ starr und unveränderlich in dem Sinne, daß das Ergebnis der Transformation eines beliebigen Eingangswortes p durch die Abbildung $\xi$ nur von dem Wort p selbst und nicht von dem Zeitpunkt abhängt, an dem es in den Eingang des Automaten eingegeben wurde.

Wir wollen jedes nur mögliche Eingangswort des Automaten eine Frage und das diesem Wort entsprechende Ausgangswort eine Antwort nennen. In diesem Fall besteht die „Starrheit" des Automaten darin, daß der Automat unter allen Bedingungen auf ein und dieselbe Frage immer die gleiche Antwort gibt. Dem Automaten fehlt dadurch jede Fähigkeit zum Lernen und zur Vervollkommnung seiner Antworten.

Jedoch ist die oben beschriebene Überführung des Automaten in den Ausgangszustand vor jeder neuen Frage keinesfalls zwangsläufig. Im Gegenteil, eine solche Überführung ist in der Definition der Funktion eines Automaten nicht unmittelbar enthalten (Abschn. 1.6.).

Es liegt nahe, die Arbeitsweise eines Automaten so zu definieren, daß der Anfang jedes neuen Wortes den Automaten in dem Zustand findet, in dem er sich nach Beendigung der Antwort auf die letzte Frage befunden hat. Bei einer solchen Definition wird ein Automat, den wir früher als starr und unveränderlich ansahen, im allgemeinen im Laufe der Zeit seine Antworten ändern, und er kann insbesondere lernen, sich vervollkommnen usw.

Wir wollen nun etwas genauer die Funktionsweise eines diskreten Automaten unter Berücksichtigung der Theorie der selbstorganisierenden Systeme definieren. Die wichtigsten Begriffe, die die Funktionsweise eines Automaten festlegen, sind die Begriffe des Zyklus und des Informationsumlaufs.

Auf den Eingang des Automaten werde eine bestimmte (endliche oder unendliche) Folge von Buchstaben gegeben: $x_{i_1}, x_{i_2}, \ldots, x_{i_n}$. Ihr entspricht eine bestimmte Buchstabenfolge $y_{j_1}, y_{j_2}, \ldots, y_{j_n}$ am Ausgang des Automaten. Wir wollen annehmen, daß wir eine bestimmte wachsende Folge k, l, ... von Zeitpunkten der diskreten Zeit t ausgewählt haben ($1 < k < l < \ldots$). Dann nennen wir jedes Paar von Wörtern $(x_{i_1}\ x_{i_2} \ldots x_{i_k}, y_{j_1}\ y_{j_2} \ldots y_{j_k})$, $(x_{i_{k+1}}, x_{i_{k+2}} \ldots x_{i_l}, y_{j_{k+1}}\ y_{j_{k+2}} \ldots y_{j_l})$, ... einen Zyklus und die Operation der Aussonderung von Zyklen die Zyklisierungsoperation der Information (Eingangs- und Ausgangsinformation) des betrachteten Automaten.

Wir wollen im folgenden annehmen, daß für jeden betrachteten Automaten ein und dieselbe Klasse zulässiger Folgen von Eingangsworten gewählt ist und daß jede solche Folge (zusammen mit der ihr entsprechenden Folge von Ausgangsbuchstaben) in Zyklen aufgeteilt ist. Somit ist die Zyklisierungsoperation im allgemeinen nicht auf irgendeinem Paar von Folgen, sondern auf allen Paaren zulässiger Folgen erklärt.

Bei dem abstrakten Herangehen an den Begriff des Zyklus und der Zyklisierung kommt nichts Zusätzliches gegenüber dem schon Definierten hinzu. Jedoch setzt man in der Praxis bei der Zyklisierung immer voraus, daß ein Paar von Wörtern (Eingangswort und zugehöriges Ausgangswort), das einen solchen abstrakten Zyklus bildet, ein abgeschlossener realer Zyklus in der Wirkungsweise des Automaten ist, den man getrennt von allen übrigen Zyklen betrachten kann. Am häufigsten sind die folgenden zwei Fälle:

a) Das erste Wort eines Paares (das Eingangswort) ist die dem Automaten gestellte Frage und das zweite Wort des Paares die Antwort auf diese Frage

b) Das zweite Wort ist wie vorher die Antwort, während das erste Wort außer der Frage noch eine Einschätzung der gegebenen Antwort enthält

Es versteht sich, daß in beiden Fällen angenommen wird, daß eventuelle in den Bestand des ersten und des zweiten Wortes eingehende leere Buchstaben nicht berücksichtigt werden.

Die in diesen beiden Fällen entstehende Situation ist in den Bildern 3 und 4 wiedergegeben.

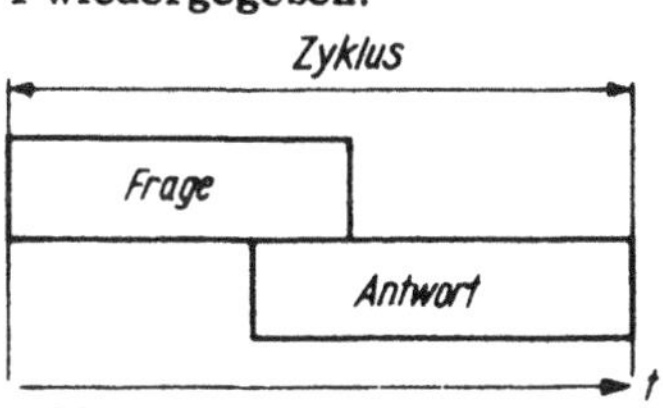

Bild 3

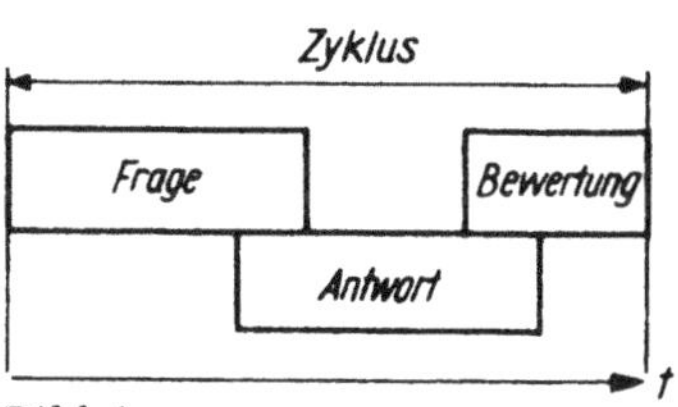

Bild 4

Wir erwähnen, daß es im allgemeinen häufig zweckmäßig ist, bei der Konstruktion von Automaten eine teilweise (und manchmal auch vollständige) Überdeckung von Frage und Antwort zu verwirklichen (d.h., die Antwort beginnt bereits, wenn die Frage noch gar nicht beendet ist). Dieser Umstand ist in den Bildern 3 und 4 berücksichtigt worden. Die Zyklengrenzen werden bei der Ausführung der Zyklisierungsoperation durch zwei Hauptverfahren festgelegt.

Man kann erstens einfach eine bestimmte natürliche Zahl k festhalten und verlangen, daß bei jedem Zyklus Eingangs- und Ausgangswort genau k Buchstaben (einschließlich leerer Buchstaben) enthalten. Eine solche Zyklisierung wollen wir k-Zyklisierung nennen. Zweitens kann man die Grenze von Zyklen bestimmen, indem man für diesen Zweck einen speziellen Buchstaben oder ein spezielles Wort auswählt, das man eine Marke nennt. Zur Abgrenzung der Zyklen bringt man zweckmäßig diese Marke am Beginn jeder Frage an (dabei soll angenommen werden, daß die Marke ein Bestandteil der Frage ist). Ein solches Zyklisierungsverfahren nennen wir Markenzyklisierungsverfahren. Es versteht sich von selbst, daß die Buchstabenkombination, die als Marke dient, ausschließlich für diesen Zweck vorbehalten sein muß, d.h. ansonsten keine Verwendung finden darf. Innerhalb eines Zyklus darf man auch Marken verwenden (z.B. zur Bezeichnung des Anfangs der Einschätzung), aber eine solche Marke muß sich von der Marke unterscheiden, die die Zyklengrenze bezeichnet. Häufig ist es günstig, bei der Konstruktion eines Automaten noch die Ausgabe einer speziellen Marke am Ende jeder Antwort vorzusehen. Wir wollen annehmen, daß bei der Arbeit des Automaten nur zulässige Folgen von Eingangssignalen auftreten und daß für jede solche Folge eine entsprechende Aufteilung in Zyklen vorliegt.

Eine geordnete Folge von Zyklen, die einem gegebenen Zyklus C in einer zulässigen festen Folge eines beliebigen Automaten A vorangeht, heißt Lernvergangenheit des Automaten A bezüglich des Zyklus C.

Es ist natürlich, einen Automaten als sich selbstvervollkommnend zu bezeichnen oder selbstlernend zu nennen, wenn er seine Antwort in dem Maß verbessert, wie seine Vergangenheit zunimmt. Diese Definition erhebt natürlich keinerlei Anspruch auf Strenge und muß daher als eine vorläufige Definition angesehen werden. Die Definition für die Begriffe der Vervollkommnung (Selbstlernen) von Automaten werden in einem der folgenden Abschnitte präzisiert, nachdem die für solche Definitionen notwendigen wahrscheinlichkeitstheoretischen Grundbegriffe eingeführt worden sind. Es ist aber nützlich, schon jetzt die Wege für eine solche Präzisierung zu skizzieren. Als erstes muß man den Begriff der Güte einer Antwort herausarbeiten, indem man für diese Güte ein bestimmtes zahlenmäßiges Maß einführt. Unter dieser Bedingung kann man dem Begriff der Verbesserung einer Antwort, den man in der oben gegebenen Definition der Selbstvervollkommnung von Automaten benötigte, einen wohldefinierten Sinn geben.

Man muß ferner beachten, daß selbst Automaten mit einer stark ausgeprägten Tendenz zur Selbstvervollkommnung nicht zwangsläufig ihre Antworten absolut auf alle gestellten Fragen verbessern. Es kann also nur die Rede sein von einer Verbesserung der Güte der Antworten im Mittel. Das gleiche gilt auch für die Lernvergangenheit. Einige relativ selten auftretende Lernvergangenheiten können zu einer Verschlechterung der mittleren Güte der Antworten führen. Wenn dabei die übrigen Lernvergangenheiten zu einer starken Verbesserung der Qualität der Antworten führen, so kann der Automat uneingeschränkt als selbstvervollkommnender Automat anerkannt werden.

Schließlich muß man offenbar die Selbstvervollkommnung, die von vornherein vom Konstrukteur des Automaten (unabhängig von der Lernvergangenheit) vorgesehen war, von der wirklich selbständigen Selbstvervollkommnung unterscheiden, die durch die real auftretende Lernvergangenheit bestimmt wird und daher nicht im voraus geplant werden kann. Es ist eigentlich klar, daß nur der zweite Typ von Selbstvervollkommnung wirklich diese Bezeichnung verdient. Was den ersten Typ anbelangt, so legt in diesem Fall der Konstrukteur von vornherein die richtigen Antworten in den Automaten hinein, und will man damit den Prozeß der Selbstvervollkommnung imitieren, so zwingt man den Automaten von Zeit zu Zeit, seine Kenntnisse „unter den Scheffel" zu stellen. Als Ergebnis gibt der Automat zunächst schlechte Antworten, und erst nachdem eine gewisse Zeit verflossen ist (nach einer bestimmten Anzahl von Zyklen) beginnt er unter Ausnutzung der in ihn hineingelegten Kenntnisse richtige Antworten zu geben. Man kann jedoch eine solche Verbesserung der Qualität der Antworten des Automaten im Laufe der Zeit nicht als Selbstvervollkommnung bezeichnen.

Alles, was gesagt wurde, vermittelt einen Eindruck von all den Schwierigkeiten, die bei einer exakten Definition des Begriffs der Selbstvervollkommnung überwunden werden müssen. In einer analogen Lage befindet man sich auch bei dem Begriff der Selbstorganisierung, der unserer Vorstellung nach noch etwas allgemeiner ist als der Begriff der Selbstvervollkommnung. Bei der Selbstvervollkommnung muß man notwendigerweise die Qualität der Antworten verbessern. Bei der Selbstorganisation kann es sein, daß die Qualität der Antworten überhaupt nicht definiert ist. Es ist lediglich notwendig, daß der Automat in dem Maß, wie er lernt, die Bestimmtheit seiner Antworten im Mittel erhöht. Die entsprechende genauere Definition wird nach Einführung der notwendigen wahrscheinlichkeitstheoretischen Begriffe gegeben werden.

Bei der Präzisierung der Begriffe der Selbstorganisation und der Selbstvervollkommnung ist es zweckmäßig, Gebrauch von der sog. zyklischen Reduktion der Automaten zu machen. Die zyklische Reduktion ist für alle die Automaten definiert, bei denen eine feste Menge zulässiger Eingangsfolgen gewählt und eine Zyklisierung der Eingangs- und Ausgangsinformation durchgeführt wurde. Bei Erfüllung dieser Bedingungen können für einen solchen Automaten A die Eingangs- und Ausgangsalphabete in folgender Weise ersetzt werden: Die Buchstaben des neuen Eingangsalphabets $\mathfrak{X}'$ sind alle verschiedenen Eingangswörter aller Zyklen in allen zulässigen Folgen, die Buchstaben des neuen Ausgangsalphabets $\mathfrak{Y}$ sind analog dazu alle verschiedenen Ausgangswörter der angegebenen Zyklen.

Für einen beliebigen Zustand a des Automaten A und einen beliebigen Buchstaben $x'$ des Alphabets $\mathfrak{X}'$ (Eingangswort eines beliebigen Zyklus) sei mit $\delta$ (a, x') der Zustand bezeichnet, in den der Automat A aus dem Zustand a unter der Wirkung des Eingangswortes $x'$ übergeht. $\lambda'(a, x')$ bezeichnet das Ausgangswort, das vom Automaten A unter der Wirkung des Eingangswortes $x'$ ausgegeben wird in dem Fall, daß der Zustand a der Anfangszustand ist. Eine beliebige zulässige Eingangsfolge des Automaten A kann als Folge $x'(1)\, x'(2) \ldots$ von Buchstaben des neuen Eingangsalphabets $\mathfrak{X}'$ betrachtet werden. Wir betrachten die Menge $\mathfrak{A}'$ aller der Zustände des Automaten A, in die er, ausgehend von dem Anfangszustand $a_0$, durch Eingangsworte der Form $x'(1), x'(2), \ldots\, x'(k)$ $(k \geqq 0)$ übergeführt werden kann. Dies sind alle möglichen Anfangsabschnitte verschiedener zulässiger Eingangsfolgen. Zu dieser Menge gehört zwangsläufig auch der Anfangszustand $a_0$ selbst.

Nun kann man unschwer einen Automaten A' konstruieren, bei dem die Menge der inneren Zustände mit der Menge $\mathfrak{A}'$ übereinstimmt, das Eingangsalphabet die Menge $\mathfrak{X}'$ und das Ausgangsalphabet die Menge $\mathfrak{Y}'$ ist. Als Überführungs- und Ausgabefunktionen dieses Automaten dienen die oben bestimmten Funktionen $\delta'$ und $\lambda'$, und Anfangszustand ist der Zustand $a_0$. Es sei vorausgesetzt, daß an den Eingang des so konstruierten Automaten nur zulässige Eingangsfolgen (umgeschrieben in das Alphabet $\mathfrak{X}'$) gelangen. In diesem Fall ist die Definition des Automaten A, wie man leicht nachprüft, vollständig: Sowohl die Zustände als auch die Ausgangsbuchstaben sind zur Beschreibung der Funktion des Automaten unter der Einwirkung einer beliebigen zulässigen Eingangsfolge völlig ausreichend.

Den so konstruierten Automaten A wollen wir die zyklische Reduktion des Ausgangsautomaten A nennen. Die Zyklisierung der Information, die der Ausgangszyklisierung entspricht, ist im Automaten A' offenbar eine 1-Zyklisierung. Mit anderen Worten: In der zyklischen Reduktion eines beliebigen Automaten sind sowohl die Fragen als auch die Antworten aus einem Buchstaben bestehende Worte.

Bei der zyklischen Reduktion von Automaten kann sich die Zahl ihrer inneren Zustände höchstens vermindern, oder sie bleibt unverändert. Die Zahl der Buchstaben der Eingangs- und Ausgangsalphabete wird im allgemeinen dabei zunehmen. Es ist klar, daß man bei einer k-Zyklisierung der Ausgangsinformation durch zyklische Reduktion nicht von endlichen Alphabeten auf unendliche Alphabete kommen kann. Jedoch im Fall der Zyklisierung nach einer Marke ist ein solcher Übergang möglich: Ein endliches Eingangs- oder Ausgangsalphabet kann nach einer zyklischen Reduktion in ein unendliches Alphabet übergehen.

Als Beispiel einer zyklischen Reduktion ($k = 2$) betrachten wir einen Automaten A mit den drei Zuständen 1, 2, 3, den zwei Eingangsbuchstaben x, y und zwei Ausgangsbuchstaben u, v. Seine Überführungs- und Ausgabefunktionen seien entsprechend durch folgende Tabellen gegeben

| | 1 | 2 | 3 |
|---|---|---|---|
| x | 2 | 2 | 2 |
| y | 3 | 2 | 1 |

| | 1 | 2 | 3 |
|---|---|---|---|
| x | u | v | u |
| y | v | u | v |

Alle Eingangsfolgen seien zulässige Folgen und der Zustand 1 werde als Anfangszustand genommen. Im Ergebnis der zyklischen Reduktion kommen wir zu einem Automaten A' mit zwei Zuständen, vier Eingangsbuchstaben $x_1 = xx$, $x_2 = xy$, $x_3 = yx$, $x_4 = yy$ und vier Ausgangsbuchstaben $v_1 = uu$, $v_2 = uv$, $v_3 = vu$, $v_4 = vv$. Die Überführungs- und die Ausgabefunktionen dieses Automaten sind durch die Tabellen

| | 1 | 2 |
|---|---|---|
| $x_1$ | 2 | 2 |
| $x_2$ | 2 | 2 |
| $x_3$ | 2 | 2 |
| $x_4$ | 1 | 2 |

| | 1 | 2 |
|---|---|---|
| $x_1$ | $v_2$ | $v_4$ |
| $x_2$ | $v_1$ | $v_3$ |
| $x_3$ | $v_3$ | $v_2$ |
| $x_4$ | $v_4$ | $v_1$ |

gegeben.

Mit Hilfe der zyklischen Reduktion läßt sich ganz anschaulich die Frage lösen, ob der betrachtete Automat bezüglich der gegebenen Zyklisierung starr oder selbstveränderlich ist. Man kann nämlich den folgenden Satz formulieren:

Damit ein diskreter Automat A bei einer gegebenen Zyklisierung starr sei (d.h. seine Antworten auf ein und dieselben Fragen im Laufe der Zeit nicht ändert), ist notwendig und hinreichend, daß nach der zyklischen Reduktion die Ausgabefunktion $\lambda'(a, x')$ nicht mehr von den Zuständen des reduzierten Automaten A' abhängt.

Die Unabhängigkeit der Ausgabefunktion von den Zuständen des Automaten bedeutet offensichtlich, daß in der Ausgabetabelle dieses Automaten alle Elemente, die jeweils in einer Zeile stehen, einander gleich sind (Elemente, die in verschiedenen Zeilen stehen, können selbstverständlich verschieden sein).

Wenden wir dies auf das oben betrachtete Beispiel an, so wird sofort die Selbstverständlichkeit des Automaten für den Fall der durchgeführten 2-Zyklisierung seiner Eingangsinformation erkennbar.

Es ist leicht einzusehen, daß man einen Automaten, bei dem die Ausgabefunktion nicht von seinen Zuständen abhängt, durch einen zu ihm äquivalenten Automaten ersetzen kann (der also die gleiche Alphabetabbildung induziert), der nur einen einzigen inneren Zustand besitzt. Ein Automat mit nur einem einzigen inneren Zustand ist seinem Wesen nach ein Automat ohne Gedächtnis. In der abstrakten Automatentheorie wird gezeigt, daß jeder diskrete Automat A minimisiert werden kann, d.h. mit anderen Worten, er kann durch einen zu ihm äquivalenten Automaten B (die absolute Minimisierung des Automaten A) ersetzt werden, der unter allen Automaten, die die gleiche Alphabetabbildung wie der Automat A vermitteln, die geringste Zahl von Zuständen hat.

Wenn wir nach der zyklischen Reduktion eines beliebigen diskreten Automaten A (bei gegebener Zyklisierung der Information) noch die absolute Minimisierung durchführen, so erhalten wir eine Operation, die wir vollständige zyklische Reduktion des betrachteten Automaten A (entsprechend der gegebenen Informationszyklisierung) nennen wollen. Aus den eben durchgeführten Überlegungen geht die Richtigkeit des folgenden Satzes hervor.

Damit ein diskreter Automat A mit gegebener Zyklisierung der Information die Eigenschaft der Invarianz seiner Antworten von der Zeit besitzt, ist notwendig und hinreichend, daß im Ergebnis seiner vollständigen zyklischen Reduktion ein Automat erhalten wird, der kein Gedächtnis besitzt.

Es gilt dazu auch die Umkehrung: Das Vorhandensein eines nichttrivialen Gedächtnisses bei einem Automaten, der im Ergebnis einer vollständigen zyklischen Reduktion des betrachteten Automaten A erhalten wird, bedeutet, daß der Automat A (bezüglich der gegebenen Informationszyklisierung) zu den selbstveränderlichen Automaten gehört.

Die Bedingtheit der Eigenschaft der Selbstveränderlichkeit von Automaten (d.h. ihre Abhängigkeit von der Art der Zyklisierung der Eingangsinformation) kann man leicht an dem Beispiel des folgenden Automaten C mit zwei Zuständen demonstrieren, der durch folgende Überführungs- und Ausgabetabellen gegeben ist:

| | 1 | 2 |
|---|---|---|
| x | 2 | 1 |
| y | 1 | 2 |

| | 1 | 2 |
|---|---|---|
| x | u | v |
| y | v | u |

Sind beliebige Eingangsfolgen zulässig, so wird im Fall einer 2-Zyklisierung der Eingangsinformation im Ergebnis der zyklischen Reduktion des Automaten C ein Automat mit einem einzigen Zustand erhalten. Somit erhalten wir sogar ohne Minimisierung einen Automaten ohne Gedächtnis und kommen auf Grund des oben formulierten Kriteriums zu dem Schluß, daß der Automat C starr, d.h. unveränderlich ist. Gleichzeitig muß jedoch bei einer 1-Zyklisierung der Eingangsinformation der Automat C offensichtlich als selbstveränderlich angesehen werden. Bei den praktischen Aufgaben gelingt eine genügend scharfe Trennung zwischen starren und selbstveränderlichen Automaten nur deshalb, weil die Zyklisierung der Eingangsinformation in der Regel von vornherein gegeben ist.

Wir möchten noch bemerken, daß in den betrachteten Kriterien und bei den auf ihrer Grundlage untersuchten Beispielen nicht die Rede war von der Selbstorganisation oder der Selbstvervollkommnung, sondern nur von der Selbstveränderlichkeit der Automaten. Eine Aufstellung von Beispielen für die Selbstorganisation und die Selbstvervollkommnung wird in den folgenden Abschnitten gegeben werden, wenn wir im Besitz der entsprechenden mathematischen Grundlage sind und nachdem genaue Definitionen eingeführt wurden.

Zum Abschluß dieses Abschnitts wollen wir noch auf eine terminologische Frage eingehen. Es handelt sich dabei um die Verwendung der Termini „System" oder „Automat" im Zusammenhang mit den Begriffen Selbstveränderung, Selbstorganisation, Selbstvervollkommnung und des Selbstlernens. Wie aus den oben durchgeführten Betrachtungen klar hervorgeht, kann man alle diese Begriffe zugeschnitten auf diskrete Automaten entwickeln. Jedoch verliert man bei einem solchen Herangehen an die Problematik im wesentlichen die Möglichkeit, in die Struktur des entsprechenden Prozesses einzudringen (der Selbstveränderung, Selbstorganisation usw.).

Die Untersuchung der Struktur der Selbstveränderungsprozesse und der Selbstorganisation wird erleichtert, wenn man diese Prozesse nicht in Form einzelner Automaten (Algorithmen), sondern in Form von Automatensystemen (Algorithmensystemen) darstellt. Der erste Automat eines solchen Systems, der sog. Arbeitsautomat (Arbeitsalgorithmus) verarbeitet unmittelbar die auf den Eingang des Systems gegebene Information. Der zweite Automat (Algorithmus), genannt Kontroll- oder Lernautomat, schätzt die Ergebnisse der Wirkungsweise des Arbeitsautomaten (Arbeitsalgorithmus) ein und führt in ihn entsprechende Veränderungen ein. (Wenn man Automaten betrachtet, werden diese Veränderungen in die Überführungsfunktion und die Ausgabefunktion des Arbeitsautomaten eingeführt.)

Über dem Kontrollautomaten (Algorithmus) der ersten Stufe kann ein Kontrollautomat (Algorithmus) der zweiten Stufe sitzen, der die Aufgabe hat, die Wirkungen des Automaten der ersten Stufe einzuschätzen, um in ihm die notwendigen Veränderungen hervorzurufen. Ganz analog kann man Kontrollautomaten (Algorithmen) dritter, vierter und höherer Stufen nach Belieben einführen. Die auf diese Weise sich aufbauende Hierarchie von Automaten (Algorithmen) werden wir Systeme nennen. Dieser Systembegriff ist zugeschnitten auf die danach entwickelten Begriffe der Selbstveränderung, Selbstorganisation und Selbstvervollkommnung.

Selbstverständlich ist bei einer solchen abstrakten Gliederung jedes beliebig komplizierte System von Automaten einem einzigen Automaten äquivalent, jedoch verliert man bei einer solchen Reduktion der Systeme auf einzelne Automaten die Möglichkeit, einige für die Praxis interessante Eigenschaften solcher Systeme zu untersuchen, und man verliert vor allem die Gesetzmäßigkeiten der Informationszirkulation in einem solchen System aus dem Auge. Deshalb werden wir es im folgenden nicht nur mit einzelnen Automaten (Algorithmen), abstrakt betrachtet, sondern auch mit Systemen von Automaten (Algorithmen) zu tun haben. Bei deren Studium ist für uns ihre innere Struktur, d.h. der Zusammenhang zwischen den das System bildenden einzelnen Automaten (Algorithmen) von besonderem Interesse.

## 2.2. Elementare Hilfsmittel der Wahrscheinlichkeitstheorie

In diesem Abschnitt werden einige Ausführungen zur Wahrscheinlichkeitstheorie gemacht, die wir bei den folgenden Betrachtungen benötigen. Da es sich hierbei nur um Hilfsmittel für weitere Darlegungen handelt, werden in der Mehrzahl der formulierten Sätze die Beweise nicht gebracht. Der Leser kann sich, falls nötig, mit den entsprechenden Beweisen anhand der Monographien von W. Feller [8] und von G. Cramér [22] vertraut machen. Es wird vorausgesetzt, daß der Leser mit den elementaren Begriffen des Ereignisses und der Ereigniswahrscheinlichkeit aus der Wahrscheinlichkeitsrechnung bekannt ist.

Für den Aufbau der Theorie der selbstorganisierenden Systeme ist der Begriff der Zufallsgröße von großer Bedeutung. Wir beschränken die Betrachtung auf Zufallsgrößen, die nur reelle Zahlen als Werte annehmen. Dabei müssen wir neben den gewöhnlichen sog. eindimensionalen Zufallsgrößen auch mehrdimensionale Zufallsgrößen betrachten, deren Werte endliche geordnete Folgen reeller Zahlen oder, was dasselbe ist, reelle Vektoren ein und derselben (endlichen) Dimension sind.

Wichtig ist auch die Unterscheidung von stetigen und diskreten Zufallsgrößen. Eine stetige Zufallsgröße kann beliebige Werte in einem bestimmten Gebiet (einer offenen Menge) des entsprechenden Vektorraumes annehmen, also im Fall einer eindimensionalen Zufallsgröße alle Zahlen in irgendeinem Intervall der reellen Achse (insbesondere kann dieses Intervall mit der ganzen reellen Achse zusammenfallen). Die Mengen möglicher Werte einer diskreten Zufallsgröße können nur diskrete Punktmengen, d.h. solche Mengen sein, von denen jeder Punkt sich in eine Kugel (wenn auch gegebenenfalls mit sehr kleinem Radius) einschließen läßt, die keine weiteren Punkte dieser Menge enthält. Beispiel für eine diskrete Menge ist eine beliebige Punktmenge des euklidischen Raumes, deren Punkte ganzzahlige Koordinaten besitzen.

Die Zufallseigenschaft der von uns betrachteten Größen offenbart sich bei sog. Versuchen. Bei jedem Versuch nimmt die betrachtete Zufallsgröße einen der Werte aus ihrem Definitionsbereich an. Die Wahrscheinlichkeit dafür, daß die Zufallsgröße den einen oder anderen Wert annimmt, ist durch das Verteilungsgesetz dieser Zufallsgröße bestimmt. Das Verteilungsgesetz einer diskreten Zufallsgröße x (eindimensional oder mehrdimensional) ist durch eine reelle Funktion f(x) gegeben. Diese ist für alle die Werte definiert, die die gegebene Zufallsgröße annehmen kann, Dabei ist für einen beliebigen gegebenen Wert $x_i$ die Größe $f(x_i)$ gleich der Wahrscheinlichkeit, mit der die Zufallsgröße x den Wert $x_i$ bei einem Versuch annimmt.

Die Definitionsbereiche der von uns betrachteten diskreten Zufallsgrößen können endlich oder abzählbar sein. In beiden Fällen gilt offenbar die Normierungsbedingung

$$\sum_i f(x_i) = 1 \tag{4}$$

wobei sich die Summation über den gesamten Definitionsbereich der gegebenen Zufallsgröße erstreckt.

Ist die Zufallsgröße x stetig, so ist ihr Verteilungsgesetz mit Hilfe der sog. Wahrscheinlichkeitsdichte $\varphi(x)$ gegeben. Von dieser Funktion wird vorausgesetzt, daß sie im Definitionsbereich M der betrachteten Zufallsgröße x definiert und in diesem Gebiet integrierbar ist. Bei jedem Versuch ist die Wahrscheinlichkeit p(N) dafür, daß die Zufallsgröße x einen Wert aus dem Teilbereich N ihres Definitionsbereichs annimmt, gegeben durch das Integral über die Wahrscheinlichkeitsdichte, erstreckt über diesen Teilbereich N:

$$p(N) = \int_N \varphi(x)\, dx \tag{5}$$

Hieraus folgt unmittelbar, daß die folgende Normierungsbedingung gilt

$$\int_M \varphi(x)\, dx = 1 \qquad (6)$$

Zwei Zufallsgrößen x und y heißen unabhängig voneinander, wenn es keinen Einfluß auf das Verteilungsgesetz der Größe y hat, daß die Zufallsgröße x einen bestimmten ihrer möglichen Werte annimmt und umgekehrt. Analog bedeutet die Unabhängigkeit der Zufallsgrößen einer beliebigen Menge von Zufallsgrößen, wenn folgendes gilt: Haben alle in die Menge eingehenden Größen außer einer Größe x dieser Menge irgendwelche festen Werte, so wird dadurch das Verteilungsgesetz der Zufallsgröße x nicht beeinflußt. Dies gilt für jede Zufallsgröße x dieser Menge.

Versuche, die mit einer bestimmten Zufallsgröße x ausgeführt werden, heißen unabhängige Versuche, wenn das Verteilungsgesetz der Größe x bei jedem Versuch dasselbe bleibt und folglich nicht abhängt von den Werten, die die Größe x bei vorhergehenden Versuchen annahm.

Der Definitionsbereich einer stetigen Zufallsgröße kann immer, falls dies notwendig ist, auf den vollen Raum ausgedehnt werden, indem man überall außerhalb des ursprünglichen Definitionsbereichs der Wahrscheinlichkeitsdichte den Wert 0 erteilt.

Man kann stetige Verteilungsgesetze durch diskrete Gesetze und umgekehrt approximieren. Im ersten Fall braucht man dazu nur den Definitionsbereich M der entsprechenden stetigen Zufallsgröße x in eine endliche Zahl hinreichend kleiner (sowohl dem Volumen als dem Durchmesser nach) Teilgebiete $M_1, M_2, \ldots, M_n$ zerlegen, in jedem dieser Teilbereiche $M_i$ einen Punkt $x_i$ zu wählen und für die gewählten Punkte ein diskretes Verteilungsgesetz f(x) einzuführen, indem man setzt $f(x_i) = \int_{M_i} \varphi(x)\, dx \ (i = 1, 2, \ldots, n)$.

Dabei ist $\varphi(x)$ die Wahrscheinlichkeitsdichte der stetigen Zufallsgröße, von der ausgegangen wurde. Es werden dabei also die Wahrscheinlichkeiten, die sich vorher auf die entsprechenden Teilbereiche bezogen, auf einzelne Punkte konzentriert.

Geht man umgekehrt von einem diskreten Verteilungsgesetz zu einem stetigen Verteilungsgesetz über, so werden die Wahrscheinlichkeiten, die zunächst in einzelnen Punkten $x_i$ konzentriert sind, auf entsprechende Teilbereiche $M_i$ so „verschmiert", daß die dabei entstehende Wahrscheinlichkeitsdichtefunktion $\varphi(x)$ der folgenden Beziehung genügt:

$$\int_{M_i} \varphi(x)\, dx = f(x_i) \qquad (i = 1, 2, \ldots, n)$$

Häufig muß man unendliche Folgen diskreter Verteilungsgesetze $f_i(x)$ $(i = 1, 2, \ldots)$ betrachten, die ein bestimmtes stetiges Verteilungsgesetz mit einer Wahrscheinlichkeitsdichtefunktion $\varphi(x)$ als sog. Grenzverteilungsgesetz besitzen. Dem Begriff der Grenzverteilung gibt man dabei den folgenden Sinn. Erstens streben die Definitionsbereiche $M_i$ der diskreten Zufallsgrößen mit den Verteilungsgesetzen $f_i(x)$ gegen den Definitionsbereich M der stetigen Zufallsgröße x. In den von uns betrachteten Fällen heißt das: Alle $M_i$ sind in M enthalten, und für ein beliebiges kleines vorgegebenes positives $\varepsilon$, jede beliebig große Zahl N und für jeden Punkt x aus M gibt es in jeder der Mengen $M_i$ mit $i > N$ wenigstens einen Punkt, der von dem betrachteten Punkt x nur um weniger als $\varepsilon$ entfernt ist. Zweitens gilt für jeden Teilbereich P des Gebietes M und für jede beliebig kleine positive Zahl $\delta$ für alle Indizes i von einem gewissen Anfangsindex an die Ungleichung

$$\left| \int_P \varphi(x)\,dx - \sum_{x \in P \cap M_i} f_i(x) \right| < \delta \tag{7}$$

Die Summation im linken Teil dieser Formel erstreckt sich auf alle die Punkte aus $M_i$, die in dem Teilbereich P enthalten sind.

Für die folgenden Konstruktionen ist der Begriff des Mittelwertes (der mathematischen Erwartung) einer Zufallsgröße und ihrer Zentralmomente zweiter Ordnung von großer Bedeutung.

Sei $\vec{x} = (x_1, x_2, \ldots, x_n)$ eine n-dimensionale Zufallsgröße mit der Wahrscheinlichkeitsdichtefunktion $\varphi(x_1, x_2, \ldots, x_n)$. Wie oben bereits bemerkt wurde, kann man ohne Beschränkung der Allgemeinheit annehmen, daß die Funktion $\varphi$ in dem ganzen unendlichen Raum definiert ist. Dann ist der Mittelwert der Zufallsgröße $\vec{x}$ durch den Vektor $\vec{m} = (m_1, m_2, m_3, \ldots, m_n)$ gegeben, der nach der Formel

$$\vec{m} = (m_1, m_2, \ldots, m_n) = \int_{-\infty}^{+\infty} \int_{-\infty}^{+\infty} \cdots \int_{-\infty}^{+\infty} \vec{x}\,\varphi(x_1, x_2, \ldots, x_n)\, dx_1\, dx_2 \ldots dx_n \tag{8}$$

berechnet wird.

Die Zentralmomente zweiter Ordnung $\lambda_{ik}$ sind definiert durch die Formeln

$$\lambda_{ik} = \int_{-\infty}^{+\infty} \int_{-\infty}^{+\infty} \cdots \int_{-\infty}^{+\infty} (x_i - m_i)(x_k - m_k)\,\varphi(x_1, x_2, \ldots, x_n)\, dx_1\, dx_2 \ldots dx_n \quad (i, k = 1, 2, \ldots, n) \tag{9}$$

Für eine eindimensionale Zufallsgröße x gibt es ein einziges Zentralmoment zweiter Ordnung, das sich aus der folgenden Formel berechnet:

$$d = \int_{-\infty}^{+\infty} (x - m)^2\,\varphi(x)\,dx \tag{10}$$

Dieses Moment nennt man gewöhnlich die Dispersion der betreffenden Verteilung.

Alle aufgezählten Begriffe und ihre Definitionen übertragen sich unmittelbar auf die diskreten Zufallsgrößen.

Man braucht dazu nur in den Formeln (8) bis (10) die Integration durch eine Summation zu ersetzen, die sich über den gesamten Definitionsbereich M der entsprechenden diskreten (vektoriellen) Größe $\vec{x}$ erstreckt. An die Stelle der Wahrscheinlichkeitsdichtefunktion $\varphi(x_1, x_2, \ldots, x_n)$ hat man dabei die Wahrscheinlichkeitsdichtefunktion $f(\vec{x})$ dieser Größe einzusetzen. So schreibt sich zum Beispiel die Formel (8) wie folgt um

$$\vec{m} = \sum_{\vec{x} \in M} \vec{x}\, f(\vec{x}) \tag{11}$$

Analog hat man auch alle übrigen Formeln abzuwandeln.

Für die mehrdimensionellen Zufallsgrößen faßt man zweckmäßigerweise die Zentralmomente $\lambda_{ik}$ zweiter Ordnung in eine Matrix $\| \lambda_{ik} \|$ zusammen und stellt dazu (im Fall ihrer Endlichkeit) die quadratische Form $Q(t_1, t_2, \ldots, t_n) = \sum_{i,k} \lambda_{ik} t_i t_k$ auf. Diese Form kann man mit Hilfe einer orthogonalen Tranformation (Drehung) des Koordinatensystems immer auf die Gestalt $\sum_{i=1}^{m} \alpha_i (t_i')^2$ bringen. Dabei sind die $t_i'$ neue Koordinaten und die $\alpha_i$ positive Koeffizienten ($i = 1, 2, \ldots, m$). Eine Form dieser Art heißt positiv semidefinit. Ist $m = n$, d.h., ist die Zahl der Quadrate nach dieser Hauptachsentransformation gleich der Dimensionszahl des Raums, so heißt die Form Q positiv definit. In diesem Fall ist die Determinante $|Q| = |\lambda_{ik}|$ zwangsläufig von Null verschieden und (echt) positiv.

Für eine positiv definite Form $Q = \sum_{i,k} \lambda_{ik} t_i t_k$ kann man die inverse Form $Q^{-1} = Q^{-1}(t_1, t_2, \ldots, t_n) = \sum_{i,k} \mu_{ik} t_i t_k$ einführen, deren Koeffizienten durch die Formeln $\mu_{ik} = Q_{ik}/|Q|$ bestimmt sind. Dabei ist $Q_{ik}$ das algebraische Komplement des Elements $\lambda_{ik}$ der Determinante $|Q| = |\lambda_{ik}|$ ($i, k = 1, 2, \ldots, n$). Diese Form ist auch wieder positiv definit. Die erhaltene Matrix $\|\mu_{ik}\|$ ist offenbar zur Matrix $\|\lambda_{ik}\|$ inverse Matrix und ist symmetrisch, weil auch die Matrix $\|\lambda_{ik}\|$ symmetrisch ist.

In der Wahrscheinlichkeitsrechnung ist folgendes Resultat [22] von sehr großer Bedeutung.

Satz 1. Sind die n-dimensionalen Zufallsgrößen (stetige oder diskrete) $\vec{x}_1, \vec{x}_2, \ldots, \vec{x}_k$ unabhängig und haben sie ein und dieselbe Verteilung mit endlichen Zentralmomenten zweiter Ordnung $\lambda_{ik}$, für die bei verschwindendem Mittelwert die zugehörige Form $Q(t_1, t_2, \ldots, t_n) = \sum_{i,k} \lambda_{ik} t_i t_k$ positiv definit ist, so besitzt für $k \to \infty$ die Größe $\vec{x} = \frac{1}{\sqrt{k}} (\vec{x}_1 + \vec{x}_2 + \ldots + \vec{x}_k)$ eine stetige Grenzverteilung mit dem Mittelwert Null und der (mehrdimensionalen) Wahrscheinlichkeitsdichtefunktion

$$\varphi(t_1, t_2, \ldots, t_n) = \frac{1}{(2\pi)^{\frac{n}{2}} \sqrt{|Q|}} e^{-(1/2)\, Q^{-1}(t_1, t_2, \ldots, t_n)}$$

In dem Fall, wo die Form Q ausgeartet ist, betrachtet man einen bestimmten Teilraum L des Ausgangsraumes, wobei man die Zufallsgrößen $\vec{x}_1, \vec{x}_2, \ldots, \vec{x}_k$ durch ihre Projektionen auf diesen Teilraum ersetzt. Der Teilraum L wird dabei so ausgewählt, daß die bei einer solchen Projektion erhaltene neue Form Q der Zentralmomente positiv definit ist und die Projektion auf einen beliebigen zu L senkrechten Teilraum zu einer ausgearteten Form führt (ein solcher senkrechter Raum existiert dann stets). Die Anwendung des Satzes 1 auf den konstruierten Raum L ergibt in diesem Fall eine Verteilung auch in dem Ausgangsraum, da alle möglichen Werte der Zufallsgrößen $\vec{x}_1, \vec{x}_2, \ldots, \vec{x}_k$ (und folglich auch ihrer Summe) mit der Wahrscheinlichkeit 1 in diesem Teilraum liegen.

In einer Reihe von Fällen beschränkt man sich auf die Wahl irgendeines Raumes K maximal möglicher Dimension aus der Menge der Unterräume, für die die Form Q nichtausgeartet ist. Wir wollen zeigen, daß man den Raum L aus dem Unterraum K durch eine nichtausgeartete lineare Transformation erhalten kann.

Ist unter den Bedingungen des Satzes 1 der Mittelwert der Größen $\vec{x}_1, \vec{x}_2, \ldots, \vec{x}_k$ nicht gleich Null, so erkennen wir, wenn wir diesen Mittelwert mit $\vec{m} = (m_1, m_2, \ldots, m_k)$ bezeichnen, leicht, daß der Mittelwert der Zufallsgröße $\vec{x} = \frac{1}{\sqrt{k}} (\vec{x}_1 + \vec{x}_2 + \ldots + \vec{x}_k)$ gleich der Größe $(m_1 \sqrt{k}, m_2 \sqrt{k}, \ldots, m_n \sqrt{k})$

ist. Für hinreichend großes k ist dann das stetige Gesetz mit der mehrdimensionalen Wahrscheinlichkeitsdichtefunktion

$$\varphi(t_1, t_2, \ldots, t_n) = \frac{1}{(2\pi)^{\frac{n}{2}}\sqrt{|Q|}} e^{-1/2}\, Q^{-1}\,(t_1 - m_1\sqrt{k}, t_2 - m_2\sqrt{k}, \ldots, t_n - m_n\sqrt{k}) \quad (12)$$

eine gute Näherung für die Wahrscheinlichkeitsverteilung der Zufallsgröße x.

Satz 1 und die Formel (12) wollen wir nun auf die sog. Binomialverteilung anwenden. Die Binomialverteilung entsteht, wenn man unabhängig Versuche nach dem sog. Bernoullischen Schema durchführt. Dieses Schema ist außer durch die Unabhängigkeit der Versuche noch dadurch charakterisiert, daß es bei jedem Versuch nur zwei mögliche Versuchsergebnisse gibt, die entsprechend mit den Wahrscheinlichkeiten p und $q = 1 - p$ auftreten. Das erste Resultat wollen wir einen Erfolg des Versuchs und das zweite einen Mißerfolg des Versuchs nennen. Wir führen eine Zufallsgröße $x_i$ ein, die den Wert 1 annimmt, wenn beim i-ten Versuch ein Erfolg eintritt und die den Wert 0 im Fall eines Mißerfolges annimmt ($i = 1, 2, \ldots, n$).

Dann ist die Zufallsgröße $k = x_1 + x_2 + \ldots + x_n$ offenbar gleich der Gesamtzahl von Erfolgen bei n unabhängigen Versuchen. Bezeichnen wir mit $C_n^k$ die Zahl der Möglichkeiten, aus n Zahlen k auszuwählen (nach Definition sei $C_n^0 = 1$), so erkennen wir leicht, daß das Verteilungsgesetz der (diskreten) Zufallsgröße k gegeben ist durch die Funktion

$$f_n(k) = C_n^k p^k q^{n-k} \quad (k = 0, 1, 2, \ldots, n) \quad (13)$$

Dieses Gesetz nennt man das binomische Verteilungsgesetz, weil die Größe $C_n^k p^k q^{n-k}$ offenbar nichts anderes ist als das $(n-k+1)$-te Glied in der Entwicklung des Ausdrucks $(p+q)^n$ nach der Newtonschen binomischen Formel.

Die Zufallsgrößen $x_1, x_2, \ldots, x_n$ haben ein und dasselbe Verteilungsgesetz mit dem Mittelwert $m = 1 \cdot p + 0 \cdot (1-p) = p$ und der Dispersion (Zentralmoment zweiter Ordnung) $d = (1-p)^2 p + (0-p)^2 (1-p) = p(1-p)$. Aus Satz 1 und der Formel (12) geht hervor, daß für hinreichend große Werte von n das Verteilungsgesetz mit der Wahrscheinlichkeitsdichte

$$\varphi(x) = \frac{1}{\sqrt{2\pi\, p(1-p)}}\, e^{-(x - p\sqrt{n})^2/(2p)(1-p)} \quad (14)$$

eine gute Näherung für das Verteilungsgesetz der Größe

$x = \frac{k}{\sqrt{n}} = \frac{1}{\sqrt{n}}(x_1 + x_2 + \ldots + x_n)$ ist.

Ein Verteilungsgesetz mit einer Wahrscheinlichkeitsdichtefunktion der Form $\frac{1}{\sqrt{2\pi a}}\, e^{-(x-m)^2/(2a)}$ (für $a > 0$) nennt man (verallgemeinert) eindimensionale Normalverteilung. Man erkennt unschwer, daß der Mittelwert einer Zufallsgröße, die nach diesem Gesetz verteilt ist, gleich m und ihre Dispersion gleich a ist.

Multipliziert man eine normalverteilte Zufallsgröße x mit einem konstanten Faktor c, so ist die neue Größe $y = cx$ ebenfalls wieder eine normalverteilte Zufallsgröße. Ihr Mittelwert wird um den Faktor c und ihre Dispersion um den Faktor $c^2$ größer im Vergleich zu dem Mittelwert bzw. der Dispersion der ursprünglichen Zufallsgröße x.

Wir stellen die erhaltenen Resultate (Formel (14)) in folgendem Satz zusammen.

Satz 2. Bei hinreichend großer Zahl n unabhängiger Versuche nach dem Bernoullischen Schema mit der Erfolgswahrscheinlichkeit p kann das Verteilungsgesetz für die Gesamtzahl k der Erfolge angenähert wiedergegeben werden durch das Normalverteilungsgesetz mit der Wahrscheinlichkeitsdichtefunktion der Form

$$\varphi(k) = \frac{1}{\sqrt{2\pi\, np\,(1-p)}}\, e^{-(k-pn)^2/(2np\,(1-p)}$$

Der Mittelwert der diesem Gesetz entsprechenden Zufallsgröße ist – in genauer Übereinstimmung mit dem Mittelwert und der Dispersion der diskreten Ausgangszufallsgröße k – gleich pn und ihre Dispersion gleich np(1 - p).

Zur Herleitung der Behauptung von Satz 2 war es nötig, die Größe k durch $\sqrt{n}$ zu dividieren. Die stetige Verteilung $\varphi$ für die Größe k gemäß Satz 2 ist keine Grenzverteilung für die ursprüngliche (diskrete) Verteilung f der Größe k bei unbegrenzter Erhöhung der Zahl n der Versuche.

Man kann jedoch unschwer feststellen, daß bei hinreichend großem Wert von n die nach den Verteilungen $\varphi$ und f berechneten Wahrscheinlichkeiten für das Auffinden der Größe k in einem Intervall, dessen Länge von der Ordnung der Größe $\sqrt{n}$ ist (d.h. die Form c $\sqrt{n}$ hat, wobei c eine Konstante ist), sich beliebig wenig unterscheiden.

In der Praxis pflegt man gewöhnlich die Wahrscheinlichkeiten für das Auffinden der Größe k in Intervallen der Form $[pn, pn \pm z\sigma]$ zu berechnen, wobei $\sigma = \sqrt{np(1-p)}$ gleich der Quadratwurzel aus der Dispersion der Verteilung $\varphi$ ist (d.h. auch der Verteilung f). Man nennt sie den mittleren quadratischen Fehler der Verteilungen $\varphi$ und f. Es gilt folgender Satz.

Satz 3. Für eine beliebige positive Zahl z läßt sich die Wahrscheinlichkeit $\varrho(z)$ dafür, daß die Gesamtzahl der Erfolge bei n Versuchen nach Bernoulli mit der Erfolgswahrscheinlichkeit p, im Intervall $[pn, pn \pm z\sqrt{np(1-p)}]$ liegt, durch die Formel

$$\varrho(z) \approx \Phi(z) = \frac{1}{\sqrt{2\pi}} \int_0^z e^{-x^2/2}\, dx$$

ausdrücken. Wählt man n hinreichend groß, so kann man bei beliebigem z den Fehler in der Berechnung von $\varrho(z)$ nach dieser Formel beliebig klein machen.

Wir bringen die Zahlwerte der Funktion $\Phi(z)$ für einige Werte z auf 4 Dezimalstellen genau:

$$\Phi(1) = 0{,}3413; \quad \Phi(2) = 0{,}4772; \quad \Phi(3) = 0{,}4986;$$

für $z \geqq 4$ unterscheiden sich die Werte $\Phi(z)$ von 0,5000 um weniger als eine halbe Einheit der vierten Dezimalstelle.

Die Näherungsformel in der Bedingung von Satz 3 nennt man Formel von Moivre-Laplace. Wie in Satz 3 angegeben wurde, wächst die Genauigkeit dieser Formel mit der Zahl n der durchgeführten Versuche.

Nun betrachten wir eine Serie unabhängiger Versuche, von denen jeder m verschiedene Ergebnisse haben kann. Es sei $p_i$ ($p_i > 0$) die Wahrscheinlichkeit für das i-te Versuchsergebnis ($i = 1, 2, \ldots, m$). Wir bezeichnen die Gesamtzahl der durchgeführten Versuche mit dem Buchstaben n und mit $k_i$ die Zahl der Versuche die zu dem i-ten Ergebnis geführt haben ($i = 1, 2, \ldots, m$). Es ist klar, daß jede der Größen $k_i$ für sich betrachtet nach dem binomischen Gesetz verteilt ist. Gesucht ist nun das gemeinsame (mehrdimensionale) Verteilungsgesetz einiger der Größen $k_i$, z. B. der Größen $k_1, k_2, \ldots, k_r$ ($1 \leq r \leq m$). Wie man leicht überprüft, ist die Lösung dieser Aufgabe durch die folgende Formel gegeben

$$f(k_1, k_2, \ldots, k_r) = \frac{n!\, p_1^{k_1} p_2^{k_2} \ldots p_r^{k_r} (1-p_1-p_2-\ldots-p_r)^{n-k_1-k_2-\ldots-k_r}}{k_1!\, k_2! \ldots k_r!\, (n-k_1-k_2-\ldots-k_r)!} \tag{15}$$

Für dieses Verteilungsgesetz, das man gewöhnlich polynomiales Verteilungsgesetz nennt, kann man genauso, wie dies oben für einen Spezialfall (die eindimensionale Verteilung) gemacht wurde, eine stetige Näherung ermitteln. Dazu betrachten wir die mehrdimensionalen Zufallsgrößen $n^j = (x_1^j, x_2^j, \ldots, x_r^j)$ derart, daß die Größe $x^j$ einen der Werte (100 ... 0), (010 ... 0), (00 ... 01) oder (000 ... 00) annimmt, je nachdem, wie das Ergebnis des j-ten Versuchs der von uns betrachteten Serie ausfällt ($j = 1, 2, \ldots, n$). Alle Zufallsgrößen $x^j$ haben ein und dasselbe Verteilungsgesetz; die Mittelwerte sind offenbar gleich ($p_1, p_2, \ldots, p_r$). Das Zentralmoment zweiter Ordnung $\lambda_{ii}$ ist offensichtlich gleich

$$\lambda_{ii} = (1-p_i)^2 p_i + (0-p_i)^2 (1-p_i) = p_i(1-p_i) \quad (i = 1, 2, \ldots, r).$$

Das Zentralmoment zweiter Ordnung $\lambda_{ik}$ für $i \neq k$ läßt sich auch leicht berechnen:

$$\lambda_{ik} = (1-p_i)(0-p_k)p_i + (0-p_i)(1-p_k)p_k + (0-p_i)(0-p_k)(1-p_i-p_k)$$
$$= -p_i p_k$$

Die Determinante $|\lambda_{ik}|$ der Matrix $\|\lambda_{ik}\|$ der Zentralmomente wird in diesem Fall, wie man leicht überprüft, gleich dem Produkt

$$p_1 p_2 \ldots p_r (1-p_1-p_2-\ldots-p_r)$$

Somit ist die Matrix $\|\lambda_{ik}\|$ ausgeartet nur in dem Fall, daß $r = m$ ist. In allen übrigen Fällen ist die quadratische Form

$$Q(t_1, t_2, \ldots, t_r) = \sum_{i,k} \lambda_{ik} t_i t_k$$
$$= \sum_{i=1}^{r} p_i (1-p_i) t_i^2 - \sum_{i \neq k} p_i p_k t_i t_k$$

positiv definit, da ihre Determinante $|Q| = |\lambda_{ik}|$ positiv ist.

Wenden wir nun den Satz 1 auf die Zufallsgröße $y = \frac{1}{\sqrt{n}}(y_1 + y_2 + \ldots + y_n)$ an mit $y_i = (x_1^i - p_1, x_2^i - p_2, \ldots, x_r^i - p_r)$, so kommen wir zu dem Schluß, daß y für $r < m$ ein Grenzverteilungsgesetz (für $n \to \infty$) besitzt mit der Wahrscheinlichkeitsdichtefunktion der Form

$$\frac{1}{(2\pi)^{\frac{r}{2}}\sqrt{|Q|}}\,e^{-1/2\,Q^{-1}(t_1,\,t_2,\,\dots,\,t_r)}$$

Die mehrdimensionale Zufallsgröße

$$z = (k_1/n - p_1,\ k_2/n - p_2,\ \dots,\ k_r/n - p_r)$$

hängt mit der Zufallsgröße y über die Beziehung $z = y/\sqrt{n}$ zusammen und besitzt deshalb das gleiche Verteilungsgesetz, aber mit einer Dispersion, die n-mal kleiner ist als die Dispersion der Größe y. Folglich kann man die Wahrscheinlichkeitsdichtefunktion des Grenzverteilungsgesetzes für z wie folgt schreiben:

$$\frac{1}{\left(\frac{2\pi}{n}\right)^{\frac{r}{2}}\sqrt{|Q|}}\,e^{-n/2\,Q^{-1}(z_1,\,z_2,\,\dots,\,z_r)}$$

Nun kann man unschwer folgendes Ergebnis erhalten:

S a t z 4. Gegeben sei eine Serie unabhängiger Versuche mit m verschiedenen Ergebnissen, die entsprechend mit den Wahrscheinlichkeiten $p_1, p_2, \dots, p_m$ (gleichbleibend bei allen Versuchen) auftreten. Bezeichnet man in einer Serie von n Versuchen mit $k_1, k_2, \dots, k_m$ die Versuchszahlen, die entsprechend zum 1., 2., ..., m-ten Ergebnis führen, so gibt es für beliebig vorgegebenes positives $\varepsilon$ für die Wahrscheinlichkeit $\varrho$ dafür, daß gleichzeitig alle Ungleichungen

$$|k_i/n - p_i| < \varepsilon \quad (i = 1, 2, \dots, m)$$

gelten, die Abschätzung

$$\varrho > 1 - \frac{a}{n^{(m-1)/2}}\,e^{-bn}$$

(dabei sind a und b positive nicht von n abhängige Konstante).

Zum Beweis des formulierten Satzes bemerken wir zunächst, daß alle Ungleichungen $|k_i/n - p_i| < \varepsilon$ $(i = 1, 2, \dots, m)$ erfüllt sind, wenn die folgenden m-1 Ungleichungen gelten:

$$|k_i/n - p_i| < \varepsilon/(m-1) \quad (1 = 1, 2, \dots, m-1) \tag{16}$$

Denn es ist dann

$$|k_m/n - p_m| = \left|\frac{n - k_1 - k_2 - \dots - k_{m-1}}{n} - (1 - p_1 - p_2 - \dots - p_{m-1})\right|$$
$$= |(k_1/n - p_1) + (k_2/n - p_2) + \dots + (k_{m-1}/n - p_{m-1})|$$
$$< \frac{\varepsilon}{(m-1)}(m-1) = \varepsilon$$

Wie aus den vor der Formulierung von Satz 4 angestellten Betrachtungen folgt, haben die Größen $z_i = k_i/n - p_i$ $(i = 1, 2, \dots, m-1)$ (für $n \to \infty$) ein Grenzverteilungsgesetz mit einer Wahrscheinlichkeitsdichtefunktion der Form

$$\varphi(z_1, z_2, \dots, z_{m-1}) = \alpha n^{(m-1)/2}\,e^{-nP(z_1,\,z_2,\,\dots,\,z_{m-1})}$$

Dabei ist $\alpha$ eine bestimmte positive Konstante und P eine positiv definite quadratische Form mit Koeffizienten, die von n nicht abhängen. Für hinreichend großes n läßt sich die Wahrscheinlichkeit $\beta$ dafür, daß wenigstens eine der Ungleichungen (16) erfüllt ist, offenbar nach oben abschätzen:

$$\beta < \iint\limits_{R_1} \dots \int \varphi(z_1, z_2, \dots, z_{m-1})\, dz_1, dz_2, \dots, dz_{m-1} \qquad (17)$$

Dabei ist $R_1$ der äußere Teil des Hyperkubus, der begrenzt wird durch die Hyperebenen $z_i = \delta_1$ ($\delta_1 < \varepsilon/(m-1)$, $i = 1, 2, \dots, m-1$).

Nach einer Drehung der Koordinatenachsen mit dem Ziel, die Form P auf eine Summe von Quadraten mit positiven Koeffizienten $b_1, b_2, \dots, b_{m-1}$ zu bringen, kann man in den relativ zu den neuen Achsen gedrehten Hyperkubus einen neuen Hyperkubus R einbeschreiben, der begrenzt ist durch die Hyperebenen $z_i = \delta$ ($\delta < \delta_1$, $i = 1, 2, \dots, m-1$). Die Integration der transformierten Wahrscheinlichkeitsdichtefunktion über das Äußere des neuen Kubus gibt wieder eine Abschätzung von der Form (17), die man nur vergröbern kann, wenn man alle Koeffizienten $b_1, b_2, \dots, b_{m-1}$ durch den kleinsten von ihnen ersetzt, den wir mit g bezeichnen.

Als Ergebnis erhalten wir die neue Abschätzung

$$\beta < \alpha n^{(m-1)/2} \left(2 \int_0^\infty e^{-gnx^2} dx\right)^{m-1} \qquad (18)$$

Da gilt

$$\int_0^\infty e^{-gnx^2} dx < \frac{1}{\delta} \int_\delta^\infty e^{-gnx^2} x dx = \frac{1}{\delta} \frac{1}{2gn} e^{-gn\delta^2}$$

kann man leicht die endgültige Abschätzung erhalten:

$$\beta < \frac{\alpha}{(g\delta)^{m-1} n^{(m-1)/2}} e^{-gn\delta^2} \qquad (19)$$

Bezeichnen wir die Größe $\frac{\alpha}{(g\delta)^{m-1}}$ mit a und die Größe $g\delta^2$ mit b, so erhalten wir die verlangte Abschätzung, die genaugenommen, erst von einem genügend großen Wert von n an gilt. Man kann jedoch in der erhaltenen Abschätzung auch die restliche Menge M von n Werten berücksichtigen, indem man, falls es nötig ist, den Wert der Konstante a erhöht. Da die Wahrscheinlichkeit $\varrho$ von vornherein größer als Null ist, genügt es, die Größe a so groß zu wählen, daß die rechte Seite der in Rede stehenden Abschätzung für alle die Werte n, die der Menge M angehören, negativ wird.

Damit ist der Satz vollständig bewiesen.

Zum Abschluß dieses Abschnitts beschreiben wir noch eine häufig auftretende Verteilung, die sog. Poissonsche Verteilung. Diese Verteilung erhält man als eine Näherung der binomischen Verteilung unter der Bedingung, daß die Zahl n der Versuche groß, dagegen die Erfolgswahrscheinlichkeit p bei jedem Versuch klein ist und das Produkt $\lambda = n p$ einen endlichen Wert behält. In diesem Fall drückt sich die Wahrscheinlichkeit dafür, daß genau k Versuche zum Erfolg führen, näherungsweise durch die Formel

$$\alpha \approx \frac{e^{-\lambda} \lambda^k}{k!} \qquad (20)$$

aus. Insbesondere erhält man $\alpha \approx e^{-\lambda}$ für $k = 0$.

Die Poisson-Verteilung besitzt ein Maximum der Wahrscheinlichkeit bei dem maximalen Wert k, der der Ungleichung $k \leqq \lambda$ genügt. In der Theorie der diskreten selbstorganisierenden Systeme trifft man auf die Poisson-Verteilung, wenn man das Lernen von Automaten aus Wörtern oder Folgen von Wörtern verschiedener Länge organisieren will. Bei der zufälligen Auswahl von Wörtern, aus denen gelernt werden soll, gibt die Poisson-Verteilung häufig eine hinreichend gute Näherung für das Verteilungsgesetz der Wortlängen.

Wir bemerken noch, daß der Mittelwert einer nach dem Poissonschen Verteilungsgesetz (20) verteilten Größe gleich $\lambda$ ist.

## 2.3. Maß für die Selbstorganisation und Selbstvervollkommnung in Automaten

Im Abschn. 1. lernten wir den Begriff der Selbstveränderung in Automaten bereits kennen. Naturgemäß nennt man einen Automaten selbstveränderlich, wenn er im Lauf der Zeit die Antworten auf ihm gestellte Fragen ändert (bezüglich irgendeiner Zyklisierung der Eingangs- und Ausgangsinformation). Jedoch nicht jede Selbstveränderung ist gleichbedeutend mit Selbstorganisation. Stützen wir uns auf intuitive Vorstellungen über Selbstorganisation, so müssen wir einen solchen Automaten selbstorganisierend nennen, wenn er die Organisation seiner Antworten bei einer Vervollkommnung der Organisation seiner möglichen Lernvergangenheit verbessert. Für eine quantitative Charakterisierung solcher Verbesserungen liegt es nahe, den wahrscheinlichkeitstheoretischen Begriff der Entropie zu benutzen.

Wir werden den Entropiebegriff nur für diskrete Zufallsgrößen verwenden. Gegeben sei eine diskrete Zufallsgröße x mit dem Definitionsbereich R und dem Verteilungsgesetz f(x). In diesem Fall nennt man Entropie dieser Größe oder, was dasselbe ist, Entropie der Verteilung f(x) die über den gesamten Definitionsbereich R der gegebenen Zufallsgröße erstreckte negative Summe der Produkte der Wahrscheinlichkeiten f(x) mit deren Logarithmen:

$$H = -\sum_{p} f(x) \log f(x) \qquad (21)$$

Bei der Anwendung dieser Formel nimmt man an, daß für $f(x) = 0$ das Produkt $f(x) \log f(x)$ den Wert Null hat. Als Basis des Logarithmensystems kann jede beliebige reelle Zahl größer als Eins gewählt werden. Man sieht leicht ein, daß bei einer Änderung der Basis des Logarithmensystems die Entropiewerte für alle Verteilungsgesetze sich nur mit einem konstanten Faktor multiplizieren. In der Praxis gebräuchlich sind die Duallogarithmen (mit der Basis zwei), die natürlichen Logarithmen oder schließlich die dekadischen Logarithmen.

Wie in der Informationstheorie gezeigt wird (s.z.B. C. Goldman [17]), ist die Entropie ein naturgemäßes Maß für die Unbestimmtheit der Werte einer Zufallsgröße: Je größer die Unbestimmtheit ist, um so größer wird auch der Wert der Entropie. Kann insbesondere die Zufallsgröße nur zwei mögliche Werte mit den Wahrscheinlichkeiten p und $q = 1 - p$ annehmen, so wird der größte Wert der Entropie dann erreicht, wenn beide Wahrscheinlichkeiten einander gleich sind, d.h. $p = q = 1/2$ ist. Dies entspricht vollkommen der intuitiven Vorstellung von der in diesem Fall maximal möglichen Unbestimmtheit. Wird eine der beiden Wahrscheinlichkeiten p oder q gleich Null, so verschwindet auch der Wert der Entropie wieder in Übereinstimmung mit der naiven Vorstellung, da in diesem Fall auch die Unbestimmtheit tatsächlich verschwindet.

Verbindet man zwei unabhängige Zufallsgrößen x und y zu einer mehrdimensionalen (Dimensionszahl der Verknüpfung ist gleich der Summe der Dimensionszahlen der einzelnen Zufallsgrößen) Zufallsgröße z = (x, y), so ist die Entropie der Verteilung der Größe z gleich der Summe der Entropien der Verteilungen der Größen x und y.

Denn sind die Verteilungsgesetze der Größen x und y durch die Funktionen $f_1(x)$ und $f_2(y)$ gegeben, so ist das Verteilungsgesetz der Größe z offenbar gleich dem Produkt dieser Funktionen $f_1(x)\, f_2(y)$. Die Entropie der Größe z berechnet sich dann nach der Formel

$$H_z = -\sum_{x\in P_1}\sum_{y\in P_2} f_1(x)\, f_2(y) \log\left[f_1(x)\, f_2(y)\right]$$

$$= -\sum_{y\in P_2} f_2(y) \sum_{x\in P_1} f_1(x) \log f_1(x) - \sum_{x\in P_1} f_1(x) \sum_{y\in P_2} f_2(y) \log f_2(y)$$

$$= H_x + H_y$$

Dabei bezeichnen $P_1$ und $P_2$ die Definitionsbereiche der Größen x und y, und $H_x$ und $H_y$ sind die Entropien dieser Größen.

Die Eigenschaft der Entropie, sich bei der Komposition unabhängiger Verteilungen additiv zu verhalten, nennt man die Additivitätseigenschaft der Entropie.

Wenden wir diese Betrachtungen auf Automaten an, die nach dem einfachen Frage-Antwort-Zyklus (ohne Einschätzung der Qualität der Antwort) arbeiten, kann man bei der Definition eines Maßes der Selbstorganisation zwei Entropiecharakteristiken in Betracht ziehen: die Entropie des Lernens und die Prüfentropie des Automaten. In der weiteren Darlegung folgen wir im wesentlichen der Arbeit [15].

$P = (p_1, p_2, \ldots, p_n)$ sei die Folge von Fragen (Eingangswörtern), die dem Automaten in seiner Lernperiode gestellt wurden. Diese Folge wollen wir Lernfolge nennen. Wir setzen voraus, daß einer festen Serie von Experimenten mit einem Automaten für jede Lernfolge P die Wahrscheinlichkeit $\varrho(P)$ für das Auftreten dieser Folge in den Experimenten der betrachteten Serie gegeben ist (es wird vorausgesetzt, daß bei einer festen Serie von Expediese Wahrscheinlichkeit von Experiment zu Experiment nicht ändert). Dadurch ist dann eine bestimmte Verteilung R der Wahrscheinlichkeiten $\varrho(P)$ der Lernfolgen gegeben. Die Entropie dieser Verteilung, die wir Lernentropie nennen wollen, berechnet sich nach der üblichen Formel

$$H^R\,(\text{Lernen}) = \cdot \sum_{P} \varrho\,(P) \log \varrho\,(P)$$

Wir wollen vereinbaren, bei der Berechnung der Entropie die natürlichen Logarithmen zu verwenden, um etwas Bestimmtes vor Augen zu haben.

Für einen festen Automaten A und seinen Anfangszustand $a_0$ bestimmt jede Verteilung der Wahrscheinlichkeiten $\varrho\,(P)$ der Lernfolgen eindeutig eine bestimmte Verteilung der Wahrscheinlichkeiten $\alpha(a)$ auf der Menge aller Zustände dieses Automaten. Hierbei bezeichnet $\alpha(a)$ die Wahrscheinlichkeit dafür, daß sich am Ende des Lernprozesses der Automat im Zustand a befindet. Bezeichnen wir mit $S_a$ das Ereignis am Eingang des Automaten, das durch den Zustand a dargestellt wird (die Menge der Eingangswörter, die den Automaten aus dem Anfangszustand in den Zustand a überführen), so erhalten wir

$$\alpha\,(a) = \sum_{P\in S_a} \varrho(P) \tag{23}$$

Hierbei erstreckt sich die Summation auf alle Worte der Gestalt $P = p_1, p_2, \ldots, p_n$, die in $S_a$ enthalten sind (der Kürze halber wird hier die Folge von Wörtern $P = (p_1, p_2, \ldots, p_n)$ mit dem Wort $p_1, p_2, \ldots, p_n$ identifiziert, das aus den Elementen dieser Folge zusammengesetzt ist).

Wir halten nun eine bestimmte Wahrscheinlichkeitsverteilung $\gamma(p)$ von Fragen p, die dem Automaten nach Beendigung seines Lernprozesses gestellt werden, fest. Die Verteilungen $\alpha(a)$ und $\gamma(p)$ zusammen mit den Überführungs- und Ausgabefunktionen des betrachteten Automaten A legen eindeutig die Wahrscheinlichkeitsverteilung $\beta(p, q)$ für das Paar „Frage (p) – Antwort (q)" fest.

Die Entropie der letztgenannten Verteilung nennen wir Prüfentropie und bezeichnen sie mit $H^Q$(Prüf). Mit Q bezeichnen wir das sog. Experimentiergesetz mit dem Automaten, es ist die Komposition zweier Verteilungsgesetze: der Verteilung der Lernfolgen und der Verteilung der Antworten auf die Prüfung.

$$\text{Die Größe } H^Q(\text{Prüf}) = -\sum \beta(p,q) \log \beta(p,q) \tag{24}$$

Wenn man die Operation der zyklischen Reduktion des Automaten anwenden muß, kann man sich, ohne Beschränkung der Allgemeinheit, darauf beschränken, nur Fragen und Antworten aus jeweils einem Buchstaben zu betrachten. Dabei verwandeln sich die Lernfolgen P in Wörter, die aus ihren einzelnen Buchstaben-Fragen in der Reihenfolge zusammengesetzt sind, wie sie dem Automaten im Lernprozeß gestellt wurden.

Für den weiteren Aufbau der Theorie muß man sich eine bestimmte Klasse von Experimentiergesetzen mit dem Automaten vorgeben, und jedem zugehörigen Experimentiergesetz Q muß man eine bestimmte Wahrscheinlichkeit oder im Fall stetiger Verteilungsgesetze eine bestimmte Wahrscheinlichkeitsdichte $\varphi(Q)$ zuschreiben.

Der einfachste Fall ist das Schema unabhängiger Versuche, wenn bei jedem Schritt, sowohl in der Phase des Lernens als auch in der Phase des Experimentierens die Wahrscheinlichkeit $\gamma(P)$ für das Auftreten einer beliebig gegebenen Frage konstant ist und nur von dieser Frage selbst abhängt. Da wir uns auf 1-zyklisierte Automaten beschränken dürfen, ist die Vorgabe des Experimentiergesetzes Q mit dem Automaten in diesem Fall gleichbedeutend damit, daß man bestimmte Wahrscheinlichkeiten $\nu_i = \nu(x_i)$ dafür vorgibt, daß am Eingang des Automaten jeder der Buchstaben $x_i$ des Eingangsalphabets auftritt. Die Summe aller $\nu_i$ muß selbstverständlich dabei gleich Eins sein.

Im Fall des Schemas unabhängiger Versuche kann man das Experimentiergesetz mit dem Automaten natürlich mit dem Vektor $\nu = (\nu_1, \nu_2, \ldots)$ identifizieren, der sich aus den Auftrittswahrscheinlichkeiten der verschiedenen Eingangsbuchstaben zusammensetzt (das Eingangsalphabet wird dabei als in irgendeiner Weise geordnet vorausgesetzt). Die Klasse der Experimentiergesetze identifiziert man natürlich mit der Menge von Vektoren $\nu = (\nu_1, \nu_2, \ldots)$, die den natürlichen Beschränkungen $0 \leqq \nu_i \leqq 1$ und $\sum \nu_i = 1$ genügen $(i = 1, 2, \ldots)$. In dieser Menge seien die verschiedenen Vektoren gleichverteilt. Das Schema unabhängiger Versuche mit der angegebenen Auswahl einer Klasse von Verteilungsgesetzen wollen wir gleichmäßiges Schema unabhängiger Versuche nennen. Dabei beschränken wir uns auf den Fall, daß die Länge der Lernfolge entweder fest ist oder wir werden, falls es nötig ist, annehmen, daß diese Länge durch ein bestimmtes Verteilungsgesetz beschrieben sind (das in den meisten Fällen das Poissonsche Verteilungsgesetz ist).

Wenn irgendein Experimentiergesetz Q gegeben ist, so schließt dieses, wie oben bemerkt wurde, zwei Verteilungsgesetze in sich ein: das Verteilungsgesetz der Lernfolgen und das Verteilungsgesetz der Prüfungsantworten.

Die dazugehörigen Zufallsgrößen hat man bei der gewöhnlich getroffenen Auswahl der Experimente zur Selbstvervollkommnung von Automaten als unabhängig anzusehen. Deshalb ist die Entropie der gemeinsamen Verteilung dieser zwei Größen, die wir die Entropie des entsprechenden Experimentiergesetzes nennen wollen und mit $H^Q$ bezeichnen, gleich der Summe zweier Entropien: der Lernentropie $H^Q$ (Lernen) und der Fragenentropie bei der Prüfung $H^Q$ (Fragen). Die letzte Entropie darf man nicht mit der Prüfentropie $H^Q$ (Prüf) verwechseln, die sich nicht auf die Verteilung der Fragen bei der Prüfung, sondern auf die Verteilung der Paare Frage–Antwort bezieht. Die Prüfentropie hängt nicht nur von der Verteilung der Fragen und der Verteilung der Lernfolgen, sondern auch vom Automaten selbst ab, während die Entropie des Experimentiergesetzes von dem Automaten selbst nicht abhängt.

Wir wollen annehmen, daß in der Klasse K der Experimentiergesetze mit dem Automaten ein bestimmtes Gesetz $Q_o$ ausgezeichnet sei, das eine in der Klasse maximal mögliche Entropie $H^{Q_o}$ besitzt. Wir führen die Zuwüchse der Experimentierentropie und der Prüfungsentropien nach den folgenden Formeln ein:

$$\Delta H^Q = H^Q - H^{Q_o}; \quad \Delta H^Q\,(\text{Prüf}) = H^Q(\text{Prüf}) - H^{Q_o}(\text{Prüf}) \tag{25}$$

Dann erhalten wir die Möglichkeit, für einen beliebigen Automaten A und eine Klasse K von Experimentiergesetzen [mit der Wahrscheinlichkeitsdichte $\varrho(Q)$] folgende beiden mittleren Charakteristiken einzuführen:

$$s(A, K) = -\int_K \Delta H^Q\,(\text{Prüf})\,\varphi(Q)\,dQ \tag{26}$$

$$z(A, K) = \int_K \frac{\Delta H^Q\,(\text{Prüf})}{\Delta H^Q}\,(Q)\,dQ \tag{27}$$

Die Integrale in diesen Formeln sind über den Bereich zu erstrecken, der aus allen Verteilungsgesetzen der betrachteten Klasse K besteht. Je größere Werte diese Integrale annehmen, um so größer ist die Fähigkeit des betrachteten Automaten A zur Selbstorganisation (im Mittel). Der Wert Null bedeutet ein Fehlen der Fähigkeiten zur Selbstorganisation, und negative Werte bedeuten, daß bei einer Verbesserung der Lernorganisation sich die Antworten des Automaten im Mittel verschlechtern. Anders ausgedrückt, der Automat verhält sich dann nicht als selbstorganisierend, sondern als selbstdesorganisierend.

Da die Formel (27) zu einem bedeutend größeren Rechenaufwand als die Formel (26) führt, wählen wir als quantitatives Hauptkriterium für die Abschätzung der Fähigkeit des Automaten zur Selbstorganisierung das Kriterium s(A, K) und nicht das Kriterium z(A, K).

Als Beispiel betrachten wir zwei Automaten A und B, deren Überführungs- und Ausgabefunktionen durch folgende Tabellen gegeben sind:

für den Automaten A

| | 1 | 2 |
|---|---|---|
| x | 1 | 1 |
| y | 2 | 2 |

| | 1 | 2 |
|---|---|---|
| x | u | v |
| y | u | v |

für den Automaten B

| | 1 | 2 |
|---|---|---|
| x | 1 | 2 |
| y | 2 | 2 |

| | 1 | 2 |
|---|---|---|
| x | u | v |
| y | u | v |

In diesen Tabellen sind mit den Ziffern 1 und 2 die Automatenzustände, mit den Buchstaben x, y die Eingangssignale (Fragen) und mit den Buchstaben u, v die Ausgangssignale (Antworten) bezeichnet.

Als Klasse K von Verteilungsgesetzen wählen wir die Klasse, in der die Auftrittswahrscheinlichkeiten für die Fragen x und y bei der Prüfung einander gleich und die Verteilungsgesetze der Lernfolgen aus einem Schema unabhängiger Versuche entstehen, bei dem die Auftrittswahrscheinlichkeiten für die Fragen gleich p bzw. $1-p$ sind (p durchläuft im Bereich der Klasse K alle Werte von 0 bis 1 mit gleicher Wahrscheinlichkeit). Außerdem fixieren wir die Länge n der Lernfolgen; das dem gewählten Wert von n entsprechende Kriterium s(A, K) bezeichnen wir mit $s_n(A, K)$.

Der Automat A befindet sich im Zustand 1, wenn die letzte ihm beim Lernen gestellte Frage x war und im Zustand 2, wenn die letzte ihm gestellte Frage y war. Hieraus folgt, daß die Wahrscheinlichkeit der Frage-Antwort-Paare gleich den folgenden Werten sind: Für das Paar (x, u) ist sie p/2, für das Paar (y, u) ist sie p/2, für das Paar (x, v) ist sie $(1-p)/2$ und für das Paar (y, v) auch $(1-p)/2$. Folglich ist die Prüfungsentropie gleich

$$H^Q\,(\text{Prüf}) = -\frac{1}{2}\,p \ln \frac{1}{2}\,p - \frac{1}{2}\,p \ln \frac{1}{2}\,p - \frac{1}{2}\,(1-p) \ln \frac{1}{2}\,(1-p)$$

$$-\frac{1}{2}\,(1-p) \ln \frac{1}{2}\,(1-p) = -p \ln p - (1-p) \ln (1-p) - \ln \frac{1}{2}$$

Die maximale Experimentierentropie wird offenbar bei $p = 1 - p = \frac{1}{2}$ angenommen. Die Prüfungsentropie ist in diesem Fall bestimmt durch den Ausdruck

$$H^{Q_0}\,(\text{Prüf}) = -\frac{1}{2} \ln \frac{1}{2} - \frac{1}{2} \ln \frac{1}{2} - \ln \frac{1}{2} = -2 \ln \frac{1}{2}$$

Der Zuwachs der Prüfentropie ist dann gleich

$$\Delta H^Q\,(\text{Prüf}) = -p \ln p - (1-p) \ln (1-p) + \ln \frac{1}{2}$$

Die Wahrscheinlichkeitsdichte der Gesetze Q in der gewählten Klasse K ist offenbar gleich Eins. Die Anwendung der Formel (26) ergibt dann

$$s_n(A, K) = \int_0^1 (p \ln p + (1-p) \ln (1-p) - \ln \tfrac{1}{2})\, dp = \ln 2 - \frac{1}{2} \approx 0{,}19$$

Der Automat B befindet sich im Zustand 1 nur dann, wenn die Lernfolge nur aus Symbolen x besteht. Die Wahrscheinlichkeit dafür ist offenbar gleich $p^n$. Hieraus folgt, daß die Wahrscheinlichkeit für die Prüfungspaare (x, u) und (y, u) gleich $p^n/2$, und die Wahrscheinlichkeiten der Paare (x, v) und (y, v) gleich $(1-p^n)/2$ sind. Wie im Fall der Bestimmung von $s_n$ (A, K) finden wir nun H (Prüf). Als Ergebnis erhalten wir die folgende Kette von Formeln:

$$s_n(B, K) = \int_0^1 \Big[p^n \ln \frac{1}{2}\,p^n + (1-p^n) \ln \frac{1}{2}\,(1-p^n) - \frac{1}{2^n} \ln \frac{1}{2^{n+1}}$$

$$- (1 - \frac{1}{2^n}) \ln \frac{1}{2}\,(1 - \frac{1}{2^n})\Big]\, dp$$

$$= \frac{n \ln 2}{2^n} - \frac{n}{(n+1)^2} - \left(1 - \frac{1}{2^n}\right) \ln \left(1 - \frac{1}{2^n}\right)$$

$$+ \int_0^1 (1 - p^n) \ln (1 - p^n)\, dp$$

$$= \frac{n \ln 2 + 1}{2^n} - \frac{n}{(n+1)^2}$$

$$- \frac{1}{n}\left[\frac{1}{1\,(1 + \frac{1}{n})\,(2 + \frac{1}{n})} + \frac{1}{2\,(2 + \frac{1}{n})\,(3 + \frac{1}{n})} + \ldots\right]$$

$$- \left(\frac{1}{1 \cdot 2 \cdot 2^{2n}} + \frac{1}{2 \cdot 3 \cdot 2^{3n}} + \ldots\right)$$

Unter Benutzung der letzten Beziehung erhalten wir die folgende Abschätzung

$$s_n(B, K) < \frac{n \ln 2 + 1}{2^n} - \frac{n}{(n+1)^2} - \frac{1}{4\,n}$$

Aus dieser Abschätzung ersehen wir unschwer, daß für $n \geqq 5$ die Größe $s_n(B, K)$ negativ wird. Mit anderen Worten, beim Lernen mit Folgen der Länge größer als 4 wird der Automat B bei der gewählten Klasse von Experimentiergesetzen im Mittel selbstdesorganisierend, während der Automat A unter den gleichen Bedingungen die Fähigkeit der Selbstorganisation zeigt.

Wir bemerken, daß der Schluß über das Vorhandensein oder Fehlen der Fähigkeit zur Selbstorganisation bei einem Automaten von der Klasse der gewählten Experimentiergesetze mit diesem Automaten abhängig ist. Würden wir zum Beispiel in dem besprochenen Fall als K die Klasse der Experimentiergesetze wählen, die aus einem gleichmäßigen Schema unabhängiger Versuche entsteht, so würde auch der Automat B, wovon man sich leicht überzeugt, im Mittel sich selbst organisieren, wenn auch die Größe der Selbstorganisation in diesem Fall kleiner werden würde als bei dem Automaten A.

Will man von dem Begriff der Selbstorganisation zu dem Begriff des Selbstlernens übergehen, so kommt man nicht mehr mit rein wahrscheinlichkeitstheoretischen Begriffen aus. Man muß dann noch Begriffe einführen, die die Richtung des Prozesses der Selbstorganisation charakterisieren. Dazu führt man zweckmäßig eine auf der Menge aller möglichen Paare Frage (p) – Antwort (q) definierte reelle Funktion f(p, q) ein, deren Werte die Güte der Antwort bei einer beliebigen gestellten Frage p charakterisiert.

Wie oben schon bemerkt wurde, bestimmt die Vorgabe des Gesetzes Q der Wahrscheinlichkeitsverteilung $\varrho(P)$ auf den Lernfolgen P für jeden gegebenen Automaten A mit festem Anfangszustand $a_0$ eindeutig eine Wahrscheinlichkeitsverteilung $\alpha(a)$ auf der Zustandsmenge des Automaten. Wir bezeichnen mit $q = \lambda(a, p)$ die Antwort des Automaten A, der durch die Frage p in den Zustand a überführt wurde. Die Größe

$$f^Q = \sum_{p,\,a} f(p, \lambda\,(a, p))\, \gamma\,(p)\, \alpha\,(a)$$

ist ein mittleres Gütekriterium für die Antworten des Automaten bei der Prüfung, wenn er durch Folgen gelernt hat, die nach dem Gesetz Q verteilt sind. $\gamma(p)$ ist die Wahrscheinlichkeit dafür, daß bei der Prüfung die Frage p gestellt wird.

Als Maß des Selbstlernens eines Automaten A wird die Differenz $f^{Q} - f^{Q_0}$ bezeichnet, wobei $Q_0$ ein apriori-Verteilungsgesetz der Wahrscheinlichkeiten von Lernfolgen ist, das dem Konstrukteur im Moment des Aufbaus des Automaten bekannt ist, und Q das aposteriori-Verteilungsgesetz ist, das faktisch bei einer bestimmten Klasse von Experimenten beim Lernen zutrifft. In der Regel ist die Entropie der Verteilung $Q_0$ größer als die Entropie der Verteilung Q.

Ist nun eine Klasse K von aposterio-Verteilungsgesetzen Q gegeben mit der Wahrscheinlichkeitsdichte $\varphi(Q)$, so ist das Integral

$$b(A, K) = \int_{Q \in K} (f^{Q} - f^{Q_0})\, \varphi(Q)\, dQ$$

eine mittlere quantitative Charakteristik für die Fähigkeit des betrachteten Automaten zum Selbstlernen (bezogen auf eine gewählte Klasse K, einen Automaten A und eine reelle Funktion f).

## 2.4. Automaten mit zufälligen Übergängen

Neben deterministischen Automaten muß man in der Theorie der selbstorganisierenden Systeme auch Automaten betrachten, die zufällige Übergänge besitzen. Wie bekannt (s. Abschn. 1.), ist bei einem deterministischen Automaten bei Vorgabe des vorhergehenden Zustands und des laufenden Eingangssignals x(t) der folgende Zustand a(t), in den der Automat unter Einfluß dieses Eingangssignals aus dem Zustand a(t − 1) übergeht, eindeutig bestimmt. In einem Automaten mit zufälligen Übergängen bestimmt die Vorgabe des Paares $(a(t-1), x(t))$ nur die Wahrscheinlichkeit $p_{ij}(x)$ für den Übergang des Automaten aus dem Zustand a(t − 1), der mit $a_i$ bezeichnet sei, in einen beliebigen anderen Zustand $a_j$ unter dem Einfluß des Eingangssignals x(t) = x.

Man sieht sofort, daß man einen deterministischen Automaten als Spezialfall eines Automaten mit zufälligen Übergängen ansehen kann, nämlich als einen solchen zufälligen Automaten, bei dem für jedes x bei beliebig gegebenen i nur genau eine der Wahrscheinlichkeiten $p_{ij}(x)$ gleich Eins und alle übrigen Wahrscheinlichkeiten gleich Null sind.

Jeden Automaten mit zufälligen Übergängen kann man mit Hilfe eines Systems von Matrizen $\| p_{ij}(x) \|$ vorgeben, dabei durchläuft x alle Eingangssignale des Automaten. Es versteht sich, daß außer einem solchen System von Matrizen, auch die Ausgabefunktion und der Anfangszustand des Automaten vorgegeben werden muß.

Die Matrizen $\| p_{ij}(x) \|$ besitzen die Eigenschaft, daß die Summe der Elemente jeder ihrer Zeilen gleich Eins sein muß. Wir wollen außerdem voraussetzen, daß es im Automaten keine Zustände gibt, für die die Übergangswahrscheinlichkeiten, ausgehend von allen anderen Zuständen, gleich Null sind, die also von allen anderen Zuständen aus nie erreichbar sind. Das bedeutet offenbar, daß es in den Matrizen $\| p_{ij}(x) \|$ keine Spalten gibt, die ausschließlich aus Nullen bestehen. Außerdem sind alle Elemente dieser Matrizen $\| p_{ij}(x) \|$ nichtnegative reelle Zahlen, die die Zahl Eins nicht übertreffen.

Matrizen, die allen drei aufgezählten Eigenschaften genügen, nennt man stochastische Matrizen. Somit übernimmt bei Automaten mit zufälligen Übergängen die Rolle der Überführungsfunktion die Matrix $\| p_{ij}(x) \|$, die eindeutig die Menge aller Eingangssignale des Automaten in die Menge der stochastischen Matrizen abbildet.

Von besonderem Interesse sind Automaten mit zufälligen Übergängen, die ein einziges (konstantes) Eingangssignal besitzen. Solche Automaten wurden in der klassischen Wahrscheinlichkeitstheorie unter der Bezeichnung homogene (diskrete) Markoffsche Ketten untersucht. Die Ausgangssignale werden bei solchen Automaten ignoriert (oder mit den Zuständen identifiziert). Dadurch kann man diese Automaten mit Hilfe einer einzigen stochastischen Matrix vorgeben. Man nimmt dabei gewöhnlich an, daß die erste Zeile und damit auch die erste Spalte einer solchen Matrix zu dem Anfangszustand des Automaten gehört (Markoffsche Kette).

Der Begriff „Markoffsche Ketten" wird bei den Anwendungen der Wahrscheinlichkeitstheorie auch noch anders interpretiert. Es handelt sich dabei um Versuche, bei denen die Wahrscheinlichkeiten vom Ausgang des unmittelbar vorhergehenden Versuchs, aber nicht unmittelbar von den Ausgängen aller früheren Versuche abhängig ist (dabei ändert sich die Menge der möglichen Versuchsergebnisse selbst von Versuch zu Versuch nicht). Es tritt also dabei eine Matrix $\| p_{ij} \|$ auf, die Matrix der sog. Übergangswahrscheinlichkeiten. Ein beliebiges Element $p_{ij}$ dieser Matrix ist dabei die Wahrscheinlichkeit dafür, bei einem beliebigen Versuch das j-te Ergebnis zu erhalten unter der Bedingung, daß das Ergebnis des unmittelbar vorhergehenden Versuchs die Nummer i trägt.

Man erkennt leicht, daß eine solche Deutung völlig gleichwertig zur Interpretation der Automatentheorie ist: Das Versuchsergebnis ist dem Wesen nach nichts anderes als eine andere Bezeichnung für den Zustand des Automaten (der ein einziges Eingangssignal besitzt) mit zufälligen Übergängen. Es gibt genaugenommen aber doch einen Unterschied: Im Automaten mit zufälligen Übergängen wurde ein wohldefinierter Anfangszustand fixiert, bei den Markoff-Ketten ist es üblich, die Wahrscheinlichkeiten der verschiedenen Ergebnisse des ersten Versuchs $p_1, p_2, \ldots, p_n$ vorzugeben. Dies entspricht einer zufälligen Auswahl des Anfangszustands des Automaten, wobei der i-te Zustand mit der Wahrscheinlichkeit $p_i$ als Anfangszustand gewählt werden kann $(i = 1, 2, \ldots, n)$.

Will man also völlige Analogie zu den Markoffschen Ketten herstellen, so genügt es, nicht einfach Automaten mit zufälligen Übergängen (die ein einziges Eingangssignal besitzen) zu betrachten, sondern sog. zufällige Automaten, bei denen nicht nur die Überführungsfunktionen zufällig sind, sondern auch die Auswahl des Anfangszustands. Wenn man auch noch die Ausgangssignale mit in die Betrachtung einbezieht, so muß auch im allgemeinen die Ausgabefunktion zufällig sein. Anders ausgedrückt, darf die Ausgabefunktion nicht einfach ein Ausgangssignal abgeben, sondern sie bestimmt eine bestimmte Wahrscheinlichkeitsverteilung auf der Menge aller möglichen Ausgangssignale.

Die Markoffschen Ketten (oder dementsprechend die zufälligen Automaten) nennt man endlich oder unendlich, je nachdem die Menge ihrer möglichen Ergebnisse (oder entsprechend die Menge der Automatenzustände) endlich oder unendlich ist. Für zufällige endliche Automaten werden wir allgemein auch die Endlichkeit der Mengen der Eingangs- und Ausgangssignale verlangen. Wir beschränken uns auf die Untersuchung nur homogener Markoffscher Ketten, d.h. solcher Ketten, bei denen die Matrix der Übergangswahrscheinlichkeiten konstant ist. Inhomogene Markoffsche Ketten (mit von der Zeit abhängiger Matrix der Übergangswahrscheinlichkeiten) werden im folgenden nicht auftreten. Daher sprechen wir der Kürze halber einfach von Markoffschen Ketten, worunter wir jedes Mal, wenn dies auch nicht besonders erwähnt wird, homogene Markoffsche Ketten verstehen.

Wir betrachten einen Automaten A mit zufälligen Übergängen (Markoffsche Kette), dessen Matrix der Übergangswahrscheinlichkeiten gleich ist $P = \| p_{ij} \|$. Wie oben schon erwähnt wurde, gibt ein beliebiges Element $p_{ij}$ dieser Matrix die Wahrscheinlichkeit dafür an, daß der Automat A aus dem i-ten Zustand in den j-ten Zustand übergeht. Es ist wichtig, dabei zu unterstreichen, daß hier die Rede ist von dem Übergang bei einem Takt (d.h. für die Zeit zwischen zwei benachbarten Momenten der diskreten Automatenzeit). Man sieht sofort ein, daß das Produkt $p_{ik}p_{kj}$ die Wahrscheinlichkeit dafür ist, daß der Automat A aus dem i-ten Zustand in den j-ten in zwei Takten übergeht unter der Bedingung, daß er dabei den k-ten Zustand durchläuft.

Die Summe $\sum_k p_{ik}p_{kj}$, erstreckt über alle Zustände, gibt offensichtlich die vollständige Wahrscheinlichkeit für den Übergang des Automaten A aus dem i-ten in den j-ten Zustand während zwei Takten an. Außerdem ist diese Summe offenbar gerade ein Element der Matrix $P \cdot P = P^2$, und zwar das Element im Schnitt der i-ten Zeile mit der j-ten Spalte. Analog erhalten wir:

Die Wahrscheinlichkeit für den Übergang des Automaten A aus dem i-ten Zustand in den j-ten im Lauf von drei aufeinanderfolgenden Takten ist gleich dem (i, j)-ten Element der Matrix $P^2 \cdot P = P^3$. Indem wir in dieser Weise fortfahren, kommen wir zu folgender Aussage:

Satz 1. Für einen zufälligen Automaten A mit einem Eingangssignal (eine homogene Markoffsche Kette) und der Matrix der Übergangswahrscheinlichkeiten P ist die Wahrscheinlichkeit für den Übergang aus dem i-ten in den j-ten Zustand in genau n Takten gleich dem Element der Matrix $P^n$, das im Durchschnitt der i-ten Zeile und der j-ten Spalte dieser Matrix steht ($n = 1, 2, 3, \dots$).

Man nennt die Elemente der Matrix $P^n$ in naheliegender Weise Übergangswahrscheinlichkeiten für n Schritte. Zur Bestimmung dieser Wahrscheinlichkeiten im Fall endlicher Markoffscher Ketten verwendet man gewöhnlich die sog. Perronsche Formel, die in der Matrizenrechnung hergeleitet wird. Zunächst erinnern wir an einige Begriffe und Definitionen dieser Theorie.

Gegeben sei eine Matrix $P = \| p_{ij} \|$ n-ter Ordnung. Die Determinante

$$P(\lambda) = \begin{vmatrix} \lambda - p_{11} & -p_{12} & \cdots & -p_{1n} \\ -p_{21} & \lambda - p_{22} & \cdots & -p_{2n} \\ \vdots & & & \\ -p_{n1} & -p_{n2} & \cdots & \lambda - p_{nn} \end{vmatrix}$$

ist ein Polynom n-ten Grades in $\lambda$, das sog. charakteristische Polynom der Matrix P. Die Wurzeln dieses Polynoms nennt man Eigenwerte der Matrix P.

Mit E sei die Einheitsmatrix n-ter Ordnung bezeichnet. Dann ergibt sich das Element der Matrix $(\lambda E - P)^{-1}$, das in der i-ten Zeile und der j-ten Spalte steht zu $P_{ji}(\lambda)/P(\lambda)$. Dabei ist $P_{ji}(\lambda)$ das algebraische Komplement des Elements der Determinante $P(\lambda)$, das in der j-ten Zeile und der i-ten Spalte steht.

Die Matrix $P = \| p_{ij} \|$ habe nun die Eigenwerte $\lambda_1, \lambda_2, \dots, \lambda_r$. Wir bezeichnen mit $m_i$ die Vielfachheit der i-ten Wurzel $\lambda_i$, d.h. mit anderen Worten, die größte Zahl s so, daß das charakteristische Polynom $P(\lambda)$ durch $(\lambda - \lambda_i)^s$ teilbar ist. Damit bilden wir das Polynom $\Psi_i(\lambda)$ nach der Formel

$$\Psi_i(\lambda) = P(\lambda)/(\lambda - \lambda_i)^{m_i}$$

Dann kann man das Element $p_{ij}^{(k)}$ der Matrix $P^{(k)}$, das in der i-ten Zeile und der j-ten Spalte steht, nach der folgenden Formel bestimmen:

$$p_{ij}^{(k)} = \sum_{\nu=1}^{r} \frac{1}{(m_\nu - 1)!} D_\lambda^{m_\nu - 1} \left[\frac{\lambda^k P_{ji}(\lambda)}{\Psi_\nu(\lambda)}\right] \Bigg|_{\lambda = \lambda_\nu} \qquad (28)$$

Die Formel (28) ist die Formel von Perron. In ihr bezeichnet $D_\lambda^{m_\nu - 1}$ die Ableitung nach $\lambda$ der Ordnung $m_\nu - 1$. Die Substitution $\lambda = \lambda_\nu$ ist dabei nach der Differentiation vorzunehmen. Eine Herleitung der Formel von Perron kann man in jeder Monographie über die Theorie der endlichen Markoffschen Ketten finden (s. z.B. W.I. Romanowski [27]).

Eine besonders einfache Gestalt nimmt die Formel von Perron an, wenn alle Eigenwerte der Matrix P die Vielfachheit Eins besitzen, d.h., wenn gilt $m_1 = m_2 = \ldots = m_r = 1$. Es ist klar, daß in diesem Fall $r = n$ ist. Da die Fakultät von Null gleich Eins ist und die Ableitung nullter Ordnung das Fehlen jeder Differentiation bedeutet, erhalten wir in dem angegebenen Spezialfall die folgende einfache Formel:

$$p_{ij}^{(k)} = \sum_{\nu=1}^{n} \lambda_\nu^k \frac{P_{ji}(\lambda_\nu)}{\Psi_\nu(\lambda_\nu)} \qquad (i, j = 1, 2, \ldots, n) \qquad (29)$$

Wir vereinbaren, die Formel (28) die allgemeine und die Formel (29) die spezielle Perronsche Formel zu nennen. Die Formeln (28) und (29) erlauben die Lösung einer sehr wichtigen Aufgabe in der Theorie der endlichen Markoffschen Ketten. Es handelt sich um die Bestimmung einer sog. Grenzverteilung. Wenn der Grenzwert $\lim P^k = P^\infty$ existiert, so nennt man naturgemäß die Elemente $k \to \infty$ der Matrix $P^\infty = \| p_{ij} \|$ Grenzübergangswahrscheinlichkeiten. Hat man eine Anfangsverteilung, d.h. Wahrscheinlichkeiten $p_1$, $p_2$, ..., $p_n$ für das Auftreten der verschiedenen Ergebnisse des ersten Versuchs, so erhält man die Wahrscheinlichkeiten $p_i^\infty$ der verschiedenen Zustände in der Grenzverteilung nach den Formeln:

$$p_i^\infty = \sum_{j=1}^{n} p_j p_{ji}^\infty \qquad (i = 1, 2, \ldots, n) \qquad (30)$$

Wenn nach einer hinreichend großen Zahl von Übergängen des zufälligen Automaten (der die Markoffsche Kette charakterisiert) der Einfluß der Anfangsverteilung für die Wahrscheinlichkeiten der Zustände auf die Verteilung der Zustände nach diesen Übergängen beliebig klein sein wird, nennt man die Markoffsche Kette ergodisch. Mit anderen Worten: Bei ergodischen Markoffschen Ketten hängt die Grenzverteilung, die man nach den Formeln (30) erhält, nicht von der Anfangsverteilung $p_1$, $p_2$, ..., $p_n$) ab. Ergodizität liegt offenbar nur dann vor, wenn für beliebig gegebenes i alle Elemente $p_{ji}^\infty$ ($j = 1, 2, \ldots, n$) einander gleich sind, mit anderen Worten, wenn alle Zeilen der Matrix der Grenzübergangswahrscheinlichkeiten einander gleich sind.

Man kann zeigen, daß die Eigenwerte einer stochastischen Matrix vom Betrag nie größer als Eins sein können. Man sieht ferner unschwer, daß die Eins charakteristische Wurzel für jede stochastische Matrix ist. Sind alle übrigen von Eins verschiedenen Eigenwerte einer stochastischen Matrix M dem Betrage nach kleiner als Eins, so heißt die Matrix M und die zu ihr gehörende Markoffsche Kette korrekt. Ist bei einer korrekten stochastischen

Matrix die Zahl Eins einfache Nullstelle der charakteristischen Gleichung, so heißt die Matrix P und die ihr entsprechende Markoffsche Kette regulär.

Es gilt die folgende Behauptung.

Satz 2. Eine Markoffsche Kette C mit einer endlichen Zahl von Zuständen ist genau dann korrekt, wenn sie eine Grenzverteilung besitzt. Die Markoffsche Kette C ist genau dann ergodisch, wenn sie regulär ist.

Für den Fall einer regulären endlichen Markoffschen Kette bestimmen sich die Grenzübergangswahrscheinlichkeiten nach den Formeln

$$p_{ij}^{\infty} = P_{ji}(\lambda)/\Psi_1(\lambda) \qquad (i, j = 1, 2, \ldots, n) \tag{31}$$

Diese Formeln gehen aus der speziellen Formel von Perron (29) durch den Grenzübergang für $k \to \infty$ hervor.

Die oben beschriebenen Resultate gestatten den Aufbau einer Theorie des Verhaltens von Automaten (von zufälligen und deterministischen Automaten) in zufälligen Medien (Umgebung bzw. Umwelt mit zufälligen Einflüssen). Wir betrachten hier lediglich die Moore-Automaten, denn im Fall der Mealy-Automaten wird die Theorie etwas komplizierter und dadurch weniger übersichtlich. Wir vereinbaren dabei, deterministische Automaten als einen Spezialfall von zufälligen Automaten anzusehen, was immer möglich ist, wie oben bemerkt wurde.

Unter diesen Voraussetzungen kann jeder Automat A durch eine Matrix $L = \|\lambda_{ij}\|$ der Ausgabewahrscheinlichkeiten und eine Schar von Matrizen $D(m) = \|\delta^{(m)}{}_{ik}\|$ von Übergangswahrscheinlichkeiten vorgegeben werden. Ein beliebiges Element $\lambda_{ij}$ der ersten Matrix ist gleich der Wahrscheinlichkeit für das Auftreten des j-ten Ausgangssignals, wenn sich der Automat A im i-ten Zustand befindet. Die Größe $\delta^{(m)}{}_{ik}$ ist nicht anderes als die Wahrscheinlichkeit des Übergangs des Automaten aus dem i-ten Zustand in den k-ten unter dem Einfluß des m-ten Eingangssignals.

Das Medium wird für eine bestimmte Klasse von Automaten vorgegeben, die gleiche Mengen von Eingangssignalen $(x_1, x_2, \ldots, x_n)$ und gleiche Mengen von Ausgangssignalen $(v_1, v_2, \ldots, v_s)$ besitzen. Die Angaben des Mediums für die betrachtete Klasse K bedeutet das Vorhandensein einer Abhängigkeit des Eingangssignals $x(t)$ eines beliebigen Automaten A aus der Klasse K in einem beliebigen Zeitpunkt der diskreten Automatenzeit t von dem Wert $v(t-1)$. Es sei vorausgesetzt, daß diese Abhängigkeit für alle Automaten aus der gegebenen Klasse K dieselbe ist. Mit anderen Worten, das Verhalten des Mediums ist nur durch die Wirkungen (die Ausgangssignale) der Automaten bestimmt und hängt nicht unmittelbar von dem inneren Aufbau der Automaten ab.

Wir betrachten zufällige Medien, in denen sog. Reaktionswahrscheinlichkeiten $r_{jm}$ definiert sind, die in einer (rechteckigen) Matrix der Reaktionswahrscheinlichkeiten $R = \|r_{jm}\|$ zusammengefaßt seien. Dabei sei die Größe $r_{jm}$ gleich der Wahrscheinlichkeit dafür, daß am Eingang des in dem Medium wirkenden Automaten A (aus der Klasse K) das m-te Eingangssignal auftritt, wenn im unmittelbar vorhergehenden Moment der Automatenzeit des Automaten A das j-te Ausgangssignal ausgegeben wurde.

Sind die Reaktionswahrscheinlichkeiten eines Mediums konstant, so heißt das entsprechende Medium stationäres zufälliges Medium. In nichtstationären zufälligen Medien können sich die Reaktionswahrscheinlichkeiten im Lauf der Zeit ändern. Wie auch im Fall von Automaten kann man deterministische Medien [mit einer streng definierten funktionellen Abhängigkeit $x(t) = f(v(t-1))$] als Spezialfall zufälliger Medien auffassen.

Man erkennt, daß die Untersuchung des Verhaltens von Moore-Automaten (sowohl der determinierten als auch der zufälligen) in stationären zufälligen Medien auf homogene Markoffsche Ketten führt, deren Zustände man mit den Zuständen der betrachteten Automaten identifizieren kann. Denn der Zustand a(t) des Automaten A bestimmt in jedem beliebigen Zeitpunkt eindeutig die Wahrscheinlichkeiten der Ausgangssignale v(t) und folglich auf Grund der Definition eines stationären zufälligen Mediums auch die Wahrscheinlichkeiten der Eingangssignale des Automaten im unmittelbar folgenden Zeitpunkt t + 1. Letztere Wahrscheinlichkeiten legen eindeutig die Wahrscheinlichkeiten für die Übergänge des Automaten A aus dem Zustand a(t) in einen beliebigen der folgenden Zustände fest.

Mit den vereinbarten Bezeichnungen berechnen sich die Übergangswahrscheinlichkeiten $p_{ik}$ der entsprechenden Markoffschen Kette nach den Formeln

$$p_{ik} = \sum_j \sum_m \lambda_{ij} \, r_{jm} \, \delta_{ik}^{(m)} \tag{32}$$

Wir beschreiben nun, indem wir M. L. Zetlin [31] folgen, eine Reihe sehr einfacher Aufgaben über das Verhalten von Automaten in zufälligen Medien. Zu diesem Zweck betrachten wir die Klasse K der deterministischen Moore-Automaten, die zwei Eingangssignale $x_0 = 0$ und $x_1 = 1$ und zwei Ausgangssignale $v_0 = 0$ und $v_1 = 1$ besitzen. Das stationäre zufällige Medium C beschreiben wir durch die Matrix R seiner Reaktionswahrscheinlichkeiten

$$R = \begin{pmatrix} 1 - p_0 & p_0 \\ 1 - p_1 & p_1 \end{pmatrix}$$

Wir vereinbaren, das Eingangssignal $x_1$ Strafe und das Eingangssignal $x_0$ Nichtstrafe zu nennen. Dann können wir sagen, daß bei dem Ausgangssignal $v_0$ das Medium den Automaten mit der Wahrscheinlichkeit $p_0$, und beim Ausgangssignal $v_1$ mit der Wahrscheinlichkeit $p_1$ bestraft.

Betrachten wir zunächst einen Moore-Automaten A mit zwei Zuständen $a_1 = 1$ und $a_2 = 2$, der gegeben sei durch die Matrix der Ausgabewahrscheinlichkeiten

$$L = \begin{pmatrix} 1 & 0 \\ 0 & 1 \end{pmatrix}$$

und die Matrizen der Übergangswahrscheinlichkeiten

$$D^0 = \begin{pmatrix} 1 & 0 \\ 0 & 1 \end{pmatrix} \qquad D^1 = \begin{pmatrix} 0 & 1 \\ 1 & 0 \end{pmatrix}$$

Anders ausgedrückt: A ist ein determinierter Automat, der im ersten Zustand das Ausgangssignal $v_0 = 0$ und im zweiten Zustand das Ausgangssignal $v_1 = 1$ abgibt, seinen Zustand unter dem Einfluß des Eingangssignals $x_0 = 0$ beibehält und seinen Zustand in den entgegengesetzten Zustand unter dem Einfluß des Eingangssignals $x_1 = 1$ ändert.

Entsprechend wird nach dem bereits Gesagten das Funktionieren des Automaten A in dem Medium C durch eine homogene Markoffsche Kette M mit zwei Zuständen $a_1 = 1$ und $a_2 = 2$ beschrieben. Auf Grund der Formeln (32) finden wir leicht die Matrix P der Übergangswahrscheinlichkeiten dieser Kette zu

$$P = \begin{pmatrix} 1 - p_0 & + p_0 \\ + p_1 & 1 - p_1 \end{pmatrix}$$

Das charakteristische Polynom $P(\lambda)$

$$P(\lambda) = \begin{vmatrix} \lambda - 1 + p_o & -p_o \\ -p_1 & \lambda - 1 + p_1 \end{vmatrix}$$

der Matrix ist gleich

$$\lambda^2 - \lambda(2 - p_o - p_1) + 1 - p_o - p_1$$

und ihre Eigenwerte sind entsprechend $\lambda_1 = 1$, und $\lambda_2 = 1 - p_o - p_1$. Sind beide Wahrscheinlichkeiten $p_o$ und $p_1$ nicht gleichzeitig Null oder Eins, so ist die zweite charakteristische Zahl $\lambda_2$ vom Betrag kleiner als Eins, und nach Satz 2 ist dann die Kette M ergodisch.

Das Polynom $\Psi_1(\lambda)$ wird dabei offenbar gleich $\lambda - 1 + p_o + p_1$, und wir erhalten nach Anwendung der Formeln (31) leicht die Grenzwahrscheinlichkeiten der Übergänge für die betrachtete Kette

$$p_{11}^{\infty} = p_{21}^{\infty} = \frac{P_{11}^{(1)}}{\Psi_1(1)} = \frac{p_1}{p_o + p_1}$$

und

$$p_{12}^{\infty} = p_{22}^{\infty} = \frac{1 - 1 + p_o}{p_o + p_1} = \frac{p_o}{p_o + p_1}$$

Somit wird sich der Automat bei hinreichend langem Arbeiten in dem Medium C unabhängig von dem Ausgangszustand mit der Wahrscheinlichkeit $p_1/(p_o + p_1)$ im ersten Zustand und mit der Wahrscheinlichkeit $p_o/(p_o + p_1)$ im zweiten Zustand befinden. Da die Wahrscheinlichkeit für die Bestrafung im ersten Zustand des Automaten gleich $p_o$ und in seinem zweiten Zustand gleich $p_1$ ist, drückt sich die mathematische Erwartung S der Strafe des Automaten A bei jedem einzelnen Schritt (bei hinreichend langer Betriebsdauer) nach folgender Formel aus:

$$S = p_o \frac{p_1}{p_o + p_1} + p_1 \frac{p_o}{p_o + p_1} = 2 \frac{p_o p_1}{p_o + p_1}$$

Für $p_o \neq p_1$ ist die Größe S kleiner als die mittlere Strafwahrscheinlichkeit $S_o = (p_o + p_1)/2$. Denn es gilt

$$S_o - S = \frac{(p_o + p_1)^2 - 4 p_o p_1}{2(p_o + p_1)} = \frac{(p_o - p_1)^2}{2(p_o + p_1)} \geq 0$$

wobei das Gleichheitszeichen genau dann angenommen wird, wenn $p_o = p_1$ ist. Somit besitzt der betrachtete Automat A ein zielgerichtetes Verhalten. Wenn man ihn in ein beliebiges stationäres zufälliges Medium bringt, das seine zwei Reaktionen unterscheidet, strebt er ein solches Verhalten an, daß die Größe der Strafe bei ihm im Mittel kleiner ist als bei einem Automaten, der mit gleichen Wahrscheinlichkeiten beide für den Automaten A möglichen Ausgangssignale (Reaktionen) abgibt.

Nun wählen wir anstelle des betrachteten Automaten A einen Automaten $A_n$ mit 2n Zuständen 1, 2, ..., n, n + 1, ..., 2n − 1, 2n. Wir setzen fest, daß er in den Zuständen 1, 2, ..., n das Ausgangssignal $v_o = 0$ und in allen übrigen Zuständen das Ausgangssignal $v_1 = 1$ abgibt. Der Automat $A_n$ besitze ferner die folgende Überführungstabelle

| x \ a | 1 | 2 | 3 ... n − 1 | n | n + 1 | n + 2 | n + 3 ... 2n − 1 | 2n |
|---|---|---|---|---|---|---|---|---|
| 0 | 1 | 1 | 2 ... n − 2 | n − 1 | n + 1 | n + 1 | n + 2 ... 2n − 2 | 2n − 1 |
| 1 | 2 | 3 | 4 ... n | 2n | n + 2 | n + 3 | n + 4 ... 2n | n |

Dieser Tabelle entspricht ein Graph für die Übergänge, wie ihn Bild 5 zeigt.

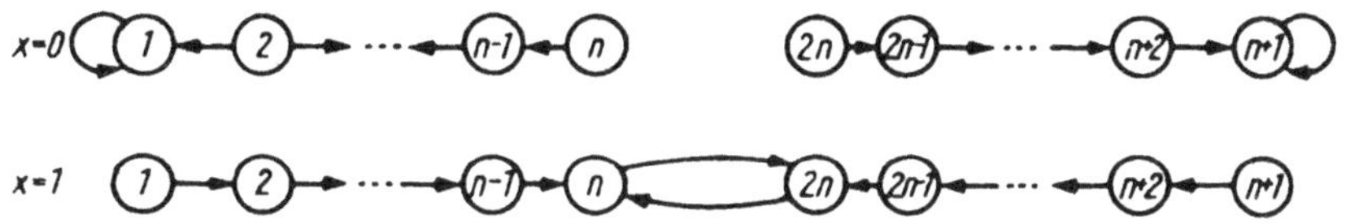

Bild 5

Nach der Form seines Graphen kann man einen solchen Automaten einen Automaten mit linearer Taktik nennen. Der oben besprochene Automat war offensichtlich ein Spezialfall des Automaten $A_n$ mit linearer Taktik, nämlich mit dem Wert n = 1. Das Verhalten eines Automaten $A_n$ mit linearer Taktik untersucht man im allgemeinen Fall genau so, wie wir dies für den oben betrachteten Spezialfall gemacht haben, wenn auch die entsprechenden Berechnungen hier bedeutend komplizierter werden. Diese führen zu dem Schluß, das der in Analogie zu dem vorhergehenden Fall berechnete Wert der mathematischen Erwartung $S_n$ für die Strafe des Automaten $A_n$ nach jedem Schritt (nach hinreichend langer Vorbereitungsperiode) bei unbegrenzter Erhöhung der Zahl n gegen einen natürlichen minimalen Wert $S_{min}$ strebt, der gleich der kleineren der beiden Zahlen $p_o$, $p_1$ ist. Man sieht leicht ein, daß die Größe $S_{min}$ das absolute Minimum der mathematischen Erwartung der Strafe für alle Automaten ist, die in dem betrachteten zufälligen Medium wirken.

Es zeigt sich, daß in einer Reihe von Fällen die Theorie der homogenen Markoffschen Ketten mit Erfolg bei der Untersuchung des Verhaltens von Automaten nicht nur in stationären, sondern auch in einigen nichtstationären zufälligen Medien verwendet werden kann. Gegeben seien zum Beispiel einige stationäre zufällige Medien $C_1$, $C_2$, ..., $C_k$ analog dem oben beschriebenen Medium C, die aber verschiedene Wahrscheinlichkeitspaare $p_o$, $p_1$ haben mögen. Aus diesen Medien kann man ein nichtstationäres zufälliges Medium N wie folgt aufbauen.

Wir führen die Matrix $B = \| b_{ij} \|$ von Übergangswahrscheinlichkeiten einer gewissen Markoffschen Kette mit k Zuständen ein. In jedem gegebenen Moment t der diskreten Zeit wirkt das Medium N wie eines der Medien $C_1$, $C_2$, ..., $C_k$. Ist das Medium $C_i$ wirksam, so sagen wir, daß sich das Medium N im i-ten Zustand befindet. Die Größe $b_{ij}$ ist dann die Übergangswahrscheinlichkeit dafür, daß das Medium N aus dem i-ten Zustand in den j-ten Zustand übergeht. (i, j = 1, 2, ..., k). Die Wahrscheinlichkeiten $b_{ij}$ werden als konstand und zeitlich unveränderlich angesehen.

Wenn nun im Medium N ein bestimmter Automat A arbeitet, so können die Paare ($C_i$, $a_j$) von Zuständen $C_i$ des Mediums N und Zuständen $a_j$ des Automaten A als Zustände einer bestimmten homogenen Markoffschen Kette gewählt werden. Die Matrix der Übergangswahrscheinlichkeiten dieser Kette kann leicht aus den Matrizen der Reaktionswahrscheinlichkeiten der Medien $C_1$, $C_2$, ..., $C_k$, der Matrix B der Übergangsfunktionen und der Ausgabefunktion des Automaten A gewonnen werden.

Man kann zeigen [31], daß es in der Klasse K der Automaten $A_n$ mit linearer Taktik, die in dem eben beschriebenen nichtstationären Medium N wirken, einen (von der Wahl des Mediums N abhängigen) optimalen Automaten $A_{n_0}$ gibt, der bei jedem Arbeitsschritt eine (in der Klasse K) minimale mathematische Erwartung der Größe der Strafe besitzt. Infolgedessen ist es (im Unterschied zu stationären Medien) für in einem instationären Medium wirkenden Automaten mit linearer Taktik zweckmäßig, den Umfang des Gedächtnisses (Zahl der Zustände) des Automaten nur bis zu einer gewissen Grenze zu erhöhen. Danach führt eine weitere Vergrößerung des Gedächtnisses nicht zur Verbesserung, sondern zu Verschlechterung der Arbeitsqualität des Automaten.

## 2.5. Das Lernproblem bei der Erkennung von Formen

Eines der bedeutendsten Anwendungsgebiete der Theorie der selbstorganisierenden Systeme ist das Erkennen von sichtbaren Formen. Die Formerkennung und das Lernen der Formerkennung ist eins der deutlichsten Beispiele für die Adaptationseigenschaften des menschlichen Gehirns. Der Sinn der Formerkennung besteht darin, daß der Mensch gewisse Mengen von ihm beobachteter Objekte oder Erscheinungen in einer Klasse vereint, die das Wesen einer Form wiedergibt. Die Formen, mit denen der Mensch operiert, sind nicht zufällige miteinander vereinigte Objekte, sondern es handelt sich um Dinge, die sich in gewissen allgemeinen Eigenschaften gleichen. Wir werden hauptsächlich von Formen sprechen, die über den Gesichtsinn wahrgenommen werden, die einzelnen Repräsentanten einer solchen Form werden wir in folgenden Darstellungen der entsprechenden Form nennen.

Beispiele für sichtbare Formen sind die Menge aller Darstellungen eines Buchstabens oder einer Ziffer, die Menge der Darstellungen aller möglichen Gebäude usw. In Analogie zu den sichtbaren Formen kann man auch hörbare Formen betrachten (z.B. die Menge aller Wiedergaben eines Lautes, die Menge aller Walzer usw.). Man kann natürlich auch Formen beliebiger anderer Natur betrachten. Im folgenden beschränken wir uns als Beispiel auf die Betrachtung sichtbarer Formen, jedoch gelten alle unsere theoretischen Konstruktionen auch für beliebig andere Formen.

Für die folgenden Konstruktionen benötigen wir vor allem Definitionen für abstrakte Darstellungen und Formen. Wir setzen dabei voraus, daß die Darstellungen von einer bestimmten Menge sensibler Elemente, den Rezeptoren, wahrgenommen werden. In Analogie zu dem Fall der sichtbaren Formen, die vom Menschen mit dem Auge wahrgenommen werden, nennen wir diese Menge Netzhaut. Bei der abstrakten Darstellung von Formen brauchen wir die Frage nach der räumlichen Anordnung der Rezeptoren nicht zu präzisieren. Wenn wir jedoch konkrete sichtbare Formen betrachten, sind solche Präzisierungen nützlich. In diesem Fall werden wir gewöhnlich immer voraussetzen, daß die das Netz bildenden Rezeptoren auf einer Ebene in Punkten liegen, die ein reguläres Gitter bilden, d.h. im Gitter mit den Koordinaten $(a + i\,c,\ b + j\,c)$, wo $c \neq 0$ ist und i die Menge der Werte $0, 1, \ldots, m-1$ und j die Menge der Werte $0, 1, \ldots, n-1$ durchläuft. Ein solches Gitter werden wir im folgenden reguläre rechteckige $(n \cdot m)$-Netzhaut nennen.

Die Aufgabe der Netzhaut besteht darin, eine darauf projizierte Darstellung in eine bestimmte Menge von Signalen einer Standardgestalt überzuführen, die von den die Netzhaut bildenden Rezeptoren abgegeben werden. Im folgenden unterscheiden wir zwei Arten von Rezeptoren: sog. stetige (analoge) Rezeptoren, deren Ausgangssignale beliebige reelle Zahlen aus einem festen Abschnitt der Zahlengeraden sein können und sog. diskrete (binäre) Rezeptoren, die lediglich zwei verschiedene Ausgangssignale abgeben können. Ohne Beschränkung der Allgemeinheit kann man als Definitionsbereich für die Werte der Ausgangssignale analoger Rezeptoren das Intervall $[0, 1]$ und als mögliche Werte der Ausgangssignale binärer Rezeptoren die Enden dieses Intervalls, d.h. die Zahlen 0 und 1 festlegen.

Im Fall sichtbarer Formen werden wir immer voraussetzen, daß das Ausgangssignal eines analogen Rezeptors gleich der Helligkeit des auf den gegebenen Rezeptor projizierten Punktes der Darstellung ist, und zwar ausgedrückt in relativen Einheiten: Null entspricht absolut schwarzen und Eins absolut weißen Punkten (die 100% des auf sie fallenden Lichtes zurückwerfen) der Darstellung. Für die diskreten Rezeptoren wird eine bestimmte Helligkeitsschwelle festgelegt. Punkten, deren Helligkeit die Größe dieser Schwelle nicht überschreitet, entspricht dann das Ausgangssignal Null. Eingehender werden wir jedoch im Fall diskreter Rezeptoren nur duotonale Darstellungen betrachten, die entweder aus Punkten der Nullhelligkeit (Hintergrund) oder aus Punkten der Einshelligkeit (eigentliche Darstellung) bestehen.

Jede beliebige feste Gesamtheit von Ausgangssignalen der die Netzhaut bildenden Rezeptoren wollen wir abstrakte Darstellung nennen. Ist die Gesamtzahl der Rezeptoren in der Netzhaut gleich N, so kann wegen der oben getroffenen Festlegungen eine abstrakte Darstellung stets mit einem bestimmten Punkt im N-dimensionalen Einheitskubus identifiziert werden. Im Fall stetiger analoger Rezeptoren entsprechen den Darstellungen alle Punkte und im Fall binärer Rezeptoren nur die Eckpunkte dieses Kubus. Entsprechend dem Gesagten nennen wir den N-dimensionalen Einheitskubus (im Fall analoger Rezeptoren) oder die Menge seiner Eckpunkte (im Fall binärer Rezeptoren) den Darstellungsraum. Im ersten Fall ist dieser Raum kontinuierlich und im zweiten Fall diskret (er besteht dann aus genau $2^N$ verschiedenen Punkten).

Im Darstellungsraum führt man in natürlicher Weise eine „Metrik" ein und sagt: Der Abstand zwischen zwei Punkten dieses Raumes (d.h. zwischen zwei Darstellungen) ist die Quadratwurzel aus der Summe der Quadrate der Differenzen der entsprechenden Koordinaten dieser Punkte:

$$d = \sqrt{(x_1' - x_1)^2 + (x_2' - x_2)^2 + \ldots + (x_N' - x_N)^2}$$

R-Umgebung irgendeines Punktes M im Darstellungsraum nennen wir die Gesamtheit aller Punkte dieses Raumes, die vom Punkt M einen Abstand haben, der kleiner oder gleich R ist.

Es ist zu bemerken, daß die eingeführten Definitionen sowohl für den analogen als auch für den binären Darstellungsraum anwendbar sind. Im zweiten Fall ist der Abstand zwischen zwei beliebigen Punkten nichts anderes als die Quadratwurzel aus der Gesamtzahl n nicht zusammenfallender Koordinatenwerte. Es ist für uns jedoch zweckmäßiger, im Fall diskreter Räume als Abstand diese Zahl n selbst anzusehen. Auf diese Weise werden alle Abstände zu ganzen Zahlen. Nach Einführung des Abstands im Darstellungsraum können wir davon sprechen, daß Punkte einander nahe sind oder nicht. Bei der Bildung von Begriffen geht man intuitiv so vor, daß man Dinge mit hinreichend ähnlichen Formen unter demselben Begriff zusammenfaßt. Dieser Umstand muß bei der Einführung des Begriffs der abstrakten Form berücksichtigt werden.

Im Fall eines stetigen Darstellungsraumes kann als Form nur eine solche Punktmenge dieses Raumes dienen, die zusammen mit einem beliebigen Punkt M auch eine gewisse $\varepsilon$-Umgebung dieses Punktes M ganz enthält (wobei die Größe $\varepsilon$ von der Wahl des Punktes M abhängt). Mengen, die eine solche Eigenschaft besitzen, heißen offene Mengen. Wir wollen also im Fall analoger Rezeptoren als abstrakte Form eine beliebige offene Menge im Darstellungsraum bezeichnen.

Als Beispiel für eine offene Menge kann das Innere einer Hypersphäre dienen, welche die gleiche Dimension wie der betrachtete (analoge) Darstellungsraum hat. Es ist wichtig, noch einmal zu unterstreichen, daß der Grad der Veränderungen, die man an einer Darstellung anbringen kann, ohne ihre Zugehörigkeit zu einer gegebenen Form zu verändern, von der Wahl dieser Darstellung abhängt. Die zulässigen Veränderungen an Darstellungen, die nahe an der Berandung der Form liegen (im betrachteten Beispiel ist die Berandung die Oberfläche der Hypersphäre), sind relativ klein und für Darstellungen, die genügend weit von dieser Berandung entfernt sind, können sie relativ groß sein.

Im Fall des diskreten (binären) Darstellungsraumes sind offenbar alle Teilmengen offene Mengen und können infolgedessen als abstrakte Formen angesehen werden. Zur Einengung der Klasse der Formen im diskreten Raum kann man den Begriff des Grenzindex einer Menge benutzen. M sei eine beliebige Teilmenge des von uns eingeführten diskreten Darstellungsraumes R, m sei die Zahl der Elemente dieser Menge. Fällt die Menge M nicht mit dem ganzen Raum R zusammen, so gibt es unter ihren Elementen solche mit der Eigenschaft, im Abstand Eins Elemente zu haben, die der Menge M nicht angehören. Solche Elemente nennen wir Randelemente, und mit $m_1$ bezeichnen wir die Zahl aller Randelemente der Menge M. Das Verhältnis $m_1/m$ nennt man Grenzindex der betrachteten Menge M.

Man erkennt leicht folgende Eigenschaft: Je kleiner der Grenzindex einer Menge ist, um so mehr ähnelt sie in ihren Eigenschaften den offenen Mengen analoger Räume; denn dann ist der größte Teil der Punkte der Menge in 1-Umgebungen dieser Menge enthalten. Es liegt deshalb nahe, folgende Behauptung zu formulieren, die E. M. Brauermann [6] die Kompaktheitshypothese nannte: Formen in einem diskreten Darstellungsraum können nur solche Mengen sein, deren Grenzindex hinreichend klein ist.

Bei eingehender Untersuchung zeigt es sich, daß man die formulierte Behauptung noch durch einige zusätzliche wahrscheinlichkeitstheoretische Konstruktionen präzisieren muß. Im diskreten Darstellungsraum R werde eine bestimmte Teilmenge fixiert. Ferner sei für jedes Element $x_i$ des Raumes R eine Wahrscheinlichkeit $f(x_i)$ für das Auftreten dieses Elements (einer solchen Darstellung) in einer Serie von Experimenten vom Typ der unabhängigen Versuche gegeben. $f_S(x_i)$ sei die bedingte Wahrscheinlichkeit für das Auftreten des Elements $x_i$ unter der Bedingung, daß es zur Form S gehört. Wenn $x_i$ zur Form S gehört, so sei für jede beliebige natürliche Zahl k $Q_k(x_i)$ die Menge aller Punkte, die nicht zur Form S gehören und vom Element $x_i$ einen Abstand haben, der kleiner oder gleich k ist. Dann ist die Größe

$$g_S(k) = \sum_{x_i \in S} f_S(x_i) \sum_{x_j \in Q_k(x_i)} f(x_j)$$

die Wahrscheinlichkeit dafür, daß man beim laufenden Versuch einen Fehler begeht, wenn man mit einem Element $x_i$ der Form S auch alle die Elemente der Form S zuschreibt, die in einer k-Umgebung von $x_i$ liegen.

Wir nennen die Operation, die darin besteht, daß man mit einem Element x aus einer Form S auch alle diejenigen Elemente der Form S zuschreibt, die in einer k-Umgebung des gegebenen Elements liegen, die Operation der k-Extrapolation nach dem Element x. Die Größe $g_S(k)$ stellt die Wahrscheinlichkeit für das Auftreten eines Fehlers bei der k-Extrapolation nach einem zufällig ausgewählten Element der Form S dar. Die Präzisierung der Kompaktheitshypothese besteht darin, daß für jeden binären Darstellungsraum R eine solche Zahl N = N(R) existiert, daß für $N \geqq 1$ und für alle Werte $k \leqq N$ die Wahrscheinlichkeit $g_S(k)$ für das Auftreten eines Fehlers bei der k-Extrapolation eine sehr kleine konstante nichtnegative Größe $\varepsilon$ für eine beliebige Form S nicht übertrifft. Wir wollen diese Hypothese die Hypothese von der N-Extrapolierbarkeit der Formen mit einer Genauigkeit $\varepsilon$ nennen.

Die Operation der k-Extrapolation kann offenbar auch für die Formen in analogen Darstellungsräumen eingeführt werden. Wenn man die Summation durch die Integration ersetzt, kann man in Analogie zu dem Ausdruck für $g_S(k)$ einen Ausdruck für die Wahrscheinlichkeit dafür erhalten, daß auf Grund der Extrapolation Fehler auftreten. Genau wie im Fall der diskreten Räume kann man auch in analogen Darstellungsräumen die Hypothese der N-Extrapolierbarkeit von Formen einführen.

Das Problem der Formerkennung führt zu der Notwendigkeit, die Kennzeichen, die für die betreffende Form charakteristisch sind, genauer zu beschreiben, jedoch kann man bei weitem nicht in allen Fällen dieser Art eine solche Beschreibung geben, ohne beträchtliche Schwierigkeiten überwinden zu müssen. Deshalb konstruiert man in der Praxis meist Algorithmen, die das sog. Lernen einer Formerkennung verwirklichen. Dabei wird eine näherungsweise Beschreibung (oder wie man gewöhnlich sagt, eine Approximation) der Form gegeben, nachdem eine bestimmte Menge (im allgemeinen nicht aller) der Darstellungen dieser Form exponiert wurde.

Ausgehend von der Hypothese der N-Extrapolierbarkeit von Formen kann man einen sog. allgemeinen Approximationsalgorithmus angeben, der das Lernen der Formerkennung ermöglicht. Wie jeder Algorithmus vom selbstvervollkommnenden Typ besitzt der allgemeine Approximationsalgorithmus A zwei Arbeitsperioden – eine Lernperiode und eine Prüfperiode.

In der Lernperiode werden auf den Eingang des Algorithmus A verschiedene Repräsentanten der Formen $R_1, R_2, \ldots, R_n$ gegeben, die von dem Algorithmus erkannt werden sollen. Dabei werden die betreffenden Repräsentanten (Darstellungen) zufällig ausgewählt und mit dem Hinweis versehen, auf welche der Formen $R_1, R_2, \ldots, R_n$ sich die gewählten Darstellungen beziehen. Alle in der Lernperiode vorgewiesenen Darstellungen werden registriert und in der Prüfphase zur Ermittlung der Zugehörigkeit der dann vorgewiesenen (und auch zufällig ausgewählten) Darstellungen zu einer der Formen $R_1, R_2, \ldots, R_n$ verwendet.

Zu diesem Zweck werden im Raum der Darstellungen die Abstände von der vorgewiesenen Darstellung r zu allen in der Lernperiode ausgewählten Repräsentanten der Form $R_1$, dann zu allen Repräsentanten der Form $R_2$ usw. bestimmt, bis man einen Repräsentanten einer bestimmten Form $R_i$ ($i = 1, 2, \ldots, n$) gefunden hat, dessen Abstand von r kleiner oder gleich dem Extrapolierbarkeitskoeffizienten N ist. Dann wird die Darstellung r der Form $R_i$ zugeordnet. Erweisen sich alle Abstände größer als N, so bleibt die Darstellung r unerkannt, d.h., sie wird auf keine der Formen $R_1, R_2, \ldots, R_n$ bezogen.

Es ist leicht einzusehen, daß, wenn alle Formen $R_1, R_2, \ldots, R_n$ mit der Genauigkeit $\varepsilon$ extrapolierbar und mit Hilfe von N-Umgebungen (Räumen vom Radius N) überdeckbar sind, deren Anzahl wesentlich kleiner ist als $1/\varepsilon$, der beschriebene Algorithmus auch eine gute Approximation der gewählten Formen gibt (mit kleiner Fehlerwahrscheinlichkeit bei der Prüfung).

Praktisch berühren sich gewöhnlich verschiedene Formen im Darstellungsraum nicht unmittelbar. Wählt man für N den minimalen Abstand zwischen zwei Formen, so bedeutet im binären Raum das Fehlen einer Berührung der Formen, daß $N \geqq 2$ ist. Nimmt man weiter an, daß die Wahrscheinlichkeit für das Auftreten einer Darstellung, die keiner der gewählten Formen $R_1$, $R_2$, ..., $R_n$ angehört, gleich Null ist, so sind offenbar alle diese Formen mit einer Genauigkeit von $\varepsilon = 0$ $(N - 1)$-extrapolierbar. Unter diesen Voraussetzungen wird der allgemeine Approximationsalgorithmus mit Hilfe von $(N - 1)$-Umgebungen offenbar im Ergebnis einer hinreichend langen Lernperiode zu einer beliebig guten Approximation (mit einer beliebig kleinen Fehlerwahrscheinlichkeit) führen.

Der beschriebene allgemeine Approximationsalgorithmus läßt eine Reihe weiterer Vervollkommnungen nach verschiedenen Richtungen zu. Man kann erstens außer der oben beschriebenen Prüfphase noch eine weitere Arbeitsphase einführen. In diesem Fall wird die in der Prüfphase auftretende Darstellung auf diejenige der Formen $R_1$, $R_2$, ..., $R_n$ bezogen, von der ein Repräsentant vorhanden ist (der in der Lernperiode gemerkt wurde), der von allen registrierten Darstellungen der angebotenen Darstellung r am nächsten liegt. Gibt es dabei mehrere solcher Formen, so wird festgelegt, daß derjenigen Form mit dem kleinsten Index der Vorzug gegeben wird.

Die zweite Vervollkommnung besteht in der Ökonomie des Gedächtnisses: Läßt sich die N-Umgebung einer Darstellung S, die in der Lernperiode angeboten wird, vollständig durch N-Umgebungen anderer Darstellungen überdecken, die ebenfalls in der Lernperiode gezeigt werden, so kann offenbar die Darstellung S ohne Schaden aus dem Gedächtnis weggelassen werden und braucht bei der Prüfung nicht berücksichtigt zu werden. Es ist zweckmäßig, in der Praxis diese Vervollkommnung in etwas anderer Form anzuwenden. Bei dieser Modifikation wird von vornherein die Maximalzahl der Repräsentanten jeder Form, die in der Lernperiode zum Registrieren geeignet sind, beschränkt. Für jeden zu registrierenden Repräsentanten wird dessen relative Nützlichkeit berechnet. Als Kriterium für die relative Nützlichkeit irgendeiner Darstellung r kann man z. B. das Verhältnis der Zahl von Fällen nehmen, bei denen diese Darstellung zum richtigen Erkennen der nachfolgenden Darstellungen benutzt wurde zu der Zahl aller der Darstellungen, die nach Speicherung der Darstellung r angeboten wurden. Neu registriert werden jeweils nur die Darstellungen, die mit Hilfe der im Speicher befindlichen Darstellungen nicht identifiziert werden konnten. Zeigt sich außerdem, daß das Gedächtnis, das zur Aufbewahrung von Repräsentanten irgendeiner Form gedacht ist, vollständig ausgeschöpft ist, so verdrängt der neu zu registrierende Repräsentant die Formdarstellung aus dem Gedächtnis, die die kleinste relative Nützlichkeit besitzt.

Die dritte Verbesserung besteht darin, daß neben der „natürlichen" Netzhaut (auf welche die zu erkennenden Darstellungen unmittelbar projiziert werden), eine neue Netzhaut verwendet wird, deren Ausgangssignale in passender Weise gewählte Funktionen der Ausgangssignale der ersten Netzhaut sind. Der Darstellungsraum, in dem die Formen gegeben sind, wird dann aufgebaut aus den Ausgangssignalen der zweiten Netzhaut (übrigens ist es besser, diesen Raum nicht Darstellungsraum, sondern Merkmalraum zu nennen). Mit Hilfe einer geschickt ausgewählten Transformation des Ausgangsraumes kann man die Aufgabe des Lernens der Formerkennung bedeutend vereinfachen. Gebräuchlich sind insbesondere solche Transformationen, die gegen Parallelverschiebung oder Veränderung des Maßstabs der Darstellungen (Ähnlichkeitstranformationen) invariant sind.

Wir weisen schließlich auch noch auf eine Modifikation des allgemeinen Approximationsalgorithmus A hin.

Der Arbeitsabschnitt, bei dem dieser Algorithmus in der Periode seiner Selbstvervollkommnung einige Darstellungen zusammen mit dem Hinweis darauf bekommt, welcher Form sie angehören, trägt die Bezeichnung Lernphase. Es ist in einer Reihe von Fällen zweckmäßig, neben dieser Phase noch eine sog. Phase des Selbstlernens zu betrachten.

In der Phase des Selbstlernens, die zur Herausbildung von n verschiedenen Formen gedacht ist, werden n zufällig ausgewählte Darstellungen $r_1$, $r_2, \ldots, r_n$ angeboten, von denen zunächst jede als Repräsentant einer bestimmten Form angesehen wird. Eine danach neu gezeigte Darstellung $s_1$ wird der Form zugeordnet, deren Repräsentant der Darstellung $s_1$ am engsten benachbart ist, womit sich die Zahl der Repräsentanten dieser Form erhöht. Beim folgenden Schritt wird die neue dargebotene Darstellung $s_2$ mit der erhöhten Zahl von Repräsentanten verglichen und dann wieder der Form zugeschrieben, von der (irgendein) Repräsentant zu $s_2$ näher liegt, als die Repräsentanten aller anderen Formen. Die weitere Anhäufung der Repräsentanten kann entweder nach diesem Schema weitergehen oder auch nach dem oben beschriebenen Aussonderungsschema (bei begrenztem Gedächtnis). Die Erkennung der Darstellungen in der Prüfphase kann mit Hilfe der oben beschriebenen zwei Verfahren geschehen: entweder mit dem Verfahren der N-Extrapolierung der Formen oder mit dem Verfahren, das auf der Bestimmung des kürzesten Abstands beruhte.

Der beschriebene Algorithmus kann sowohl im Fall diskreter, als auch im Fall analoger Darstellungsräume angewandt werden. Die dabei benutzte Approximationsmethode ist natürlich nicht die einzig mögliche. So kann man anstelle der Approximation mit sphärischen Umgebungen auch die Approximation mit Umgebungen jeder anderen Form verwenden. Gute Resultate wurden erzielt bei der Approximation der Formen durch von Hyperebenen berandete Gebiete (s. z.B. E. M. Brauermann [6]). Möglich sind auch verschiedene Modifikationen der oben beschriebenen Metrik im Darstellungsraum, was offenbar zu einer Änderung des Begriffs der räumlichen Umgebungen führt: Es kann sein, daß Umgebungen, die in der einen Metrik sphärisch sind, es in einer anderen Metrik nicht sind und umgekehrt.

Wir beschreiben nun noch einige speziellere Algorithmen zum Lernen der Formerkennung, die erfolgreich von verschiedenen Autoren angewandt wurden. Einer der einfachsten, wenn auch nicht sehr effektiven Algorithmen dieser Art ist das sog. Perceptron von Rosenblatt [28]. Wie jedes Gerät zur Formerkennung, enthält auch das Perceptron eine bestimmte Menge von Rezeptoren, also eine Netzhaut. Im folgenden werden wir, ohne es jedes Mal zu sagen, nur reguläre Rechteckgitter als Netzhaut betrachten. Je nach dem Charakter der Rezeptoren teilt man die Perceptronen in analoge (mit analogen Rezeptoren) und diskrete Perceptronen (mit diskreten binären Rezeptoren) ein.

Außer Rezeptoren gehören zum Bestand jedes Perceptrons noch zwei Arten weiterer Elemente, sog. A-Elemente und R-Elemente.

Die A-Elemente sind vereinfachte Neuronenmodelle. Im Zusammenhang damit werden wir sie im folgenden einfach Neuronen nennen. Je nach dem Charakter der in dem Perceptron verwendeten Rezeptoren unterscheidet man analoge und diskrete Neuronen. Sowohl die einen wie die anderen Neuronen haben zwei Arten von Eingängen, sog. erregende und hemmende Eingänge. Jedes Neuron besitzt endlich viele Eingänge und einen einzigen Ausgang; außerdem wird ihm eine bestimmte reelle Zahl zugeordnet, die man das Gewicht des betreffenden Neurons nennt. Als Wertebereich der Gewichte der Neuronen wählt man die Menge aller reellen Zahlen, unabhängig davon, um welche Neuronen – analoge oder diskrete – es sich handelt.

Neben seinem Gewicht, der Zahl der erregenden und der Zahl der hemmenden Eingänge ist ein Neuron noch durch sein Funktionsgesetz bestimmt, welche das Ausgangssignal des Neurons als Funktion seiner Eingangssignale und des Gewichts bestimmt. Man muß beachten, daß die Eingänge aller Neuronen im Perceptron mit Rezeptoren verbunden sind, so daß die von den Rezeptoren ausgegebenen Signale die Eingangssignale für die Neuronen sind.

Die analogen Neuronen, die ursprünglich von Rosenblatt [28] betrachtet wurden, hatten ein Funktionsgesetz der Form $z = v(\Sigma x - \Sigma y)$. Dabei war z das Ausgangssignal, v das Gewicht des Neurons, $\Sigma x$ die Summe der Signale, die im Neuron an die erregenden Eingänge und $\Sigma y$ die Summe der Signale, die an die hemmenden Eingänge gelangen (x, y, v und z sind dabei beliebige relle Zahlen).

Das Funktionsgesetz diskreter Neuronen wird gewöhnlich durch Angabe einer bestimmten ganzen Zahl p gegeben, die man Abarbeitungsschwellwert des Neurons oder einfach Schwellwert nennt. Ist die algebraische Summe $\Sigma x - \Sigma y$ der erregenden und der hemmenden Eingangssignale kleiner als der Schwellwert, so wird das Neuron als nichterregt angesehen und gibt dann das Ausgangssignal 0 ab. Erreicht die Summe $\Sigma x - \Sigma y$ den Schwellwert oder überschreitet sie ihn, so wird das Neuron erregt und gibt ein Ausgangssignal ab, das gleich seinem Gewicht v ist (unabhängig davon, um welchen Wert diese Summe der Eingangssignale unter Beachtung des Vorzeichens den Schwellwert übertrifft).

Diskrete Neuronen mit dem beschriebenen Funktionsgesetz charakterisiert man am besten durch ein Tripel ganzer Zahlen (k, l, p). Dabei ist die erste die Zahl der erregenden, die zweite die Zahl der hemmenden Eingänge und die dritte der Schwellwert. Das Gewicht des Neurons wird bei den folgenden Betrachtungen stets eine variable Größe sein und deshalb in die Charakteristik des Neurons nicht aufgenommen. Diskrete Neuronen dieser Art, die das gleiche charakteristische Zahlentripel (k, l, p) besitzen, wollen wir zum selben Typ rechnen, gleichgültig, welchen möglichen Unterschied ihre Gewichte besitzen.

Im folgenden setzen wir voraus, daß alle Neuronen eines beliebigen Perceptrons dem gleichen Typ angehören. In einem Perceptron, das zur Unterscheidung von k verschiedenen Formen bestimmt ist, zerfällt die Menge aller Neuronen in k paarweise durchschnittsfremde Gruppen (Teilmengen), die den zu unterscheidenden Formen umkehrbar eindeutig zugeordnet sind. Die Neuronen, die zu der Gruppe gehören, die der i-ten Form zugeordnet ist, wollen wir der Kürze halber Neuronen der i-ten Form ($i = 1, 2, \ldots, k$) nennen.

Die Eingänge jedes Neurons im Perceptron werden mit den Rezeptoren der Netzhaut verbunden. Dabei wird angenommen, daß verschiedene Eingänge bei diesem oder jenem Neuron mit verschiedenen Rezeptoren verknüpft sind. Die Ausgänge der Neuronen werden an spezielle Summatoren geführt, die R-Elemente heißen. Dabei führen die Ausgänge der Neuronen, die zur gleichen Form gehören, zu ein und demselben Summator, den man Summator dieser Form nennt.

Das Ausgangssignal des Summators einer beliebig gegebenen Form ist gleich der Summe der Gewichte der erregten Neuronen dieser Form. Ist kein einziges der Neuronen der betrachteten Form erregt, so ist das Ausgangssignal des entsprechenden Summators gleich Null. Das endgültige Ausgangssignal des gesamten Perceptors ist diejenige Form, deren Summator das größte Ausgangssignal besitzt. Wenn dieser Maximalwert des Ausgangssignals gleichzeitig von den Summatoren mehrerer Formen erreicht wird, bleibt das Ausgangssignal des Perceptrons unbestimmt.

Sehen wir als Eingangssignal des gesamten Perceptrons die auf die Netzhaut projizierte Darstellung an, erhalten wir als Reaktion des Perceptrons auf dieses Signal diejenige Form, dem das Perceptron die gegebene Darstellung zuordnet. Es folgt natürlich nicht unmittelbar, daß das betrachtete Perceptron eine richtige Klassifikation der Darstellungen entsprechend der von vornherein gegebenen Zerlegung der Menge von Darstellungen in verschiedene Formen vornimmt. Diese ursprüngliche Zerlegung ist vom Menschen vorgegeben. Wir wollen diese die Ausgangs- (oder apriori-)Klassifikation der Darstellungen nennen im Unterschied zu der tatsächlichen Klassifikation, die von dem gewählten Perceptron verwirklicht wird.

Man muß daher noch einen bestimmten Prozeß zur Änderung der Charakteristiken des Perceptrons angeben, der in dem Maß, wie dem Perceptron verschiedene Darstellungen gezeigt werden, die von ihm faktisch durchgeführte Klassifikation an die Ausgangsklassifikation annähert. Dieser Prozeß wird durch Angabe eines sog. Förderungsgesetzes bestimmt.

Für diskrete Perceptronen hat man als Grundförderungsgesetz ein etwas verallgemeinertes Förderungsgesetz gegenüber dem in sog. $\alpha$-Systemen, die von Joseph [18] betrachtet wurden. Dieses Gesetz, wir werden es (verallgemeinertes) $\alpha$-Gesetz nennen, ist vollständig durch Vorgabe zweier nichtnegativer Konstanten a und b charakterisiert, die nicht beide gleichzeitig Null sein sollen. Der Sinn dieses Förderungsgesetzes besteht darin, daß immer dann, wenn dem Perceptron eine Darstellung gezeigt wurde, die Gewichte gewisser Neuronen um den Betrag a und die Gewichte der anderen um den Betrag b vergrößert werden. (Das Förderungsgesetz in $\alpha$-Systemen von Joseph erhält man aus dem verallgemeinerten $\alpha$-Gesetz dann, wenn $a = 1$ und $b = 0$ ist.)

Man unterscheidet zwei Funktionsphasen des Perceptrons mit dem verallgemeinerten $\alpha$-Förderungsgesetz. Die erste Phase, die sog. Lernphase, besteht in der Förderung (der Erhöhung des Gewichts um die Größe a) aller erregten Neuronen derjenigen Form, zu der die bei dem gegebenen Schritt vorgewiesene Darstellung gehört, und in der Bestrafung (Verminderung des Gewichts um die Größe b) aller erregten Neuronen der übrigen Formen. Es ist klar, daß die Angabe der richtigen Form, zu der die gegebene Darstellung gehört, vom Menschen, dem Lehrer, durchgeführt werden muß, da nur ihm die Ausgangs-apriori-Klassifikation der Darstellungen bekannt ist.

Die zweite Phase, die sog. Selbstlernphase, unterscheidet sich von der Lernphase nur darin, daß die Bestimmung der Form, zu der die betrachtete Darstellung gehört, vom Perceptron selbst durchgeführt wird. Als diese Form wird diejenige gewählt, die tatsächlich vom Perceptron als Antwort auf die vorgewiesene Darstellung abgegeben wird. Es gibt natürlich dabei keinerlei Garantie, daß die vom Perceptron abgegebene Antwort wirklich richtig ist (im Sinne der Ausgangsklassifikation der Darstellungen). Jedoch kann bei Beachtung einiger Bedingungen das Perceptron im Fall einer unbegrenzten Erhöhung der Zahl der Schritte im Prozeß des Selbstlernens manchmal die Ausgangsklassifikation der Darstellungen wieder herstellen.

Es ist in einer Reihe von Fällen zweckmäßig, außer dem (verallgemeinerten) $\alpha$-Gesetz noch zwei Gesetze zu betrachten, die wir entsprechend (verallgemeinertes) $\beta$-Gesetz und (verallgemeinertes) $\gamma$-Gesetz nennen wollen. In beiden Gesetzen wird das Förderungsprinzip, das auf Belohnung und Strafe beruht und im (verallgemeinerten) $\alpha$-Gesetz angewandt wurde, beibehalten. In Ergänzung dazu kommt es bei dem $\beta$-Gesetz auf jedem Schritt (sowohl in der Periode des Lernens, wie auch in der Periode des Selbstlernens) zu einer Verminderung des Gewichts aller Neuronen (sowohl der erregten als auch der nichterregten) um Größen, die ihren Gewichten mit einem für alle Neuronen gemeinsamen Proportionalitätskoeffizienten proportional sind. Im $\gamma$-Gesetz wird eine (zu den Operationen des $\alpha$-Gesetzes) zusätzliche Änderung der Gewichte aller Neuronen (sowohl der erregten als auch der nichterregten) um eine Größe durchgeführt, die bei jedem Schritt so gehalten wird, daß die Summe der Gewichte aller Neuronen immer gleich Null ist.

Im Fall analoger Neuronen besteht das verallgemeinerte $\alpha$-Gesetz der Förderung darin, daß ein beliebiges Neuron der (apriori oder vom Standpunkt der Perceptrons) richtigen Form sein Gewicht um das Produkt q aus der Konstante a und dem summarischen Eingangssignal des Neurons, also um $q = a\ (\Sigma x - \Sigma y)$ vergrößert. Analog wird das Gewicht der Neuronen aller übrigen Formen um die Größe $b\ (\Sigma x - \Sigma y)$ (die gleich ist für alle solchen Neuronen) vermindert. Die Ergänzungen entsprechend dem $\beta$ - bzw. $\gamma$ -Gesetz bleiben die gleichen, wie im diskreten Fall.

Es ist häufig zweckmäßig, beim Aufbau einer Theorie des Lernens und Selbstlernens von Perceptronen nicht nur einzelne Perceptronen, sondern bestimmte Klassen von Perceptronen zu betrachten. Perceptronenklasse werden wir eine Menge von solchen Perceptronen nennen, die sich voneinander nur durch die Art und Weise der Verbindung der Neuronen mit den Rezeptoren und die Anfangsgewichte der Neuronen unterscheiden. Alle übrigen Charakteristiken der in dieselbe Klasse eingehenden Perceptronen werden als gleich vorausgesetzt. Zu diesen Charakteristiken gehört die Art der Rezeptoren und der Neuronen, die Gesamtzahl der Rezeptoren und die Struktur der Netzhaut, die Menge der Darstellungen und die Menge der Formen, die Ausgangsklassifikation der Darstellungen (ihre Verteilung auf die Formen), die Zahl der Neuronen jeder Form und schließlich das Förderungsgesetz.

Die Art und Weise der Verbindung der Neuronen mit den Rezeptoren und die Anfangsgewichte der Neuronen werden als zufällig angenommen und sind (im Bereich der gewählten Klasse) durch bestimmte Verteilungsgesetze charakterisiert. Mit anderen Worten: Die Perceptronenklasse wird nicht als eine abstrakte Menge von Perceptronen, sondern als eine Menge mit einem darauf definierten Wahrscheinlichkeitsfeld angesehen. Dieses Wahrscheinlichkeitsfeld legt die Wahrscheinlichkeit für die Wahl eines konkreten Repräsentanten der betrachteten Klasse fest. Man kann somit sagen, daß die Vorgabe einer Klasse ein bestimmtes zufälliges Perceptron bestimmt.

Die Anfangsgewichte der Neuronen werden gewöhnlich als unabhängige Zufallsgröße angesehen, die dasselbe Verteilungsgesetz besitzen. Ebenso wird angenommen, daß die Art und Weise der Verbindung jedes Neurons mit der Netzhaut nicht von den Verbindungen der übrigen Neuronen abhängig ist. Jeder möglichen Verbindung eines einzelnen Neurons mit der Netzhaut wird die Wahrscheinlichkeit dieser Verbindung zugeordnet, unabhängig von der Wahl des betrachteten Neurons. Dabei wird die Verbindung aller Neuronen des Perceptrons (aus der betrachteten Klasse von Perceptronen) mit der Netzhaut als eine Serie unabhängiger Versuche behandelt, die durch die angegebenen Wahrscheinlichkeiten bestimmt sind.

Setzen wir die Wahrscheinlichkeitscharakteristik für die Verbindung der Neuronen mit der Netzhaut mit der Wahrscheinlichkeitsverteilung der Anfangsgewichte der Neuronen zusammen, kommen wir zu dem gesuchten Verteilungsgesetz in der Klasse der Perceptronen. Eins der am häufigsten anzutreffenden Verteilungsgesetze erhält man, wenn alle Anfangsgewichte determiniert und gleich einer Zahl (in der Regel die Zahl Null) sind und die Verbindung aller Eingänge eines beliebigen gegebenen Neurons unabhängig voneinander nach einem Verteilungsgesetz durchgeführt wird (in der Regel nach der Gleichverteilung), das unmittelbar auf der Netzhaut gegeben ist.

Beim Aufbau einer Lerntheorie der Perceptronen muß man sog. Lernfolgen und Klassen von Lernfolgen betrachten. Eine Lernfolge ist einfach eine endliche Folge von Darstellungen, die eine nach der anderen dem Perceptron während des Lernprozesses oder des Selbstlernprozesses gezeigt werden. Die Gesamtzahl der vorgewiesenen Darstellungen (Wiederholungen eingeschlossen) heißt die Länge der Lernfolge. Klasse von Lernfolgen nennt man die Menge der Folgen derselben Länge, in der ein Wahrscheinlichkeitsgesetz vorgegeben ist, das die Wahrscheinlichkeit für die Wahl jeder beliebigen Folge aus der betrachteten Klasse bestimmt.

Am häufigsten erhält man ein solches Verteilungsgesetz, indem man jeder Darstellung aus der betrachteten Menge von Darstellungen eine bestimmte Auftrittswahrscheinlichkeit bei jedem Lernschritt vorschreibt. Gewöhnlich wird dabei der Fall betrachtet, daß diese Wahrscheinlichkeiten bei jedem Schritt dieselben bleiben, d.h., daß die Lernfolge einfach eine Serie unabhängiger Experimente für die Auswahl der Darstellungen mit festen den Darstellungen zugeordneten Wahrscheinlichkeiten ist. Im folgenden wollen wir uns gerade auf diesen Fall beschränken.

Die Effektivität des Lernens in der gegebenen Klasse A von Perceptronen mit Hilfe einer gegebenen Klasse B von Lernfolgen ist bestimmt als Wahrscheinlichkeit für die richtige Erkennung einer aktuellen Darstellung p, die auf ein zufällig aus der Klasse A ausgewähltes Perceptron gegeben wird, nachdem vorher auf dieses Perceptron eine Lernfolge eingewirkt hat, die aus der Klasse B zufällig ausgewählt worden war. Man unterscheidet zwei Arten von Effektivitäten. Die sog. vollständige Lerneffektivität erhält man, wenn die Darstellung p zufällig ausgewählt wird (mit fest vorher gegebenen Auftrittswahrscheinlichkeiten der verschiedenen Darstellungen, die bereits verwendet werden bei der Herstellung des Verteilungsgesetzes in der Klasse der Lernfolgen). Die Lerneffektivität für eine Einzeldarstellung q erhält man, wenn dem Perceptron die Aufgabe gestellt wird, gerade die Darstellung q zu erkennen. Sind die Fehlerwahrscheinlichkeiten bei der Erkennung für alle Darstellungen gleich, so fällt offenbar die vollständige Lerneffektivität mit der einzelnen Lerneffektivität bei beliebiger Darstellung q zusammen.

Im folgenden Abschnitt führen wir eine theoretische Untersuchung der Lerneffektivität für diskrete Perceptronen mit einem $\alpha$-Gesetz der Förderung durch. Hier bemerken wir nur, daß, wie die Experimente zeigen, die Lerneffektivität für alle Typen der oben beschriebenen Perceptronen verhältnismäßig klein ist. Deshalb werden in die Lernalgorithmen zur Formerkennung, die wirklich in der Praxis angewandt werden, gewöhnlich noch eine Reihe zusätzlicher Verbesserungen eingeführt. So erreicht man zum Beispiel in dem Schema Adapt von Roberts [26], das im ganzen dem Schema des Perceptrons mit einem $\alpha$-Gesetz der Förderung sehr ähnlich ist, eine bedeutende Erhöhung der Effektivität dadurch, daß die Darstellung vorher normalisiert wird (d.h. durch automatische Verschiebung der Darstellung in das Zentrum der Netzhaut und durch ihre Überführung auf Standarddimensionen). Es werden auch Methoden der vorhergehenden Ausarbeitung von Merkmalen, Schemata für mehrstufige Perceptronen usw. angewendet.

Die Unzulänglichkeiten des Perceptrons und mögliche Wege ihrer Beseitigung werden vollkommen klar, nachdem man sich mit den folgenden beiden Abschnitten bekannt gemacht hat. Hier werden einige Fragen behandelt, die mit dem Verhalten von Perceptronen in der Lernperiode und in der Periode des Selbstlernens zusammenhängen.

## 2.6. Die Lerntheorie diskreter $\alpha$-Perceptronen

In diesem Abschnitt wollen wir die Hauptzüge der Lerntheorie der Perceptronen darlegen. Wir beschränken uns dabei auf die Betrachtung diskreter Perceptronen mit einem verallgemeinerten $\alpha$-Förderungsgesetz, die in der Lernphase (und nicht in der Phase des Selbstlernens) arbeiten. Dieser Umstand wird im folgenden nicht mehr besonders betont werden. Man erhält in diesem Fall eine sehr einfache und durchsichtige Lerntheorie, weil man nicht die Funktionsweise jedes einzelnen Neurons zu verfolgen braucht, sondern sich auf die Betrachtung bestimmter integraler Charakteristiken beschränken kann.

In der hier dargelegten Variante der Theorie dient als eine derartige integrale Charakteristik der sog. charakteristische Tensor des Perceptrons. Wir müssen dabei betonen, daß die Verwendung der Bezeichnung „Tensor" in diesem Fall nicht mit irgendwelchen Gesetzmäßigkeiten bei der Transformation seiner Komponenten durch Änderung des Koordinatensystems zusammenhängt, sondern hier nur zur Benennung einer bestimmten ganzzahligen Tabelle mit drei Eingängen dient. Zur Beschreibung dieser Tabelle führen wir eine bestimmte Numerierung in der Menge aller Darstellungen, die dem betrachteten Perceptron vorgelegt werden, ein, und zwar mit Hilfe der Zahlen von 1 bis m. Weiter wird eine Numerierung aller Formen durch die Zahlen 1 bis q eingeführt. Durch die Formen werden alle Darstellungen in entsprechende disjunkte Mengen eingeordnet, die eindeutig den Formen entsprechen. Dann ist der charakteristische Tensor des Perceptrons die Gesamtheit der Komponenten $T_{ij}^{k}$. Dabei durchlaufen die Indizes i und j die Werte 1 bis m, und der Index k die Werte von 1 bis q. $T_{ij}^{k}$ bezeichnet dann die Zahl der Neuronen der k-ten Form, die sowohl von der i-ten als auch von der j-ten Darstellung erregt werden.

Der charakteristische Tensor der Perceptronenklasse ist im wesentlichen genauso bestimmt. Ein Unterschied besteht lediglich darin, daß seine Komponenten $T_{ij}^{k}$ in diesem Fall nicht determiniert sind, sondern Zufallsgrößen darstellen, deren Verteilungsgesetze in leicht übersehbarer Weise durch das Verteilungsgesetz bestimmt werden, das die Art und Weise der Verbindung der Neuronen mit der Netzhaut festlegt.

Aus den angeführten Festsetzungen geht unmittelbar die Richtigkeit der Beziehung

$$T_{ij}^{k} = T_{ji}^{k} \qquad (i, j = 1, 2, \ldots, m; \; k = 1, 2, \ldots, q) \tag{33}$$

hervor.

Es ist auch klar, daß ein beliebiges „Diagonal"-Element des Tensors, zum Beispiel $T_{ii}^{k}$, nichts anderes ist als die Anzahl der Neuronen der betrachteten Form (im gegebenen Fall der k-ten), die unter der Einwirkung der i-ten Darstellung erregt werden. Hieraus folgt unmittelbar die Gültigkeit der Ungleichung

$$T_{ii}^{k} \geqq T_{ij}^{k} \qquad (i, j = 1, 2, \ldots, m; \; k = 1, 2, \ldots, q) \tag{34}$$

Ein Perceptron oder eine Klasse von Perceptronen nennen wir symmetrisch, wenn die Komponenten des charakteristischen Tensors nicht vom oberen Index abhängen, d.h., wenn die Beziehung

$$T_{ij}^{k_1} = T_{ij}^{k_2} \qquad (k_1, k_2 = 1, 2, \ldots, q; \; i, j = 1, 2, \ldots, m) \tag{35}$$

gilt.

In diesem Fall ist der obere Index überflüssig, so daß man symmetrische Perceptronen und symmetrische Klassen von Perceptronen natürlicherweise anstelle einer Tabelle mit drei Eingängen ($T_{ij}^{k}$) einfach durch eine Tabelle mit zwei Eingängen ($T_{ij}$) charakterisieren kann. Dabei ist $T_{ij} = T_{ij}^{1} = T_{ij}^{2} = \ldots T_{ij}^{q}$.

Diese Tabelle wollen wir dann die charakteristische Matrix des Perceptrons (oder der Klasse von Perceptronen) nennen.

Noch eine weitere Bezeichnung wollen wir einführen. Bei einer beliebigen (endlichen) Folge von Darstellungen l bezeichnen wir mit $U_i^k$ (l) das Ausgangssignal des Summators der k-ten Form, das in dem betrachteten Perceptron durch die i-te Darstellung hervorgerufen wird, wenn diese Darstellung dem Perceptron nach dem Lernen mit der Lernfolge l gezeigt wird. Mit $U_i^k$ bezeichnen wir das entsprechende Signal vor Beginn des Lernprozesses, d.h. mit anderen Worten das Signal $U_i^k$ (l) für den Fall, daß die Lernfolge l leer ist (die Länge Null besitzt).

Die Größen $U_i^k$(l) sind offenbar determiniert, wenn man ein bestimmtes Perceptron auswählt und sind Zufallsgrößen, wenn man eine Perceptronenklasse betrachtet. Manchmal ist es zweckmäßig, auch die Folge l als eine zufällige Folge zu betrachten, die in der Klasse der Lernfolgen variiert.

Eine Besonderheit des $\alpha$-Gesetzes des Lernens der Perceptronen ist die Kommutativitätseigenschaft des Lernprozesses, die durch die folgende Behauptung wiedergegeben wird.

Satz 1. In einem Perceptron (oder einer Klasse von Perceptronen) mit einem (verallgemeinerten) $\alpha$-Förderungsgesetz ändert sich das Ausgangssignal $U_i^k$ (l) des Summators der k-ten Form unter der Einwirkung der i-ten Darstellung nach dem Lernen mit der beliebigen Folge l nicht, wenn in der Folge l eine beliebige Vertauschung der diese Folge bildenden Darstellungen durchgeführt wird. Dies gilt für eine beliebige Darstellung i und eine beliebige Form k.

Denn die Eingangssignale der Neuronen der k-ten Form, die von der i-ten Darstellung induziert werden können, ändern sich im Lernprozeß offenbar nicht, so daß sie nach Vorweisen der Lernfolge l wie auch jeder anderen Folge l′ immer dieselben bleiben. Eine Änderung des Ausgangssignals des Summators im Lernprozeß ist somit ausschließlich durch eine Änderung der Gewichte der Neuronen bedingt. Wegen der Definition des verallgemeinerten $\alpha$-Förderungsgesetzes hängen die Änderungen der Gewichte der Neuronen beim Vorweisen einer beliebigen Darstellung im Lernprozeß (im allgemeinen gilt dies nicht für den Prozeß des Selbstlernens) nicht von der Stelle ab, die die gegebene Darstellung in der Lernfolge einnimmt. Da der summarische Zuwachs des Gewichtes eines beliebigen Neurons im Lernprozeß gleich der Summe der Zuwüchse bei jedem einzelnen Schritt dieses Prozesses ist, ist damit die Richtigkeit des Satzes 1 vollständig bewiesen.

Unter Ausnutzung des Satzes 1 können wir eine beliebige Lernfolge l durch einen ganzzahligen Vektor $v = (v_1, v_2, \ldots, v_m)$ charakterisieren, dessen i-te Komponente (für beliebiges $i = 1, 2, \ldots, m$) gleich der Vielfachheit ist, mit der die i-te Darstellung in die Folge l eingeht. Wir wollen diesen Vektor den charakteristischen Vektor der Folge l nennen. Auch eine Klasse von Lernfolgen kann man mit Hilfe eines charakteristischen Vektors vorgeben. Jedoch sind die Komponenten dieses Vektors im allgemeinen nichtdeterminiert, also Zufallsgrößen.

Für die Beschreibung des Lernprozesses von Perceptronen mit einem (verallgemeinerten) $\alpha$-Förderungsgesetz genügt es, das Ausgangsperceptron (oder die Klasse von Perceptronen) durch seinen charakteristischen Tensor $(T_{ij}^k)$ und die Matrix der Anfangssignale der Summatoren der Formen $(U_i^k)$ $(i, j = 1, 2, \ldots, m; k = 1, 2, \ldots, m)$ anzugeben. Die Lernfolge l (oder die Klasse von Lernfolgen) ist dann durch ihren charakteristischen Vektor $(v_1, v_2, \ldots, v_m)$ gegeben. Im allgemeinen Fall sind alle Größen $T_{ij}^k$, $U_i^k$, $v_i$ Zufallsgrößen. Jedoch werden sehr häufig verschiedene Spezialfälle betrachtet, bei denen einige der angegebenen Größen determiniert sind. Wir bemerken noch, daß wir gewöhnlich Angaben über die Wahl der Darstellungsmenge und der Lernfolgen mit in die Definition des Perceptrons aufnehmen.

Um Darstellungen und Formen nicht zu verwechseln, verabreden wir, Formen mit lateinischen Buchstaben und Darstellungen wie bisher mit ihren Indizes zu bezeichnen. Wir bestimmen nun die Ausgangssignale der Summatoren der Formen $U_i^P(l)$. Man sieht leicht ein, daß bei Verwendung eines (verallgemeinerten) $\alpha$-Förderungsgesetzes die Größe $U_i^P(l)$ nichts anderes ist als die Summe aus dem Anfangssignal $U_i^P$ und den Zuwüchsen der Gewichte aller Neuronen der P-ten Form, die von der i-ten Darstellung bei allen Schritten des Lernprozesses erregt werden.

Wenn man die Klasse der Lernfolgen durch ihren charakteristischen Vektor $(v_1, v_2, \ldots, v_m)$ beschreibt, kann man unschwer einen Ausdruck für den gesamten Zuwachs der Größe $U_i^P(l)$ erhalten, den man von den $v_j$ Expositionen der j-ten Darstellung erhält.

Wie aus der Definition des (verallgemeinerten) $\alpha$-Gesetzes mit den Konstanten a und b hervorgeht, erhöht ein beliebiges durch diese Darstellung erregtes Neuron der P-ten Form bei jedem Vorweisen der j-ten Darstellung sein Gewicht um die Größe a, wenn gilt $j \in P$, und vermindert sein Gewicht um die Größe b, wenn gilt $j \notin P$. Die Gesamtanzahl der Neuronen der P-ten Form, die an der Bildung des Ausgangssignals $U_i^P(l)$ teilhaben und durch die j-te Darstellung erregt werden, ist offenbar gleich $T_{ij}^P$. Somit drückt sich der Gesamtzuwachs der Größe auf Grund der $v_j$ Expositionen der j-ten Darstellung durch die Formel $a\,T_{ij}^P v_j$ für $j \in P$ aus, und durch die Formel $b\,T_{ij}^P v_j$ für $j \notin P$. Infolgedessen gilt die folgende Behauptung:

S a t z 2. Gegeben sei ein diskretes Perceptron (oder eine Klasse von diskreten Perceptronen) mit dem charakteristischen Tensor $T_{ij}^P$ und die Matrix der Anfangsausgangssignale der Summatoren der Formen $U_i^P$ $(i, j = 1, 2, \ldots, m;$ $P \in R)$. Wirkt in dem betrachteten Perceptron (in der Klasse von Perceptronen) ein (verallgemeinertes) $\alpha$-Förderungsgesetz mit den Konstanten a, b, so ergibt sich nach dem Lernen mit der Folge l (oder einer Klasse von Folgen) mit dem charakteristischen Vektor $(v_1, v_2, \ldots, v_m)$ für eine beliebige Form P und eine beliebige Darstellung i das Ausgangssignal $U_i^P(l)$ des Summators der P-ten Form unter der Wirkung der i-ten Darstellung aus der folgenden Formel:

$$U_i^P(l) = U_i^P + a \sum_{j \in P} T_{ij}^P v_j - b \sum_{j \notin P} T_{ij}^P v_j \qquad (36)$$

Für eine beliebige Darstellung i wollen wir mit $P_i$ diejenige Form bezeichnen, der die Darstellung in der Ausgangsklassifikation der Darstellungen angehört. Unter Verwendung dieser Bezeichnung kann man leicht eine notwendige und hinreichende Bedingung dafür angeben, daß nach dem Lernen das Perceptron die i-te Darstellung richtig klassifiziert. Solch eine Bedingung ist offenbar die Gültigkeit der Ungleichungen

$$U_i^{P_i}(l) > U_i^P(l) \quad \text{für alle } P \neq P_i \tag{37}$$

Mit Hilfe der Beziehungen (36) und (37) kann man unschwer im konkreten Fall die Effektivität des Lernens des Perceptrons berechnen. Eine besonders einfache Gestalt nehmen diese Beziehungen im Fall symmetrischer Perceptronen an; denn da in diesem Fall gilt $T_{ij}^{P_i} = T_{ij}^P = T_{ij}$, kann man die Beziehungen (36) und (37) in Gestalt des folgenden Ungleichungssystems schreiben:

$$U_i^{P_i} + a \sum_{j \in P_i} T_{ij} v_j - b \sum_{j \notin P_i} T_{ij} v_j > U_i^P + a \sum_{j \in P} T_{ij} v_j - b \sum_{j \notin P} T_{ij} v_j \tag{38}$$

In der Ungleichung (38) gehen Summanden der Form $- b\, T_{ij} v_j$, wobei das j weder in $P_i$ noch in P enthalten ist, sowohl in die linke als auch in die rechte Seite ein und heben sich so gegeneinander weg. Nach Elimination dieser Glieder erhalten wir folgende einfachen Beziehungen, die vollständig zur Beziehung (38) äquivalent sind:

$$U_i^{P_i} + (a + b) \sum_{j \in P_i} T_{ij} v_j > U_i^P + (a + b) \sum_{j \in P} T_{ij} v_j \quad \text{für alle } P \neq P_i \tag{39}$$

Die Ungleichungen (39) liefern notwendige und hinreichende Bedingungen dafür, daß nach einem Lernen mit einer Lernfolge mit dem charakteristischen Vektor $(v_1, v_2, \ldots, v_m)$ ein symmetrisches Perceptron mit der charakteristischen Matrix $T_{ij}$ und den Anfangssignalen der Summatoren der Formen $U_i^P$ die i-te Darstellung richtig klassifiziert. Diese Ungleichungen lassen sich noch weiter vereinfachen für Perceptronen mit symmetrischen Anfangsbedingungen, d.h. solche Perceptronen (oder Klassen von Perceptronen), für die die Bedingungen

$$U_i^P = U_i^Q \tag{40}$$

für alle i = 1, 2, ..., m und für alle P und Q erfüllt sind.

Nutzen wir die Beziehung (40) aus und bedenken, daß auf Grund der Definition des verallgemeinerten $\alpha$-Gesetzes $a + b \neq 0$ ist, so kommen wir zu dem folgenden Resultat:

S a t z 3. Gegeben sei ein beliebiges diskretes symmetrisches Perceptron (oder eine Klasse diskreter symmetrischer Perceptronen) mit der charakteristischen Matrix $T_{ij}$ und mit symmetrischen Anfangsbedingungen, in dem ein (verallgemeinertes) $\alpha$-Förderungsgesetz wirkt. Dann kann man die notwendigen und hinreichenden Bedingungen für richtige Erkennung einer beliebigen i-ten Darstellung durch das Perceptron (oder die Klasse von Perceptronen) nach einem Lernen mit einer Lernfolge (oder einer Klasse von Lernfolgen) mit dem charakteristischen Vektor $(v_1, v_2, \ldots, v_m)$ durch die folgenden Beziehungen ausdrücken:

$$\sum_{j \in P_i} T_{ij} v_j > \sum_{j \in P} T_{ij} v_j \quad \text{für alle } P \neq P_i \tag{41}$$

Folgerung: Die Effektivität des Lernens in symmetrischen diskreten Perceptronen mit symmetrischen Anfangsbedingungen hängt, wenn in ihnen ein (verallgemeinertes) $\alpha$-Förderungsgesetz wirkt, nicht von der Wahl der (nichtnegativen) Konstanten a und b ab, die dieses Gesetz charakterisieren.

Somit kann man bei der Untersuchung symmetrischer diskreter Perceptronen mit symmetrischen Anfangsbedingungen ohne Beschränkung der Allgemeinheit anstelle des verallgemeinerten $\alpha$-Förderungsgesetzes mit den Konstanten (a, b) das gewöhnliche $\alpha$-Förderungsgesetz mit den Konstanten (1, 0) benutzen. Bei konkreten Berechnungen der Lerneffektivität in Klassen von Perceptronen wird gewöhnlich angenommen, daß alle Neuronen unabhängig voneinander an die Netzhaut angeschlossen werden. Dabei soll die Wahrscheinlichkeit $a_{ij}$ dafür, daß ein so angeschlossenes Neuron sowohl in der i-ten als auch von der j-ten Darstellung erregt wird, für alle Neuronen bei beliebigen festen Werten von i und j gleich sein.

Bezeichnen wir mit $T^P$ die Gesamtzahl der Neuronen der P-ten Form, so können wir die Komponente $T_{ij}^P$ des charakteristischen Tensors der betrachteten Klasse von Perceptronen als die Auftrittszahl eines bestimmten Ereignisses ansehen, daß mit der Wahrscheinlichkeit $\alpha_{ij}$ bei $T^P$ unabhängigen Versuchen eintritt. Wegen des Satzes 2 im Abschn. 2.2. läßt sich dann die mathematische Erwartung $E(T_{ij}^P)$ und die Dispersion $D(T_{ij}^P)$ der Zufallsgröße $T_{ij}^P$ durch die folgenden Formeln ausdrücken:

$$E(T_{ij}^P) = T^P\alpha_{ij}, \qquad D(T_{ij}^P) = T^P\alpha_{ij}(1-\alpha_{ij}) \tag{42}$$

$$(i, j = 1, 2, \ldots, m; \; P \in R)$$

Bei hinreichend großen Werten von $T^P$ kann die Größe $T_{ij}^P$ selbst als normalverteilt angesehen werden. Wir bemerken weiter, daß im Fall symmetrischer Perceptronen die Größen $T^P$ für verschiedene Formen P einander gleich sind. Daher bezeichnen wir diese Größe einfach mit dem Buchstaben T und lassen den Index P weg. Wir wollen die Matrix $\|\alpha_{ij}\|$ als Grundwahrscheinlichkeitsmatrix der betrachteten Klasse von Perceptronen bezeichnen.

Analog kann man die Klasse der Lernfolgen K, die bei jedem Schritt des Lernens mit Hilfe einer zufälligen Darstellungswahl unabhängig von den bei den anderen Schritten gewählten Darstellungen gebildet wird, durch den Wahrscheinlichkeitsvektor $(\beta_1, \beta_2, \ldots, \beta_m)$ der betrachteten Klasse charakterisieren. Für beliebiges $i = 1, 2, \ldots, m$ ist die i-te Komponente $\beta_i$ dieses Vektors gleich der Wahrscheinlichkeit als Darstellung für einen beliebigen Lernschritt die i-te Darstellung zu wählen. In diesem Fall ist die i-te Komponente $v_i$ des charakteristischen Vektors der Klasse K die Auftrittszahl für ein Ereignis, daß bei N unabhängigen Versuchen mit der Wahrscheinlichkeit $\beta_i$ auftritt. Dabei ist N die Länge der Lernfolgen der Klasse K (gemäß der Definition der Klasse der Lernfolgen haben alle in die Klasse eingehenden Folgen ein und dieselbe Länge).

Bei hinreichend großem Wert von N kann man für eine beliebige Darstellung i die Größe $v_i$ als eine normalverteilte Zufallsgröße ansehen. Ihre mathematische Erwartung und Dispersion sind durch die folgenden Formeln gegeben:

$$E(v_i) = N\beta_i; \qquad D(v_i) = N\beta_i(1-\beta_i) \qquad (i = 1, 2, \ldots, m) \tag{43}$$

Wir müssen noch bemerken, daß sowohl die Zufallsgrößen $v_i$ als auch die Zufallsgrößen $T_{ij}^P$ für verschiedene i und j im allgemeinen nicht unabhängig voneinander sind. Dadurch entstehen zusätzliche Schwierigkeiten bei der Berechnung der Wahrscheinlichkeit der richtigen Abarbeitung des Perceptrons nach den Formeln (38) und (41). Man kann übrigens in einer Reihe von Fällen durch Einführung einiger zusätzlicher Voraussetzungen diese Schwierigkeiten umgehen. Wir wollen diesen Umstand an einer Reihe von Beispielen demonstrieren.

Beispiel 1. Betrachtet wird ein diskretes Perceptron A mit Neuronen vom Typ (1, 1, 1), das eine reguläre quadratische (nxn)-Netzhaut und 2n Darstellungen besitzt, für die die n Horizontallinien der Länge n und die n Vertikallinien der Länge n gewählt werden. Dabei sollen die Horizontallinien zu der Form P und die Vertikallinien zu der Form Q gehören. Alle Darstellungen haben in der Lernfolge die gleiche Auftrittswahrscheinlichkeit (gleich 1/2n). Wir nehmen an, daß das Perceptron vollständig ist. Dies bedeutet, daß es sowohl in der Menge der Neuronen der P-ten Form als auch in der Menge der Neuronen der Q-ten Form für jede Verbindungsmöglichkeit eines Neurons mit der Netzhaut genau ein Neuron gibt, das eine solche Verbindung verwirklicht. Im Perceptron A wirke ein verallgemeinertes $\alpha$-Förderungsgesetz mit den Konstanten a und b, die Anfangsgewichte der Neuronen seien gleich Null.

Gesucht ist die Lerneffektivität des Perceptrons A in der Klasse der zufälligen Lernfolgen der Länge 2N, die gerade N Expositionen von Darstellungen der ersten Form und N Expositionen von Darstellungen der zweiten Form enthalten.

Lösung. Das Perceptron A ist offenbar symmetrisch und läßt sich somit vollkommen durch seine charakteristische Matrix $T_{ij}$ charakterisieren. Man erkennt, daß ein Neuron genau dann von der i-ten Darstellung erregt wird (von einer Vertikal- oder einer Horizontallinie), wenn sein erregender Eingang zu dem Rezeptor führt, der auf der betreffenden Linie liegt, dagegen sein hemmender Eingang zu einem Rezeptor, der außerhalb dieser Linie liegt.

Für jedes i gibt es im ganzen $n(n^2 - n) = n^2 (n-1)$ verschiedene Verbindungen dieser Art. Wegen der Vollständigkeit des Perceptrons A gilt dann die Formel

$$T_{ii} = n^2 (n-1) \qquad (i = 1, 2, \ldots, 2n) \tag{44}$$

Wir wollen annehmen, daß mit den Zahlen von 1 bis n die Horizontallinien und mit den Zahlen von n + 1 bis 2n die Vertikallinien (die Darstellungen der Form Q) bezeichnet seien. Ganz analog wie der Ausdruck für $T_{ii}$ gefunden wurde, finden wir noch folgende beiden Ausdrücke:

$$T_{ij} = 0, \tag{45}$$

wenn i und j Darstellungen ein und derselben Form sind:

$$T_{ij} = (n-1)^2, \tag{46}$$

wenn i und j Darstellungen verschiedener Formen sind.

Bezeichnen wir mit E die Einheitsmatrix n-ter Ordnung und mit D eine quadratische Matrix der Ordnung n, deren Elemente alle gleich 1 sind, so können wir die charakteristische Matrix M des betrachteten Receptrons wie folgt darstellen

$$M = \begin{pmatrix} n^2 (n-1)\, E & (n-1)^2 D \\ (n-1)^2 D & n^2 (n-1)\, E \end{pmatrix} \tag{47}$$

$(v_1, v_2, \ldots, v_{2n})$ sei der charakteristische Vektor der betrachteten Klasse von Lernfolgen. Wegen der oben vereinbarten Bedingung genügen die Komponenten dieses Vektors der Gleichung

$$v_1 + v_2 + \ldots + v_n = v_{n+1} + v_{n+2} + \ldots + v_{2n} = N \tag{48}$$

Die notwendige und hinreichende Bedingung für die richtige Erkennung jeder beliebigen Darstellung i können wir auf Grund von Satz 3 in der Form

$$\sum_{j \in P_i} T_{ij} v_j > \sum_{j \notin P_i} T_{ij} v_j \tag{49}$$

oder unter Beachtung der Beziehungen (44), (46) und (47) in der Form

$$n^2 (n-1)\, v_i > (n-1)^2\, N \tag{50}$$

schreiben.
Die Beziehung (50) können wir in der äquivalenten Form

$$v_i > (1/n - 1/n^2)\, N \tag{51}$$

darstellen.

Die Auftrittswahrscheinlichkeit der i-ten Darstellung in jedem der N Expositionen von Repräsentanten der Form $P_i$ ist gleich 1/n. Deshalb erhalten wir für die mathematische Erwartung und die Dispersion der Größe $v_i$ die Ausdrücke

$$E(v_i) = N/n; \quad D(v_i) = \frac{N}{n}(1 - 1/n) \tag{52}$$

Wegen Satz 3 aus Abschn. 2.3. kann man bei hinreichend großem N für die Wahrscheinlichkeit $q_i$ dafür, daß die Ungleichung (51) gilt, folgende Formel angeben:

$$q_i \approx 0,5 + \frac{1}{\sqrt{2\pi}} \int_0^k e^{-z^2/2}\, dz \qquad (i = 1, 2, \ldots, 2n) \tag{53}$$

Dabei ist k das Verhältnis des Betrages der Differenz aus der rechten Seite der Ungleichung (51) und der mathematischen Erwartung $E(v_i)$ zum mittleren quadratischen Fehler der Größe $v_i$, d.h. der Quadratwurzel aus der Dispersion von $v_i$. Mit anderen Worten, es ist

$$k = \frac{N}{n^2} : \sqrt{N \frac{1}{n}\left(1 - \frac{1}{n}\right)} = \sqrt{\frac{N}{n^3\left(1 - \frac{1}{n}\right)}} \approx \sqrt{\frac{N}{n^3}} \tag{54}$$

Da die Größe $q_i$ unabhängig ist von i, fällt sie mit der Wahrscheinlichkeit q für die richtige Erkennung einer beliebigen willkürlich ausgewählten Darstellung durch das Perceptron nach vorhergehendem Vorweisen einer zufällig ausgewählten Lernfolge der Länge 2N aus der betrachteten Klasse von Folgen zusammen.

Diese Wahrscheinlichkeit q ist nichts anderes als die vollständige Lerneffektivität des Perceptrons A unter den gegebenen Bedingungen. Wir bringen noch eine Tabelle für die Werte der Wahrscheinlichkeit q bei einigen Werten von k:

| N | $n^3$ | $4n^3$ | $9n^3$ |
|---|---|---|---|
| k | 1 | 2 | 3 |
| q | 0,841 | 0,977 | 0,999 |

Um also die Fehlerwahrscheinlichkeit des betrachteten Perceptrons bis auf 0,1% bei zufälliger Wahl der Lernfolge zu reduzieren, ist es notwendig, Lernfolgen der sehr großen Länge von $9n^3$ zu verwenden. Gleichzeitig folgt aus der Ungleichung (49) unmittelbar, daß man diese Wahrscheinlichkeit zu Null machen kann (d.h. man kann eine absolut genaue Erkennung erhalten, wenn man jede Darstellung genau einmal zeigt), d.h. mit einer Folge, die eine Länge gleich 2n besitzt. Dieses Beispiel zeigt sehr anschaulich, wie ungünstig es ist, zufällige Lernfolgen zu verwenden. Gleichzeitig weist es aber auch darauf hin, welche bedeutenden Unterschiede zwischen dem beschriebenen Lernmechanismus und dem Lernmechanismus des menschlichen Gehirns bestehen müssen.

Denn der Mechanismus des menschlichen Gehirns besitzt eine klar ausgeprägte Fähigkeit zur Extrapolation der Erfahrung, d.h. zur richtigen Erkennung von Darstellungen, die im Lernprozeß selbst nie aufgetreten sind. Während das in dem betrachteten Beispiel beschriebene Perceptron nicht einmal dann eine richtige Erkennung der Darstellungen (bei zufälliger Organisation des Lernprozesses) garantiert, wenn die mittlere Zahl der Expositionen jeder Darstellung einen bedeutenden Betrag erreicht (der von der Ordnung $n^3$ ist).

Der gezeigte Schluß hängt natürlich bis zu einem gewissen Grad von der Spezifik des Beispiels selbst ab. Man kann jedoch unschwer feststellen, daß bei einer rein zufälligen Verbindung der (1, 1, 1,)-Neuronen mit der Netzhaut (unter Ausschluß solcher Verbindungen, wo beide Eingänge des Neurons an den gleichen Rezeptor führen) sich die mathematischen Erwartungen der Komponenten der charakteristischen Matrix von den Komponenten der charakteristischen Matrix des vollständigen Perceptrons nur um einen konstanten Faktor unterscheiden. Ein solcher konstanter Faktor ist jedoch für die Berechnung der Lerneffektivität unwesentlich. Deshalb ist bei einer zufälligen Verbindung der Neuronen mit der Netzhaut das wahrscheinlichste Verhalten der erhaltenen Perceptronen gerade das oben beschriebene Verhalten eines vollständigen Perceptrons.

Somit kann im allgemeinen die zufällige Organisation der Verbindungen der Neuronen mit der Netzhaut auch keine höhere Qualität der Funktionsweise des Perceptrons sichern. Aus Satz 3 folgt, daß sich die Fähigkeit des Perceptrons hinsichtlich der Extrapolation gemachter Erfahrungen erhöht, wenn man die Komponenten der Matrix vergrößert, deren Indizes ein und derselben Form angehören, und die Komponenten vermindert, deren Indizes verschiedenen Formen angehören.

Wir wollen in Zukunft sagen, daß ein Perceptron die absolute Fähigkeit zur Extrapolation besitzt, wenn für eine beliebige Form P und eine beliebige Darstellung i aus dieser Form das Lernen mit einer beliebigen Folge, die mindestens einmal die Darstellung i enthält, bereits zur richtigen Erkennung aller Darstellungen dieser Form führt. Wir erhalten folgendes Resultat:

Satz 4. **Damit ein diskretes symmetrisches Perceptron mit symmetrischen Anfangsbedingungen, in dem ein (verallgemeinertes) α-Förderungsgesetz wirkt, die absolute Fähigkeit zur Extrapolation besitzt, ist notwendig und hinreichend, daß alle Komponenten $T_{ij}$ der charakteristischen Matrix des Perceptrons, deren Indizes ein und derselben Form angehören, von Null** verschieden und alle Komponenten $T_{ij}$, deren Indizes verschiedenen Formen angehören, gleich Null sind.

Denn sei die Bedingung des Satzes erfüllt, dann ist die Ungleichung (41) erfüllt, wenn für wenigstens eine Darstellung j aus $P_i$ die Größe $v_j$ von Null verschieden ist. Wegen Satz 3 bedeutet dies aber, daß das betrachtete Perceptron die absolute Fähigkeit zur Extrapolation besitzt.

Nehmen wir nun an, die Bedingung des Satzes sei nicht erfüllt. Dies führt zur Betrachtung zweier Fälle: 1. Für eine bestimmte Form Q gibt es ein ihr angehörendes Paar von Darstellungen i und j, für das gilt $T_{ij} = 0 \cdot 2$. Es gibt ein Paar von Darstellungen k und r, die verschiedenen Formen angehören und für die gilt $T_{kr} \neq 0$. Im ersten Fall führt wegen Satz 3 eine Lernfolge, die nur aus Darstellungen j zusammengesetzt ist, nicht zur richtigen Erkennung der Darstellung i. Im zweiten Fall betrachten wir eine Lernfolge, die aus einer einzigen Darstellung k und einer Anzahl $v_r$ von Darstellungen r zusammengesetzt ist, so daß gilt $v_r > T_{kk}/T_{kr}$. Dann führt hinsichtlich der Erkennung der Darstellung k die Einsetzung der angegebenen Werte in die Ungleichung (41) zu der Ungleichung $T_{kk} > T_{kr} v_r$. Wegen der Wahl von $v_r$ ist jedoch diese Ungleichung unrichtig. Dies bedeutet wegen Satz 3 die Unmöglichkeit einer richtigen Erkennung der Darstellung k. Folglich besitzt in beiden Fällen das Perceptron nicht die absolute Fähigkeit zur Extrapolation, was gezeigt werden sollte.

Üblicherweise numeriert man die Darstellungen, die derselben Form angehören, durch aufeinanderfolgende ganze Zahlen. Dabei zerfallen die charakteristischen Matrizen symmetrischer Perceptronen in Teilmatrizen entsprechend den verschiedenen Formen. Die absolute Fähigkeit zur Extrapolation ist also dann vorhanden, wenn in den Diagonalen der Matrizen wieder Matrizen als Elemente stehen (Hyper-Diagonalmatrizen), die keine Elemente besitzen, die gleich Null sind. Eine solche Form der charakteristischen Matrizen ist nicht immer vollständig erreichbar, jedoch erfordert auch eine einigermaßen gute Näherung an diese Form in der Regel ein Abgehen von der vollständig zufälligen Verbindung der Neuronen mit der Netzhaut. Wir wollen den durch ein solches Abgehen von der zufälligen Verbindung der Neuronen mit der Netzhaut erreichbaren Effekt am besten an einem Beispiel demonstrieren.

Beispiel 2. Gesucht ist die Lerneffektivität eines Perceptrons B, das sich von dem Perceptron A aus Beispiel 1 nur dadurch unterscheidet, daß man in ihm nur diejenigen Neuronen beläßt, deren beide Eingänge zu Rezeptoren führen, die entweder beide einer horizontalen oder beide einer vertikalen Linie angehören. Die übrigen Lernbedingungen sind dieselben wie im Beispiel 1.

Lösung. Offenbar wird das Perceptron B wie das Perceptron A symmetrisch. Man berechnet leicht, daß die Elemente seiner charakteristischen Matrix durch folgende Beziehungen gegeben sind:

$$T_{ii} = n(n-1); \quad T_{ij} = 0 \qquad (i, j = 1, 2, \ldots, 2n; \; i \neq j)$$

Die Bedingung für die richtige Erkennung der i-ten Darstellung drückt sich durch die Bedingung $T_{ii} v_i > 0$ oder, was dasselbe ist, durch $v_i > 0$ aus. Für eine richtige Erkennung der i-ten Darstellung ist also notwendig und hinreichend, daß sie dem Perceptron im Lernprozeß wenigstens einmal gezeigt worden ist.

Bei N zufälligen Expositionen der Darstellungen einer Form ist die Nichtauftrittswahrscheinlichkeit der i-ten Darstellung in der Lernfolge offenbar gleich $(1 - 1/n)^N \approx e^{-N/n}$, und somit drückt sich die vollständige Lerneffektivität durch die Zahl $1 - e^{-N/n}$ aus. Um die Wahrscheinlichkeit einer fehlerhaften Arbeit des Perceptrons bis auf 0,1% zu reduzieren, genügt es, $N = 7n$ zu setzen, oder, was dasselbe ist, mit einer Lernfolge der Länge $14n$ zu arbeiten. Wir erinnern daran, daß im ersten Beispiel eine solche Lerneffektivität nur mit Lernfolgen der Länge $9n^3$ erreicht werden konnte.

Interessant ist, daß eine so starke Erhöhung der Lerneffektivität nicht durch eine Verkomplizierung, sondern durch eine Vereinfachung des Perceptrons erreicht wurde; denn das Perceptron B erhält man aus dem Perceptron A durch Weglassen einer großen Anzahl an die Netzhaut angeschlossener Neuronen. Man berechnet leicht, daß die Gesamtzahl der Neuronen im Perceptron A gleich $2n^2(n^2 - 1)$ ist, während sie im Perceptron B nur $4n(n-1)$ beträgt. Dieser Umstand zeugt abermals von der Unvollkommenheit des Lernmechanismus eines Perceptrons und von seinem wesentlichen Unterschied gegenüber den Lernprozessen, die im menschlichen Gehirn ablaufen.

Wir wollen noch ein Beispiel für die Berechnung der Lerneffektivität in einer Klasse von Neuronen betrachten.

Beispiel 3. Es ist die Lerneffektivität einer Klasse C diskreter symmetrischer Perceptronen mit symmetrischen Anfangsbedingungen zu bestimmen, die einem verallgemeinerten $\alpha$-Förderungsgesetz unterworfen sind. Netzhaut, Formen und Darstellungen sind die gleichen wie im Beispiel 1. Die Zahl der Neuronen jeder der beiden vorhandenen Formen ist gleich N. Die Eingänge aller Neuronen werden unabhängig voneinander mit gleicher Wahrscheinlichkeit an einen beliebigen Rezeptor der Netzhaut gelegt. Es ist dabei nur der Fall ausgeschlossen, daß beide Eingänge eines Neurons gleichzeitig mit ein und demselben Rezeptor verknüpft werden. Die Lernfolge soll jede der 2n Darstellungen genau einmal enthalten.

Lösung. Man erkennt unschwer, daß die Komponenten $T_{ij}$ der charakteristischen Matrix der Klasse C, wobei die Indizes i und j verschiedene Darstellungen für ein und dieselbe Form sind, gleich Null werden. Die Bedingung für ein richtiges Erkennen der i-ten Darstellung, die durch Satz 3 gegeben ist, schreibt sich in unserem Fall in der Form

$$T_{ii} > \sum_{j \notin P_i} T_{ij} \tag{55}$$

Man sieht leicht, daß die Mengen $M_{ij}$ von Neuronen ein und derselben Form, die sowohl von der i-ten als auch von der j-ten Darstellung bei verschiedenen $j \neq i$ erregt werden, sich paarweise nicht schneiden. Alle diese Mengen sind selbstverständlich in der Menge $M_{ii}$ enthalten. Da $T_{ij}$ nichts anderes ist als die Anzahl der Elemente in der Menge $M_{ij}$, so ist es zur Erfüllung der Ungleichung (55) notwendig und hinreichend, daß sich unter den Neuronen der Form $P_i$ wenigstens ein Neuron befindet, das von der i-ten Darstellung, jedoch von keiner Darstellung der entgegengesetzten (von $P_i$ verschiedenen) Form erregt wird.

Aus der Geometrie der Darstellungen geht unmittelbar hervor, daß dieser Bedingung nur die Neuronen genügen, für die entweder beide Eingänge mit ein und derselben Vertikalen (wenn i eine Horizontallinie ist) oder mit ein und derselben Vertikalen (wenn i eine Vertikallinie ist) verbunden sind. Für beliebiges i genügen aus der Gesamtzahl $n^2(n^2 - 1)$ der verschiedenen Verbindungen nur $n(n - 1)$ Verbindungen dieser Bedingung. Die Wahrscheinlichkeit einer erwünschten Verbindung ist somit gleich $\frac{n(n-1)}{n^2(n^2-1)} = \frac{1}{n(n+1)}$, und die Wahrscheinlichkeit dafür, daß eine solche Verbindung für kein einziges der N Neuronen eintritt ist gleich $\left(1 - \frac{1}{n(n+1)}\right)^N \approx e^{-N/(n(n+1))}$. Somit drückt sich die vollständige Lerneffektivität in diesem Fall durch die Formel

$$r \approx 1 - e^{-N/(n(n+1))}$$

aus. Ist die Zahl der Neuronen für jede Form gleich $7\,n(n + 1)$, d.h. ungefähr 7mal größer als die Gesamtzahl der Rezeptoren, so ist die Wahrscheinlichkeit für eine unrichtige Abarbeitung eines willkürlich aus der Klasse C gewählten Perceptrons nach dem Lernen mit einmaligem Vorweisen aller Darstellungen gleich $e^{-7}$, was ungefähr gleich 0,001 ist.

Wie oben schon bemerkt wurde, zeugte die aufgebaute Lerntheorie der Perceptronen von grundlegenden Unterschieden gegenüber dem Lernprozeß, der sich im menschlichen Gehirn abspielt. Der Übergang von den diskreten Neuronen zu den analogen und die Ersetzung des $\beta$ - Förderungsgesetzes durch das $\alpha$- oder $\gamma$-Gesetz kann diese Lage nicht wesentlich ändern. Teilweise kann diese Lage verbessert werden, wenn man zu den im Perceptron realisierten Prozessen noch die Möglichkeit einer Verbindungsänderung von Neuronen hinzufügt, die den Lernprozeß behindern oder ihn nur unzureichend fördern.

Man kann hier zum Beispiel eine periodische Überprüfung der Gewichte der Neuronen vorsehen und zufällige Verbindungsänderungen der Neuronen, die ein kleines Gewicht besitzen, herbeiführen. Mechanismen dieser Art werden in den Schemata Adapt von Roberts [26] und Pandemonium von Selfridge [29] realisiert. Sie gestatten eine bessere Ausnutzung des vorhandenen Aufwandes und eine Verminderung der Anzahl der Neuronen, die ja in Perceptronenschemata mit rein zufälligen Verbindungen unverhältnismäßig groß wird.

Die angegebene Maßnahme ist aber vollkommen unzureichend zur Erklärung solcher Besonderheiten der Adaptationsfunktionen des Gehirns, wie die Verwendung einiger Merkmale, die aus schon untersuchten Formen zur Beschleunigung des Lernprozesses und zur Erkennung neuer Formen ausgesondert werden. Man sieht leicht ein, daß man einen solchen Prozeß in mehrstufigen Perceptronen realisieren kann, d.h. in solchen Schemata, bei denen die Summatoren der Formen eines Perceptrons niederer Stufe als Rezeptoren für das Perceptron der folgenden Stufe dienen. Dabei lernen die Perceptronen der niederen Stufe die Erkennung einzelner Eigenschaften der Formen und die Perceptronen höherer Stufen die Erkennung von Gruppen solcher Eigenschaften. Die erforderlichen Veränderungen und Verkomplizierungen der Förderungsgesetze kann man auf viele Arten durchführen. In dem Zusammenhang bemerken wir, daß ein Schema, das im wesentlichen die Idee eines zweistufigen Perceptrons einschließt, in einem Algorithmus zum Erlernen der Erkennung geometrischer Figuren angewandt wurde (beschrieben in einer Arbeit von W. M. Gluschkow, W. A. Kowalewski und W. I. Rybak [29]).

Das Anbringen der aufgezählten Vervollkommnungen gestattet jedoch infolge einer begrenzten Erfahrung noch nicht, eine wichtige dem Gehirn eigene Besonderheit auch nur näherungsweise zu modellieren, nämlich die Invarianz aller Formen bei ihrer Bewegung oder einer Änderung ihrer Abmessungen. Um auch in dieser Richtung weiterzukommen, muß man nicht nur die Konstruktion des Perceptrons, sondern auch die Methodik des Lernprozesses selbst ändern. Zu diesem Zweck wird der lernenden Vorrichtung die Möglichkeit gegeben, selbst in die Organisation der Lernfolge einzugreifen.

Wenn zum Beispiel der erkennenden Vorrichtung A einige Darstellungen als Repräsentanten einer Form gezeigt werden, so muß die Vorrichtung A die Möglichkeit haben, die Demonstration dieser Darstellungen so oft zu wiederholen, daß in der Folge ihre richtige Erkennung gewährleistet ist. Darüber hinaus muß die Vorrichtung die Möglichkeit erhalten, die Exposition der Darstellungen zu wiederholen, und zwar mit solchen Änderungen, wie sie bei der Darstellung eines Gegenstands auf der Netzhaut des Auges bei Änderungen der gegenseitigen Lage der Augen gegenüber dem betrachteten Gegenstand gewöhnlich auftreten.

Es ist natürlich auch möglich, daß man die oben beschriebene Rückführung, die dem erkennenden Gerät erlaubt, die Lernfolge zu ändern, nicht einführt und dafür die Lernfolgen so aufbaut, daß sich nach der Exposition einer Darstellung die Wahrscheinlichkeit für das Vorweisen derselben Darstellung, betrachtet entweder unter einem anderen Aspekt oder von Darstellungen, die zur selben Form gehören, vergrößert. Anders ausgedrückt, muß man beim Lernen der Formerkennungseinrichtungen davon abgehen, den Lernprozeß nach dem Schema unabhängiger Versuche zu organisieren und muß statt dessen zu komplizierteren Schemata übergehen, die durch Markoffsche Ketten beschrieben werden.

Die vorgeschlagenen Änderungen der Methoden zur Konstruktion von Lernfolgen verbessern die Funktionsweise der Erkennungsgeräte in der Periode des einfachen Lernens wesentlich. Für die Periode des Selbstlernens haben diese Änderungen prinzipielle Bedeutung, da man nur so Aussicht hat zu erreichen, daß die Klassifikation der Darstellungen, die durch die selbstlernende Vorrichtung bewirkt wird, der vom Menschen durchgeführten Ausgangsklassifikation entspricht. Es ist klar, daß die Beschreibung von Prozessen dieser Art einen wesentlich komplizierteren mathematischen Apparat erfordert, als den hier verwendeten.

## 2.7. Die Wirkungsweise diskreter α-Perceptronen in der Phase des Selbstlernens

Im Abschn. 2.6. wurde das Verhalten diskreter α-Perceptronen in der Periode des Lernens untersucht. Ein charakteristischer Zug der Lernphase war das Vorhandensein eines Lehrers, dem die richtige Klassifikation der Darstellungen bekannt war. In diesem Abschnitt werden einige Fragen untersucht, die mit dem Verhalten diskreter α-Perceptronen in der Phase des Selbstlernens zusammenhängen. In diesem Fall ist kein Lehrer vorhanden, und die Prozesse der Selbstorganisation, die zur Änderung der vom Perceptron durchgeführten Klassifikation der Darstellungen führen, sind durch eine in das Schema des Perceptrons eingeführte positive Rückführung bestimmt.

Es ist wohl bekannt, daß die Untersuchung des Verhaltens von Perceptronen im Prozeß des Selbstlernens, wie sie von F. Rosenblatt [28] durchgeführt wurde, weit von jeder mathematischen Strenge entfernt ist. Das Fehlen streng bewiesener Sätze in diesem Gebiet führt dazu, daß einige Autoren (besonders in Publikationen von populär-wissenschaftlichem Charakter) dem Selbstlernen von Perceptronen viele Eigenschaften zuschreiben, die sie in Wirklichkeit gar nicht besitzen und auch nicht besitzen können. Ausgehend von den Betrachtungen dieses Abschnitts kann man unschwer eine Reihe von Schlüssen ziehen, die die Grenzen der Möglichkeit des Selbstlernens der Perceptronen abstecken.

Betrachten wir ein diskretes symmetrisches α-Perceptron, das für das Erkennen zweier Formen P und Q bestimmt ist. Wir vereinbaren, daß wir als einziges Ausgangssignal des Perceptrons die Differenz der Ausgangssignale der Summatoren der P-ten und der Q-ten Form ansehen wollen:

$$V_i(l) = U_i^P(l) - U_i^Q(l)$$

Hier durchläuft, wie auch in den Formeln des Abschnitts 2.6., der Index i alle Darstellungen sowohl der P-ten als auch der Q-ten Form; l ist eine beliebige Folge von Darstellungen, die dem Perceptron im Prozeß seines Selbstlernens gezeigt wurde.

Wie auch im Fall des Lernens kann man unschwer nachweisen, daß die Funktionsweise eines symmetrischen Perceptrons in der Phase des Selbstlernens durch die Summe a + b der Förderungskonstante und der Strafkonstante bestimmt ist und nicht durch die Konstanten einzeln betrachtet. Beachtet man, daß man die Maßstäbe beliebig wählen kann, so kann man ohne Einschränkung der Allgemeinheit annehmen, daß a = 1 und b = 0 ist. Im folgenden werden wir immer von dieser Annahme ausgehen.

Bezeichnen wir mit $\| T_{ij} \|$ die charakteristische Matrix des Perceptrons und erinnern wir uns an die Definition des α-Förderungsgesetzes, so erhalten wir leicht die folgende Formel:

$$V_i(lj) = V_i(l) + T_{ij} \operatorname{sign} V_i(l) \tag{57}$$

Hier bezeichnet das Symbol lj die Folge l von Darstellungen, der noch die Darstellung j angefügt wurde.

Die Formel (57) gilt für ein beliebiges Paar von Darstellungen i, j und für eine beliebige Folge von Darstellungen l. Die Funktion sign x ist wie üblich für positive Werte von x gleich + 1 und für negative Werte von x gleich − 1. Es ist klar, daß dann, wenn die Größe $V_i(l)$ den Wert Null hat, gemäß der Bedeutung des Förderungsgesetzes (positive Rückführung) die Größe $\operatorname{sign} V_i(l)$ in der Formel (57) nicht definiert sein muß. Um dieser Undefiniertheit zu entgehen, werden wir im folgenden per definitionen die Null als eine positive Größe ansehen, d.h. sign 0 = + 1 setzen.

Wenn wir die angegebene Änderung in der Definition der Funktion sign x beachten, können wir die Formel (57) als ein Verfahren zur rekursiven Vorgabe des Vektors $V(l) = (V_1(l), V_2(l), \ldots, V_m(l))$ ansehen, welcher die Ausgangssignale des Perceptrons unter der Einwirkung einer beliebigen Darstellung j = 1, 2, ..., m bestimmt, nachdem auf den Eingang des Perceptrons die Darstellungsfolge l gelangt war. Dabei wird der Anfangswert dieses Vektors $V(0) = (V_1(0), V_2(0), \ldots, V_m(0))$ als gegeben angesehen. Durch das Perceptron wird eine Darstellung der Form P oder der Form Q zugeordnet, je nachdem, ob die entsprechende Komponente $V_i(l)$ des betrachteten Vektors positiv oder negativ ist (wir erinnern daran, daß die Null nach der angenommenen Vereinbarung als eine positive Zahl angesehen wird).

Da alle Größen $T_{ij}$ nichtnegative ganze Zahlen sind, läuft die Aufgabe der Berechnung des Perceptrons im Prozeß des Selbstlernens ihrem Wesen nach auf das Problem des zufälligen Wanderns in einem diskreten Raumgitter mit einer Dimensionszahl $\leqq$ m hinaus. Setzt man voraus, daß das Vorweisen von Darstellungen im Prozeß des Selbstlernens nach dem Schema unabhängiger Versuche vorgenommen wird, so bemerkt man leicht, daß die Übergangswahrscheinlichkeiten an einem beliebigen Punkt dieses Gitters allein durch die Vorzeichenbelegung der Koordinaten dieses Punktes bestimmt sind.

Die Vorzeichenverteilung der Koordinaten eines beliebigen Gitterpunktes bestimmt auch, wie man leicht einsieht, die Klassifikation der Darstellungen, wie sie durch das Perceptron vorgenommen wird, das als Vektor seiner Ausgangssignale den Radiusvektor dieses Punktes besitzt. Vom Gesichtspunkt der Theorie des Perceptrons aus ist von großem Interesse vor allem die Grenzverteilung der Vorzeichen der Koordinaten des Vektors V(l) bei unbegrenzter Vergrößerung der Lernfolgenlänge. Die oben durchgeführten Betrachtungen zeigen, daß die verlangte Verteilung aus einer Grenzverteilung der Markoffschen Kette erhalten wird, die zu dem oben beschriebenen zufälligen Wandern in einem diskreten Gitter gehört.

Da die angegebene Kette unendlich viele Zustände hat, ist das Auffinden einer Grenzverteilung im allgemeinen Fall recht schwierig. Man kann jedoch einige Fälle angeben, bei denen sich die Bestimmung einer solchen Grenzverteilung leicht auf die Untersuchung einer Markoffschen Kette mit nur endlich vielen Zuständen zurückführen läßt.

Wir betrachten als Beispiel ein symmetrisches diskretes $\alpha$-Perceptron A, das zur Erkennung von 2n Darstellungen gedacht ist, von denen die ersten n zu der Form P und die anderen n zu der Form Q gehören. Ferner sollen für die Elemente der charakteristischen Matrix des Perceptrons A die folgenden Beziehungen gelten: $T_{ij} = a > 0$, wenn i und j derselben Form angehören und $T_{ij} = 0$, wenn i und j verschiedenen Formen angehören. Wegen Satz 4 aus Abschn. 2.6. besitzt das Perceptron die absolute Fähigkeit zur Extrapolation und verhält sich infolgedessen während der Periode des Selbstlernens in optimaler Weise (es lernt das richtige Erkennen beim Vorweisen auch nur einer einzigen Darstellung einer jeden zu erkennenden Form). Wir setzen fest, daß die Anfangsbedingungen sein sollen: $V_i(0) = b$ $(b > 0)$ für $i = 1, 2, \dots, m$ $(m \leq n)$ und $V_j(0) = -b$ für $j = n+1, n+2, \dots, n, \dots, 2n$.

Aus der Formel (57) geht unmittelbar hervor, daß $V_j(l) < 0$ ist für eine beliebige Folge l für alle $j = n+1, n+2, \dots, 2n$. Die restlichen Komponenten drücken sich durch folgende Formeln aus:

$$V_i(l) = b + k\,a \quad \text{für } i = 1, 2, \dots, m \text{ und}$$

$$V_i(l) = -b + k\,a \quad \text{für } i = n+1, n+2, \dots, n$$

Dabei ist k die Differenz zwischen der Anzahl des Auftretens von Darstellungen, denen positive Komponenten $V_i(l')$ und der Anzahl der Darstellungen, denen negative Komponenten $V_i(l')$ entsprechen. ($l'$ ist die entsprechende Teilfolge der Folge l.)

Wir wollen voraussetzen, daß der Prozeß des Selbstlernens nach einem Schema unabhängiger Versuche mit gleichen Auftrittswahrscheinlichkeiten für alle Darstellungen durchgeführt wird. Da das Vorweisen von Darstellungen der einen Form in dem betrachteten Fall keinerlei Einfluß auf die Erkennung der Darstellungen der zweiten Form hat, kann man ohne Einschränkung der Allgemeinheit annehmen, daß am Prozeß der Selbsterkennung nur Darstellungen der Form P beteiligt sind (den Darstellungen der Form Q entspricht immer ein negatives Ausgangssignal, unabhängig davon, ob sie in den Prozeß des Selbstlernens eingeschlossen sind oder nicht).

Wir lassen zu, daß b nicht durch a teilbar ist und bezeichnen mit t die ganze Zahl $\left[\frac{a}{b}\right] + 1$. Es ist unschwer einzusehen, daß für die Untersuchung der Funktionsweise des Perceptrons A nur die Werte des Parameters k von Interesse sind, die im abgeschlossenen Intervall $\langle -t, t \rangle$ liegen; denn wenn im Prozeß des Selbstlernens auch nur einmal die Größe k den Wert t erreicht, so kann sie im folgenden auf Grund der Formel (57) nur wachsen, wobei das Perceptron angefangen von diesem Moment für alle Darstellungen der Form nur noch ein positives Ausgangssignal abgibt (was der richtigen Klassifikation entspricht). Wenn analog der Parameter k den Wert $-t$ annimmt, wird das Perceptron für alle Darstellungen ein negatives Ausgangssignal abgeben (was faktisch das Fehlen jeder Klassifikation der Darstellungen bedeutet, weil alle Darstellungen vom Perceptron ein und derselben Form zugeordnet werden).

Wie man leicht sieht, ist also jetzt das Grenzverhalten des Perceptrons A durch eine Markoffsche Kette mit $2t + 1$ Zuständen $k = -t, -t+1, \dots, -1, 0, 1, \dots, t-1, t$ bestimmt. Wegen der vereinbarten Voraussetzung über die Wahrscheinlichkeiten des Auftretens der Darstellungen im Selbstlernprozeß ist für ein beliebiges k, das von t und – t verschieden ist, die Übergangswahrscheinlichkeit in den Zustand $k + 1$ gleich m/n und die Übergangswahrscheinlichkeit in den Zustand $k - 1$ gleich $(n - m/n)$. Aus dem Zustand t (wie auch aus dem Zustand – 1) ist ein Übergang nur in diesen Zustand selbst möglich, da vom Standpunkt der Funktionsweise des Perceptrons aus alle Zustände für $k > t$ (entsprechend für $k < -t$) sich nicht vom Zustand $k = t$ unterscheiden (entsprechend besteht bei $k < -t$ kein Unterschied gegenüber dem Zustand $k = -t$).

Führen wir die Bezeichnungen $p = m/n$ und $q = (n - m/n)$ ein, so erhalten wir für die betrachtete Markoffsche Kette folgende Matrix der Übergangswahrscheinlichkeiten:

$$M = \begin{pmatrix} 1 & 0 & 0 & 0 & \dots & 0 & 0 & 0 \\ p & 0 & q & 0 & \dots & 0 & 0 & 0 \\ 0 & p & 0 & q & \dots & 0 & 0 & 0 \\ \dots & \dots & \dots & \dots & \dots & \dots & \dots & \dots \\ \dots & \dots & \dots & \dots & \dots & \dots & \dots & \dots \\ \dots & \dots & \dots & \dots & \dots & \dots & \dots & \dots \\ 0 & 0 & 0 & 0 & \dots & 0 & q & 0 \\ 0 & 0 & 0 & 0 & \dots & p & 0 & q \\ 0 & 0 & 0 & 0 & \dots & 0 & 0 & 1 \end{pmatrix}$$

Diese Matrix hat als Eigenwert die Zahl Eins mit der Vielfachheit 2. Die Übergangswahrscheinlichkeiten der Kette in die Zustände t und – t sind gleich den Grenzübergangswahrscheinlichkeiten $p^{\infty}_{t+1,\,1}$ und $p^{\infty}_{t+1,\,2t+1}$. Für die Wahrscheinlichkeiten $p^{\infty}_{t+1,\,1}$ erhalten wir nach der Formel von Perron den Ausdruck

$$p^{\infty}_{t+1,\,i} = \lim_{S\to\infty} \frac{d}{d\lambda}\left(\lambda^{S} M_{i,\,t+1}(\lambda)/\Psi_1(\lambda)\right)\Big|_{\lambda=1} \tag{58}$$

Man erkennt leicht, daß $M_{i,\,t+1}(\lambda)$ für Werte von i, die von 1 und $2t + 1$ verschieden sind, durch $(\lambda - 1)^2$ teilbar ist, und daher ist für diese Werte von i immer $p^{\infty}_{t+1,\,i} = 0$. Für $i = 1$ ist $M_{1,\,t+1}(\lambda) = (\lambda - 1)\, M_1(\lambda)$ und für $i = 2$ ist $M_{2t+1,\,t+1}(\lambda) = (\lambda - 1)\, M_2(\lambda)$. Dabei ist $M_1(\lambda) = p^t Q(\lambda)$, $M_2(\lambda) = q^t R(\lambda)$.

Da alle übrigen Grenzübergangswahrscheinlichkeiten in der $(t + 1)$-ten Zeile gleich Null sind, finden wir aus der Bedingung, daß es sich um eine stochastische Matrix handelt, den Wert für c: $c = 1/(p^t + q^t)$. Damit ist nun die folgende Behauptung bewiesen.

Bei unbegrenzter Fortdauer des Prozesses des Selbstlernens nimmt das oben beschriebene Perceptron A mit der Wahrscheinlichkeit $p^t/(p^t + q^t)$ eine richtige Klassifikation der Darstellungen vor, und mit der Wahrscheinlichkeit $q^t/(p^t + q^t)$ ordnet es alle Darstellungen ein und derselben Form zu.

Das betrachtete Beispiel kann, wie der aufmerksame Leser leicht bemerkt, strenggenommen in einem realen Perceptron nicht verwirklicht werden, von den Trivialfällen $m = n$, $p = 1$, $q = 0$ und $m = 0$; $p = 0$, $q = 1$ abgesehen. Der Grund besteht darin, daß unter den hinsichtlich der charakteristischen Matrix getroffenen Annahmen alle Darstellungen ein und derselben

Form auch ein und dieselbe Menge von Neuronen erregen. Deshalb müssen die Ausgangssignale, die durch die Darstellungen ein und derselben Form induziert werden, immer, also auch im Anfangsmoment, einander gleich sein.

Man bemerkt jedoch auch unschwer, daß, wenn man $T_{ii} = a + \delta$ für alle $i = 1, 2, \ldots, 2n$ ($\delta > 0$) setzt, die Möglichkeit bekommt, die in dem Beispiel eingeführten Anfangsbedingungen zu befriedigen. Außerdem kann, wenn $\delta$ wesentlich kleiner als a und t relativ klein ist, das im Beispiel beschriebene Verhalten des Perceptrons als gute Näherung für dessen wirkliches Verhalten dienen.

Wir betrachten ein vollständiges $\alpha$-Perceptron B mit (1, 1, 1)-Neuronen und einer quadratischen (nxn)-Netzhaut, das zur Erkennung zweier Formen P und Q gedacht ist. Die Form P besteht aus n horizontalen und die Form Q aus n vertikalen Linien. Jede von diesen Linien repräsentiert eine einzelne Darstellung. Im Abschn. 2.6. wurde bemerkt, daß man das Perceptron B als den charakteristischen Repräsentanten für die Klasse der Perceptronen mit zufälligen Verbindungen der Neuronen mit der Netzhaut ansehen kann. Nach dem Satz 1 und dem darauffolgenden Korrolar aus der Arbeit von Rosenblatt [28] streben solche Perceptronen, wenn sie aus stetigen Neuronen aufgebaut sind, mit einer beliebig nahe an Eins liegenden Wahrscheinlichkeit beim Selbstlernen gegen einen Zustand, in dem alle Darstellungen auf ein und dieselbe Form bezogen werden. Wir wollen zeigen, daß für das Perceptron B eine solche Behauptung nicht zutrifft.

Man sieht leicht ein, daß man für das Perceptron B beliebige Anfangsbedingungen wählen kann. Untere Grenze der Beträge der Anfangsbedingungen nennen wir die kleinste der Zahlen $|V_i(0)|$ ($i = 1, 2, \ldots, 2n$). Unter den getroffenen Voraussetzungen gilt folgender Satz:

Satz 1. Zu einer beliebig kleinen positiven Zahl $\varepsilon$ gibt es eine solche Zahl S, daß dann, wenn die untere Grenze der Beträge der Anfangswerte die Größe S übertrifft, das Perceptron B im Prozeß des Selbstlernens (bei gleichwahrscheinlichem Auftreten aller Darstellungen) mit der Wahrscheinlichkeit $p > 1 - \varepsilon$ die Anfangsklassifikation der Darstellungen erhält.

Beweis. Wir bezeichnen mit dem Buchstaben N die Länge der Lernfolge l und mit $\nu_i$ die Auftrittszahl der i-ten Darstellung ($i = 1, 2, \ldots, 2n$) in dieser Folge. Es sei $V_i(0) = x_i$ ($i = 1, 2, \ldots, 2n$); $k_i$ sei die Menge der Indizes j (von Darstellungen), die sich auf die im Vergleich zu i entgegengesetzten Form beziehen, während das Vorzeichen von $x_j$ mit dem Vorzeichen von $x_i$ zusammenfällt. $z_i$ sei die Menge aller Indizes j, die sich auf die im Vergleich zu i entgegengesetzte Form beziehen, während das Vorzeichen von $x_j$ dem Vorzeichen von $x_i$ entgegengesetzt ist (Null wird hier wie früher als eine positive Zahl angesehen).

Wie im Abschn. 2.6. gezeigt wurde, wird ein beliebiges Element $T_{ij}$ der charakteristischen Matrix des Perceptrons B gleich $n^2(n-1)$, 0 oder $(n-1)^2$, je nachdem, ob die Indizes i und j zusammenfallen oder nicht, sicht jedoch auf ein und dieselbe Form beziehen bzw. nicht zusammenfallen und sich auf verschiedene Formen beziehen. Unter Ausnutzung dieses Umstands erkennen wir mit Hilfe der Formel (57) leicht, daß die Ausgangsklassifikation der Darstellungen im Prozeß des Selbstlernens erhalten wird, wenn für alle $N = 1, 2, \ldots$ die folgenden Ungleichungen erfüllt sind:

$$n^2(n-1)\nu_i + (n-1)^2\left(\sum_{j\in k_i} \nu_i - \sum_{j\in z_i} \nu_j\right) + |x_i| > 0 \qquad (i = 1, 2, \ldots, 2n)$$

Dies gilt um so mehr, wenn gilt:

$$n^2(n-1)\nu_i - (n-1)^2 \sum_{j \in k_j \cup Z_j} \nu_j + x > 0 \quad (i = 1, 2, \ldots, 2n) \tag{59}$$

wobei x die kleinste der Zahlen $|x_i|$ ist $(i = 1, 2, \ldots, 2n)$.

Andererseits überprüft man unschwer, daß die Ungleichungen (59) erfüllt sind, wenn die folgenden Ungleichungen gelten:

$$\left| \nu_i / N - 1/(2\,n) \right| < 1/(4n^2) \left( 1 + \frac{2x}{N(n-1)} \right) \quad (i = 1, 2, \ldots, 2n) \tag{60}$$

Bezeichnen wir die Größe $1/(4n^2)$ mit dem Buchstaben $\delta$, so sind die Ungleichungen (60) offenbar erst recht erfüllt, wenn gilt

$$\left| \frac{\nu_i}{N} - \frac{1}{2n} \right| < \delta \qquad (i = 1, 2, \ldots, 2n) \tag{61}$$

Wegen Satz 4 aus dem Abschn. 2.3. gibt es dann nicht von N abhängende positive Konstanten a und b, die so beschaffen sind, daß die Wahrscheinlichkeit $P_N$ dafür, daß bei beliebigem festen Wert von N wenigstens eine der Ungleichungen (61) nicht erfüllt ist, die Abschätzung

$$P_N < \frac{a}{N^{n-1/2}} \; e^{-bN}$$

besitzt.

Die Wahrscheinlichkeit dafür, daß wenigstens eine der Ungleichungen (61) für Werte von N, angefangen von M bis $\infty$, nicht erfüllt ist, übertrifft dann nicht die Summe der Reihe

$$\sum_{N=M}^{\infty} \frac{a}{N^{n-1/2}} \; e^{-bN}$$

und diese Summe ist offensichtlich kleiner als

$$R(M) = \frac{a}{M^{n-1/2}} \; \frac{e^{-bM}}{1 \cdot e^{-b}}$$

Für $M \to \infty$ strebt die Größe R(M) gegen Null. Wir können daher M so wählen, daß $R(M) < \varepsilon$ ist.

Setzen wir nun $S = 2(M-1)^2 \, n^2 \, (n-1)$ so ergibt sich, daß für $x > S$ die Ungleichungen (60) für alle Werte $N = 1, 2, \ldots, M-1$ erfüllt sind. Wegen der Wahl von M, sind für alle übrigen Werte von N die Ungleichungen (60) mit einer Wahrscheinlichkeit erfüllt, die größer ist als $1 - \varepsilon$. Da die Erfüllung der Ungleichungen (61) für alle Werte von N von 1 bis $\infty$ die Invarianz der Ausgangsklassifikation der Darstellungen beinhaltet, ist damit der Satz bewiesen.

Der Satz 1 zeigt, daß bei hinreichend großen Anfangswerten der Ausgangssignale das betrachtete Perceptron faktisch überhaupt nicht die Fähigkeit besitzt, selbst zu lernen, daß es sogar nicht einmal in der Lage ist, die ihm anfangs gegebene Klassifikation der Darstellungen zu ändern. Aus dem Beweis dieses Satzes ist leicht zu ersehen, daß diese übrigbleibende geringe Fähigkeit zum Selbstlernen ihren größten Wert dann hat, wenn ihm als Ausgangsklassifikation die richtige Klassifikation der Darstellungen gegeben wurde. Mit anderen Worten, das Perceptron ist wenigstens geneigt, ein richtiges Funktionsverfahren zu erhalten.

Betrachten wir nun das $\beta$-Förderungsgesetz. Dazu halten wir eine beliebige Zahl $\beta$ fest, die einen Wert zwischen Null und Eins besitzt, und betrachten ein beliebiges symmetrisches Perceptron C mit einem $\beta$-Förderungsgesetz, dessen charakteristische Matrix eine Diagonalmatrix ist, also von Null verschiedene Elemente nur auf der Hauptdiagonalen hat. Wie im Abschnitt 2.6. gezeigt wurde, besitzt eine solche Eigenschaft ein Perceptron $C_1$ mit (1,1,1)-Neuronen, daß zum Erkennen von Horizontallinien und Vertikallinien bestimmt ist und bei dem die Eingänge jedes Neurons nur mit den Elementen der Netzhaut verbunden sind, die entweder auf einer horizontalen oder auf einer vertikalen Linie liegen.

Im Fall eines $\beta$-Förderungsgesetzes schreibt sich die grundlegende rekursive Beziehung zur Bestimmung der Ausgangssignale wie folgt:

$$V_i(lj) = (1-\beta)\left(V_i(l) + T_{ij}\ \mathrm{sign}\ V_j(l)\right) \qquad (62)$$

Die Bezeichnungen sind hier dieselben wie in Formel (57), und diese Beziehung gilt auch für beliebige diskrete symmetrische Perceptronen. Im Fall von Perceptronen mit einer Diagonalmatrix als charakteristische Matrix haben beide Summanden auf der rechten Seite der Formeln (57) und (62) das gleiche Vorzeichen (dabei schließen wir den Fall, wo der zweite Summand gleich Null ist, aus der Betrachtung aus). Hieraus folgt unmittelbar die Richtigkeit der folgenden Behauptung.

S a t z 2. Dem diskreten symmetrischen Perceptron C mit einer charakteristischen Matrix in Form einer Diagonalmatrix fehlt vollkommen die Fähigkeit zum Selbstlernen (d.h., läßt eine beliebige ihm gegebene Anfangsklassifikation unverändert), sowohl im Fall eines $\alpha$-Förderungsgesetzes als auch im Fall eines $\beta$-Förderungsgesetzes.

Man erkennt auch leicht die Richtigkeit der folgenden Behauptung.

S a t z 3. Kein diskretes symmetrisches Perceptron (sowohl mit $\alpha$-Förderungsgesetz als auch mit $\beta$-Förderungsgesetz), das im Selbstlernprozeß arbeitet, kann eine ihm gegebene Ausgangsklassifikation ändern, wenn diese Klassifikation alle Darstellungen ein und derselben Form zuordnet.

Die von uns erhaltenen Resultate kann man in dem Maß als Gegenbeispiele zu den Resultaten von Rosenblatt [28] betrachten, wie die von ihm angestellten Überlegungen nicht nur auf stetige, sondern auch auf diskrete Perceptronen angewandt wurden. In jedem Fall zeugen diese Resultate davon, daß das asymptotische Verhalten von Perceptronen im Prozeß des Selbstlernens sehr kompliziert ist und bedeutend feinere Verfahren zur Untersuchung erfordert als Verfahren rein qualitativen Charakters, wie sie von Rosenblatt [28] benutzt wurden.

Zur anschaulichen Darstellung der Besonderheiten im Verhalten von Perceptronen beim Selbstlernen im Vergleich zum Lernen betrachten wir den Fall, daß die Zahl der Darstellungen gleich zwei ist (zu jeder Form gibt es nur eine einzige Darstellung). Dieser Fall läßt eine ziemlich einfache graphische Interpretation zu.

Wir bemerken zunächst, daß im Fall des Vorhandenseins zweier Formen (jedoch bei beliebiger Zahl von Darstellungen) die Funktionsweise des Perceptrons im Lernprozeß wie auch im Selbstlernprozeß am zweckmäßigsten durch einen Vektor mit den Komponenten $V_i(l)$ charakterisiert wird (s. oben).

Die grundlegende rekursive Beziehung für diese Komponenten wird offenbar dann von der folgenden Gestalt sein:

$$V_i(lj) = V_i(l) \pm T_{ij} \tag{63}$$

Diese Beziehung ist für jedes Paar von Darstellungen i, j und für eine beliebige Lernfolge l gültig. Der zweite Summand auf der rechten Seite wird mit dem Pluszeichen genommen, wenn der Darstellung j bei richtiger Klassifikation ein positives Ausgangssignal entspricht und mit dem Minuszeichen, wenn das betreffende Ausgangssignal negativ sein muß.

Betrachten wir ein diskretes symmetrisches Perceptron mit einem Förderungsgesetz, dessen charakteristische Matrix die folgende Form hat:

$$T = \begin{pmatrix} a & b \\ b & a \end{pmatrix} \qquad \text{Dabei ist } a > b > 0$$

Wir setzen voraus, daß bei richtiger Klassifikation die erste Darstellung ein positives und die zweite Darstellung ein negatives Ausgangssignal vermitteln soll.

Tragen wir auf der horizontalen Achse eines Koordinatensystems die Koordinate $V_1(l)$ und auf der vertikalen Achse die Koordinate $V_2(l)$ ab, so können wir jedem Vektor $(V_1(l), V_2(l))$ einen bestimmten Punkt der Ebene zuordnen. Wählen wir in jedem Quadranten je einen Punkt, so erhalten wir eine anschauliche Darstellung der Wirkungsweise der Formel (3) (s. Bild 6).

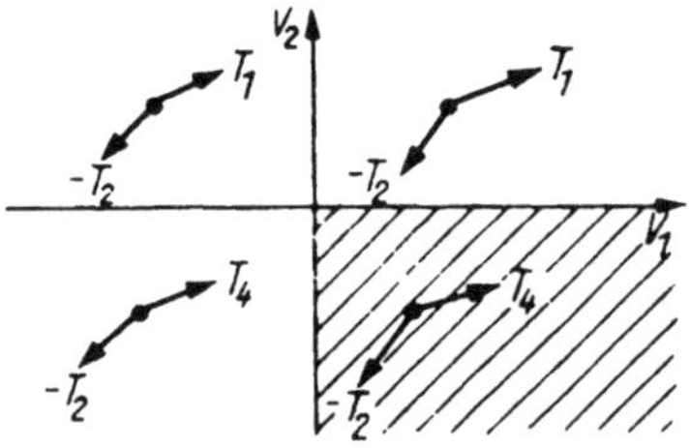

Bild 6

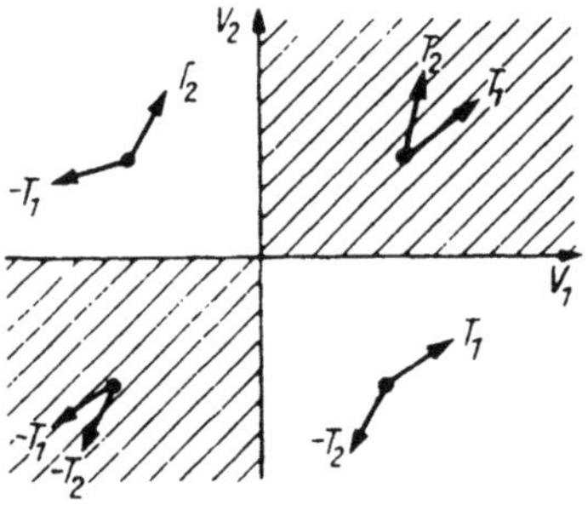

Bild 7

Im Bild 6 ist mit dem Buchstaben $T_1$ der Vektor (a, b) und mit $T_2$ der Vektor (b, a) bezeichnet. Eine charakteristische Besonderheit des Selbstlernprozesses ist die, daß die Richtungen der Vektoren (welche die zufälligen Wanderungen eines Punktes in dem Gitter beschreiben) nicht von der Lage der Punkte in der Ebene abhängen. Die Resultierende dieser Vektoren ist immer auf den Quadranten gerichtet, in dem die Vorzeichen der Koordinaten (der Ausgangssignale des Perceptrons) der richtigen Klassifikation entsprechen (im gegebenen Fall ist der gestrichelte vierte Quadrant ein solcher Quadrant).

Für den Fall des Selbstlernens ist die der Formel (57) entsprechende Interpretation im Bild 7 dargestellt. Im Unterschied zum vorhergehenden Fall sind die Richtungen der Vektoren, die die zufällige Wanderung bestimmen, in verschiedenen Quadranten unterschiedlich. Die Bezeichnungen der Vektoren sind die gleichen wie im Bild 6.

Unschwer bemerkt man die qualitativen Unterschiede der im Bild 7 dargestellten Situationen gegenüber der im Bild 6 wiedergegebenen. Zunächst besitzen der erste und der dritte Quadrant (im Bild 7 gestrichelt dargestellt) die Eigenschaft einer Falle: Ein Punkt, der beim zufälligen Wandern in einen dieser Quadranten hineinfällt, kann aus diesem Quadranten nie mehr herauskommen.

Das Hineinfallen in diese Quadranten bedeutet faktisch das Fehlen irgendeiner Klassifikation (beide Darstellungen werden ein und derselben Form zugeschrieben). Außerdem gibt es für den Quadranten, der der richtigen Klassifikation (vierter Quadrant) entspricht, wie auch für den Quadranten, der der richtigen Klassifikation bis auf das Vorzeichen des Ausgangssignals (dritter Quadrant) entspricht, immer eine von Null verschiedene Wahrscheinlichkeit für den Übergang in die benachbarten Quadranten.

Betrachten wir die entstandene Situation nach einem rein qualitativen Plan analog dem Vorgehen, wie es Rosenblatt [28] gewählt hat, so kämen wir zu dem Schluß, daß das von uns untersuchte Perceptron asymptotisch gegen einen Zustand strebt, in dem auf alle Darstellungen Ausgangssignale mit demselben Vorzeichen abgegeben werden (was das Fehlen jeglicher Klassifikation bedeutet). Eine genauere Betrachtung (unter Wiederholung der Darlegungen, die beim Beweis des Satzes 1 durchgeführt wurden) führt jedoch zu einem vollkommen anderen Ergebnis: Wie auch im Fall von Satz 1 gilt hier, daß, wenn der Anfangspunkt von den Grenzen eines Quadranten hinreichend weit entfernt ist, die Wahrscheinlichkeit dafür, daß sich das zufällige Wandern unbegrenzt fortsetzt, ohne daß dieser Quadrant verlassen wird, in allen folgenden Zeitmomenten (bis Unendlich) beliebig nahe an der Zahl Eins liegt.

Dadurch wird ein weiteres Mal die Gefahr des Trugschlusses unterstrichen, der man sich aussetzt, wenn man allgemeine Schlüsse über das asymptotische Verhalten von Perceptronen im Selbstlernprozeß auf der Grundlage von Überlegungen rein qualitativen Charakters zieht, die nicht durch genaue Berechnungen und Abschätzungen untermauert werden.

## 2.8. Logische Klassifikationssysteme und Maschinen mit bedingter Wahrscheinlichkeit

Die Systeme zum Erkennen von Formen, die in den vorhergehenden Abschnitten betrachtet wurden, stellen Geräte zur Klassifikation bestimmter Teilmengen im Darstellungsraum dar. Indem wir uns an sichtbaren, hörbaren und anderen ihrer Natur nach stetigen Formen orientieren, übertrugen wir bis zu einem bestimmten Grad die Eigenschaft der Stetigkeit auf die entsprechenden Klassifikationssysteme. Denn auch im Fall offenkundig diskreter Rezeptoren erlaubte die Hypothese von der N-Extrapolierbarkeit der Formen, die der Stetigkeit der Formen Rechnung trug, für die Klassifikation nur bestimmte, in einem entsprechenden Sinne „gut konstruierte" Mengen auszuwählen. Die gleiche implizite Ausnutzung der Stetigkeitseigenschaft der Formen gibt es sowohl in den Perceptronen (auch in den diskreten) als auch in allen anderen bisher erwähnten Algorithmen und Vorrichtungen zur Formerkennung.

Die Beschränkung der Anzahl der der Betrachtung und der Klassifikation unterworfenen Teilmengen des Darstellungsraumes im Fall der sichtbaren und hörbaren und anderen ihrer Natur nach stetigen Formen hat prinzipielle Bedeutung, da ohne eine solche Begrenzung das Problem der Erkennung dieser Formen praktisch unlösbar wäre.

Denn, wenn die Netzhaut aus n dualen Rezeptoren besteht, umfaßt der Raum der Darstellungen $I(n) = 2^n$ verschiedene Darstellungen, und es gibt $Q(n) = 2^{2^n}$ verschiedene Teilmengen, die Q(n) möglichen diskreten Formen. Der Ausdruck für Q(n) überschreitet schon bei n = 5 die Größe von vier Milliarden, und I(n) ist bei einer so relativ kleinen Anzahl von Rezeptoren wie 100 bereits eine Eins mit 30 Nullen.

Auf Grund dieser Überlegungen wird es klar, daß das Problem der Konstruktion von Geräten, die Kennzeichen für alle möglichen Formen aufbewahren (oder ausarbeiten), für größere Werte von n praktisch unmöglich ist. Wenn die Zahl der (dualen) Rezeptoren die Größe von 10 bis 15 nicht überschreitet, ist es praktisch möglich, eine Maschine zu konstruieren, die die Fähigkeit hat, sich zu erinnern und verschiedene Operationen mit allen Darstellungen (jedoch nicht mit allen Formen) ausführen kann, die man mit Hilfe einer entsprechenden Netzhaut empfangen kann.

Maschinen, die alle möglichen Darstellungen, die man von dualen Rezeptoren erhalten kann, klassifizieren, wollen wir logische Klassifikationsmaschinen nennen. Eines der möglichen Schemata derartiger Maschinen wollen wir beschreiben, es wurde von Attley [1] vorgelegt.

Die Klassifikationsmaschine von Attley enthält für jede Eigenschaft einer Darstellung ein sog. Erkennungselement, das unter der Einwirkung dieser Eigenschaft erregt werden kann. Unter der Eigenschaft einer Darstellung soll hier und im folgenden verstanden werden, daß bei einer bestimmten Menge M von Rezeptoren (die von der Wahl der betreffenden Eigenschaft abhängig ist) eine bestimmte Kombination von Ausgangssignalen (Nullen oder Einsen) vorliegt. Rezeptoren, die nicht in die Menge M eingehen, können dabei beliebige Ausgangssignale haben. Die Eigenschaft, die darin besteht, daß die Rezeptoren mit den Nummer $i_1, i_2, \ldots, i_m$ das Ausgangssignal Eins und die Rezeptoren mit den Nummern $j_1, j_2, \ldots, j_n$ das Ausgangssignal Null besitzen, wollen wir im folgenden mit $(i_1, i_2, \ldots, i_m; \bar{j}_1, \bar{j}_2, \ldots, \bar{j}_n)$ bezeichnen.

Die Vorgabe einer Eigenschaft bedeutet also, daß man einem Ausgangssignal eines Rezeptors der Netzhaut einen der drei Werte Eins, Null oder gleichgültig zuschreibt. Bezeichnen wir die Gesamtzahl der die Netzhaut bildenden Rezeptoren mit N, so ist, wie leicht einzusehen ist, die Gesamtzahl der möglichen Darstellungen gleich $2^N$ und die Zahl ihrer verschiedenen Eigenschaften gleich $3^N$. Alle Eigenschaften einer beliebigen gegebenen Darstellung erhält man, wenn man irgendeiner Anzahl der diese Darstellung bildenden Signale (Nullen und Einsen) Symbole der Gleichgültigkeit zuordnet. Die Anzahl der Möglichkeiten derartiger Zuordnungen (und folglich auch die Anzahl der Eigenschaften jeder Darstellung) wird offenbar gleich der Summe

$$C_N^o + C_N^1 + \ldots + C_N^N = 2^N$$

Somit führt jede Darstellung zur Erregung von $2^N$ Elementen einer Klassifikationsmaschine.

i-te Elementareigenschaft nennen wir die Eigenschaft einer Darstellung, den i-ten Rezeptor zu erregen, und positive Eigenschaft nennen wir jede beliebige Vereinigung von Elementareigenschaften. Zu N dualen Rezeptoren gibt es im ganzen nur N Elementareigenschaften. Es ist klar, daß die Vorgabe einer beliebigen positiven Eigenschaft gleichbedeutend ist mit der Vorgabe einer bestimmten Teilmenge von Rezeptoren, die Einheitsausgangssignale liefern. Die Gesamtzahl positiver Eigenschaften ist somit gleich der Zahl aller Teilmengen aus N Elementen, d.h. gleich $2^N$.

Die beschriebene Klassifikationsmaschine, die in der Lage ist, beliebige Eigenschaften von Darstellungen zu unterscheiden, nennt Attley eine binäre Klassifikationsmaschine im Unterschied zu einer sog. unitären Klassifikationsmaschine, die nur positive Eigenschaften unterscheiden kann. Man sieht leicht ein, daß es zu jeder binären Maschine eine zu ihr äquivalente (hinsichtlich der durchgeführten Klassifiaktion äquivalente) unitäre Maschine gibt, die die doppelte Anzahl von Rezeptoren besitzt. Es genügt, jedem Rezeptor, der auf diese oder jene Elementareigenschaft reagiert, einen weiteren Rezeptor noch hinzuzufügen, der auf das Fehlen dieser Eigenschaft reagiert. Obwohl danach auf den ersten Blick $4^N$ Erkennungselemente benötigt werden, zeigt es sich, daß in Wirklichkeit viele von ihnen überflüssig sind, da sie niemals erregt werden. Nach Aussonderung der überflüssigen Elemente ist die Zahl der restlichen Elemente gleich der Zahl einer binären Maschine, d.h. $3^N$. Da sich so einfach binäre Maschinen auf unitäre zurückführen lassen, können wir uns im folgenden auf die Betrachtung unitärer Maschinen beschränken.

Die Erkennungselemente einer unitären Klassifikationsmaschine mit N Rezeptoren stellt man sich zweckmäßig in Form von Neuronen vor, die 1 bis N Eingangskanäle besitzen und nur erregt werden können, wenn gleichzeitig alle ihre Eingangskanäle erregt sind. Jeder der Eingangskanäle des Neurons ist mit dem Ausgangskanal eines beliebigen Rezeptors verbunden. Ein Neuron mit Eingängen, die an die Rezeptoren mit den Nummern $i_1, i_2, \ldots, i_k$ herangeführt sind, entspricht der positiven Eigenschaft $(i_1, i_2, \ldots, i_k)$ und wird nur beim Vorhandensein dieser Eigenschaft in der zu erkennenden Darstellung erregt. Damit die Gesamtzahl aller dieser Neuronen gleich $2^N$ wird, ist es notwendig, auch das Vorhandensein noch eines Neurons anzunehmen, das überhaupt keine Eingangskanäle besitzt und unabhängig von der zu erkennenden Darstellung konstant erregt wird. Dieses Neuron entspricht der Eigenschaft der Kombination der leeren Menge elementarer Eigenschaften.

Betrachten wir einen beliebigen Rezeptor i und alle positiven Eigenschaften, die die elementare Eigenschaft i enthalten. Unter diesen Eigenschaften gibt es genau eine Eigenschaft, die nur eine elementare Eigenschaft enthält (dies ist die Eigenschaft i selbst), genau $C^1_{N-1} = n-1$ Eigenschaften, die genau zwei elementare Eigenschaften enthalten (alle Eigenschaften der Form (i, j) mit $i \neq j$), genau $C^2_{N-1}$ Eigenschaften, die genau drei elementare Eigenschaften enthalten usw. In einer unitären Maschine entspricht jeder positiven Eigenschaft ein Neuron. Die Gesamtzahl der Neuronen, die mit dem Rezeptor i verbunden sind, drückt sich durch die Summe $1 + C^1_{N-1} + C^2_{N-1} + \ldots + C^{N-1}_{N-1} = 2^{N-1}$ aus. Das ist genau die Hälfte aller Neuronen in einer unitären Maschine.

Führen wir eine zufällige Auswahl der Neuronen unter der Bedingung durch, daß alle Neuronen als gleichwahrscheinlich anzusehen sind, so kommen wir zu dem Schluß: Die Wahrscheinlichkeit dafür, daß ein in dieser Weise ausgewähltes Neuron mit einem beliebigen Rezeptor i verbunden ist, ist gleich 1/2. Somit kann ein in gewissem Maße dem Schema einer unitären Klassifikationsmaschine ähnliches Verbindungsschema als Ergebnis einer zufälligen Verbindung der Neuronen mit einem Rezeptor erhalten werden, wobei mit gleicher Wahrscheinlichkeit einer der Eingangskanäle des gegebenen Neurons mit einem beliebigen Rezeptor verbunden oder nicht verbunden werden kann.

In dem beschriebenen Schema einer Klassifikationsmaschine (gleichgültig, ob es sich um eine binäre oder eine unitäre Maschine handelt) fehlen Elemente der Selbstorganisation oder Selbstvervollkommnung. Deshalb führen wir noch, indem wir Attley folgen, Änderungen und Ergänzungen in das Schema einer unitären Maschine ein, wodurch eine sog. Maschine mit bedingter Wahrscheinlichkeit entsteht.

Zur Vereinfachung der Bezeichnungen wollen wir vereinbaren, beliebige positive Eigenschaften der Darstellungen mit großen lateinischen Buchstaben zu bezeichnen. Sind I und J positive Eigenschaften, so bezeichnen wir mit $I \cup J$ die Vereinigung dieser Eigenschaften, d.h. die positive Eigenschaft, die aus allen den Elementareigenschaften besteht, die in die Eigenschaft I oder in die Eigenschaft J eingehen (oder in beiden Eigenschaften gleichzeitig eingehen). Mit $I \cap J$ wird der Durchschnitt der Eigenschaften I und J bezeichnet, also die positive Eigenschaft, die aus allen und nur aus den Elementareigenschaften besteht, die in die Eigenschaften I und J gleichzeitig eingehen.

Auf den Eingang einer bestimmten unitären Maschine werde jetzt irgendeine Lernfolge gegeben, also irgendeine Folge von Darstellungen. Im allgemeinen besitzen nicht alle Glieder dieser Folge eine bestimmte feste Eigenschaft I. Deshalb wird das Neuron, das der betreffenden Eigenschaft entspricht, durch die einen Glieder der Lernfolge erregt und durch die übrigen nicht. Das Verhältnis der Zahl der Lernfolgeglieder, die die Eigenschaft I besitzen und somit das gegebene Neuron erregen, zu der Gesamtzahl der Glieder dieser Folge nennt man natürlicherweise die Häufigkeit der Eigenschaft I in der gegebenen Lernfolge (die wir auch die Lernvergangenheit nennen werden). Zur Unterscheidung zu der noch einzuführenden bedingten Häufigkeit werden wir die eben eingeführte Häufigkeit auch unbedingte Häufigkeit der betreffenden Eigenschaft nennen.

Wir bezeichnen die unbedingte Häufigkeit der Eigenschaft I mit p(I), wobei die Lernvergangenheit als fest vorgegeben angesehen wird.

Weiter übertragen wir den Neuronen einer unitären Klassifikationsmaschine noch eine zusätzliche Funktion zur Berechnung der unbedingten Häufigkeit für das Auftreten der ihnen entsprechenden Eigenschaften. Wenn die Darstellung, die auf den Eingang der Maschine gelangt, eine bestimmte Eigenschaft I besitzt, gibt das dieser Eigenschaft entsprechende Neuron, das die unbedingte Häufigkeit der Eigenschaft I berechnet und merkt, im gegebenen Moment das Ausgangssignal Eins ab. Wenn dieses Neuron nicht erregt wird (d.h., wenn eine Darstellungsreihe die Eigenschaft I nicht besitzt), so ist sein Ausgangssignal der in ihm gespeicherte Wert der unbedingten Häufigkeit der Eigenschaft I.

Mit diesen Ergänzungen und Änderungen erhält die unitäre Maschine schon bestimmte Züge, die, wenn auch nicht selbstorganisierend, so doch in jedem Fall selbstveränderlichen Automaten eigen sind. Eine weitere Vervollkommnung schließt die Berechnung der bedingten Häufigkeiten der durch die unitäre Maschine klassifizierbaren Eigenschaften ein.

Die bedingte Häufigkeit p(I/J) der Eigenschaft I bezüglich der Eigenschaft J ist das Verhältnis der Zahl der Fälle, in denen gleichzeitig die Eigenschaften I und J beobachtet werden (also die Zahl der Fälle, in denen die Eigenschaft $I \cap J$ auftritt) zu der Gesamtzahl der Fälle, in denen die Eigenschaft J auftritt:

$$p(I/J) = \frac{p(I \cap J)}{p(J)} \tag{64}$$

Wie vorher wollen wir annehmen, daß die Neuronen einer unitären Maschine die unbedingten Häufigkeiten der ihnen entsprechenden Eigenschaften berechnen und sich merken. Wie früher soll im Fall einer direkten Erregung des Neurons (d.h. dann, wenn in der vorliegenden Darstellung die diesem

Neuron entsprechende Eigenschaft enthalten ist) das Neuron ein Signal abgeben, das gleich Eins ist. Jedoch sollen jetzt alle Neuronen, die nicht einer direkten Erregung unterworfen sind, nicht die unbedingten, sondern die bedingten Häufigkeiten der ihnen entsprechenden Eigenschaften abgeben. Es fragt sich nun, in bezug auf welche Eigenschaft man die angegebenen bedingten Häufigkeiten berechnen soll. Man wird zweckmäßig die maximale positive Eigenschaft der betrachteten Darstellung als Eigenschaft wählen. Diese Eigenschaft ist die Vereinigung aller Elementareigenschaften, die die gegebene Darstellung besitzt; denn nur die maximale Eigenschaft bestimmt umgekehrt vollkommen die ihr entsprechende Darstellung, so daß die bedingten Häufigkeiten dann in Wirklichkeit auf die Häufigkeit des Auftretens dieser Darstellung selbst bezogen sind.

Für die Neuronen der unitären Maschine führen wir den Begriff der Unterordnung ein. Wir sagen, daß das Neuron A dem Neuron B untergeordnet ist, wenn die Eigenschaft J, die dem Neuron B entspricht, alle Elementareigenschaften der Eigenschaft I einschließt, die dem Neuron A entspricht.

Das Neuron Q, das der maximalen positiven Eigenschaft irgendeiner festen Darstellung entspricht, ist offenbar dadurch gekennzeichnet, daß ihm alle die Neuronen untergeordnet sind, die unmittelbar durch diese Darstellung erregt werden, und daß es selbst keiner dieser Neuronen außer sich selbst untergeordnet ist. Alle Neuronen, denen das Neuron Q selbst untergeordnet ist, bilden die sog. Obermenge M(Q) dieses Neurons. Im betrachteten Fall wird kein einziges Neuron P aus der Menge M(Q), außer Q selbst, direkt erregt und muß daher ein Signal abgeben, das gleich der bedingten Häufigkeit $p(I/J)$ der Eigenschaft I ist, die dem Neuron P entspricht, bezogen auf die Häufigkeit der Q entsprechenden Eigenschaft J. Aus der Definition der Obermenge M(Q) geht hervor, daß $I \cap J = I$. Daher ist auf Grund der Formel (64)

$$p(I/J) = p(I)/p(J) \tag{65}$$

Somit können die Ausgangssignale für alle Neuronen aus der Obermenge M(Q) des Neurons Q nach der Formel (65) bestimmt werden: Um das Ausgangssignal des Neurons P aus M(Q) zu erhalten, muß man den in ihm gespeicherten Wert der unbedingten Häufigkeit der zugehörigen Eigenschaft durch den Wert der unbedingten Häufigkeit teilen, die im Neuron Q gespeichert ist. Die angegebene Operation für die Bestimmung der Ausgangssignale für die Neuronen aus einer Obermenge M(Q) nennt Attley die Operation der Obermengenkontrolle. Die Operation der Obermengenkontrolle führt auch zu keinem Widerspruch, wenn man sie auf das Neuron Q selbst anwendet, da in diesem Fall das Ausgangssignal, berechnet nach der Formel (65), gleich Eins wird, was mit dem wahren Wert des Ausgangssignals des Neurons Q übereinstimmt, den man aus der Bedingung der unmittelbaren Erregung dieses Neurons erhält.

Die Menge aller Neuronen, die einem beliebig gegebenen Neuron P unterworfen sind, nennen wir die Untermenge dieses Neurons und bezeichnen sie mit L(P). Unter Benutzung des Begriffs der Untermenge kann man unschwer ein Verfahren angeben, um die Ausgangssignale für alle die Neuronen zu bestimmen, die im gegebenen Moment keiner direkten Erregung unterworfen sind und nicht in die Obermenge des Neurons Q eingehen, das der maximalen positiven Eigenschaft der im gegebenen Takt betrachteten Darstellung entspricht.

Die Menge aller solcher Neuronen bezeichnen wir mit K. R sei ein beliebiges Neuron aus K. Bedeutet wie vorher J die Eigenschaft, die dem Neuron Q, und I die Eigenschaft, die dem Neuron R entspricht, so gehört offenbar das der Eigenschaft $I \cup J$ entsprechende Neuron P der Obermenge M(Q) an.

Wegen der Formeln (64) und (65) ist das Ausgangssignal des Neurons R gleich dem Ausgangssignal des Neurons P. Außerdem ist klar, daß das Neuron R in die Untermenge L(P) des Neurons P eingeht. Es bietet sich daher der Schluß an, daß alle bislang nicht definierten Ausgangssignale (für die Neuronen aus der Menge K) durch einfache Übergabe der Ausgangssignale der Neuronen aus der Obermenge M(Q) an die Neuronen der ihnen entsprechenden Untermenge erhalten werden können. Eine solche Übergabe von Signalen auf die Untermengen nennt man natürlicherweise in Analogie zu der Obermengenkontrolle Operation der Untermengenkontrolle.

Jedoch führt die so definierte Operation der Untermengenkontrolle nicht zu einer eindeutigen Definition der Ausgangssignale, da jedes Neuron R aus K nicht nur in eine, sondern im allgemeinen in mehrere Untermengen verschiedener Neuronen aus M(Q) eingeht. Um die so entstehende Mehrdeutigkeit zu vermeiden, bemerken wir, daß unter den Untermengen H aller Neuronen aus M(Q), denen das Neuron R untergeordnet ist, das von uns benötigte Neuron P (das der Vereinigung der Eigenschaften I und J, wie oben definiert wurde, entspricht) allen übrigen Neuronen dieser Untermenge untergeordnet ist. Man erkennt leicht, daß die Eigenschaft $I \cup J$ in diesem Fall die größte unbedingte Häufigkeit unter allen Eigenschaften hat, die allen Neuronen aus H entsprechen. Wegen der Formel (65) heißt das, daß das Ausgangssignal des Neurons P das größte unter allen Ausgangssignalen aller Neuronen aus der Untermenge H ist.

Somit muß zur Gewährleistung einer fehlerfreien Funktionsweise der Maschine die Operation der Untermengenkontrolle noch durch eine Regel ergänzt werden: Wenn auf Grund der Untermengenkontrolle an ein Neuron einige Ausgangssignale übergeben werden, so hat man unter ihnen das größte zu wählen.

Wir unterstreichen noch einmal, daß die Operation der Obermengenkontrolle auf Neuronen, deren Ausgangssignale durch direkte Erregung oder auf Grund der Anwendung der Operation der Obermengenkontrolle bestimmt sind, nicht angewendet wird.

Eine unitäre Maschine mit allen oben beschriebenen Ergänzungen und Änderungen in der Funktionsweise der Neuronen nennt man eine Maschine bedingter Wahrscheinlichkeit. Diese Bezeichnung unterstreicht die Tatsache, daß die von der Maschine berechneten bedingten Häufigkeiten bei hinreichend langen Lernvergangenheiten, von denen wir wie üblich voraussetzen, daß sie nach dem Schema unabhängiger Versuche durchgeführt werden, mit beliebig hoher Genauigkeit gegen die entsprechenden bedingten Wahrscheinlichkeiten der einen Eigenschaften in bezug auf die anderen streben. Auf einer Maschine bedingter Wahrscheinlichkeit werden die Prozesse der Ausarbeitung und des Verlernens sog. bedingter Reflexe modellierbar. Nehmen wir an, daß während der gesamten Lernvergangenheit der Maschine die Eigenschaft J fast immer mit der Eigenschaft I zusammen aufgetreten ist. In einem solchen Fall wird die bedingte Häufigkeit p(J/I) der Eigenschaft J bezüglich der Eigenschaft I nahezu gleich Eins sein. Wenn nun die Eigenschaft I ohne die Eigenschaft J auftritt, wird sich die Reaktion (das Ausgangssignal) des J entsprechenden Neurons Q in seiner Stärke nur wenig von der Reaktion des I entsprechenden Neurons P unterscheiden. In einem solchen Fall sprechen wir davon, daß in der Maschine ein bedingter Reflex für die Eigenschaft J bezüglich der Eigenschaft I ausgearbeitet worden ist.

Wird nach Ausarbeitung des angegebenen Reflexes dieser für die Dauer einer hinreichend großen Zahl von Schritten in der danach folgenden Lernfolge nicht mehr bekräftigt (d.h., die Eigenschaft I erscheint ohne die Eigenschaft J), so wird sich die bedingte Häufigkeit p(J/I) vermindern und kann im Verlauf der Zeit zu einer verschwindend geringen Größe werden. Wenn dann die Eigenschaft I ohne die Eigenschaft J auftritt, wird die Reaktion des Neurons Q sehr klein sein. Wir sprechen in diesem Fall vom Erlöschen des entsprechenden bedingten Reflexes.

Die eben beschriebenen Prozesse der Entstehung und des Verlöschens bedingter Reflexe erinnern wenigstens rein äußerlich sehr an analoge Prozesse, wie sie in lebenden Organismen, insbesondere im Nervensystem des Menschen, ablaufen. Dabei gibt es jedoch eine Reihe von Unterschieden. Einer der wesentlichsten Unterschiede besteht darin, daß in dem von uns beschriebenen Schema die Geschwindigkeit der Entstehung und des Erlöschens bedingter Reflexe zu Beginn des Lernprozesses zu groß und gegen Ende des Lernprozesses zu klein ist. Man kann das ändern, indem man die unbedingten und die bedingten Häufigkeiten durch sog. Pseudohäufigkeiten ersetzt.

Unbedingte Pseudohäufigkeiten einer beliebigen gegebenen Eigenschaft I wollen wir eine zwischen Null und Eins eingeschlossene Größe r nennen, die ihren Wert beim Auftreten von Darstellungen mit der Eigenschaft I vergrößert und diesen Wert beim Auftreten von Darstellungen, die die Eigenschaft I nicht besitzen, vermindert. Die Größe r muß gegen Eins streben, wenn, angefangen von einem bestimmten Zeitpunkt, alle Glieder der Lernfolge die Eigenschaft I besitzen, und sie muß gegen Null streben, wenn alle Glieder der Lernfolge, angefangen von einem Zeitpunkt, die Eigenschaft I nicht besitzen (wir setzen hier voraus, daß die Lernfolge mit immer neuen und neuen Gliedern im Lauf eines beliebig großen Zeitintervalls angefüllt werden kann).

Der angeführten Definition genügt insbesondere die unbedingte Häufigkeit, die man daher als ein mögliches Verfahren zur Vorgabe unbedingter Pseudohäufigkeiten ansehen kann. Noch einfacher und zweckmäßiger wird man jedoch die Größe $r_n = r_n(I)$ als unbedingte Pseudohäufigkeit einer bestimmten Eigenschaft ansehen, die durch folgende Rekursionsformel gegeben ist:

$$r_{n+1} = \begin{cases} r_n + \alpha(1 - r_n) \\ r_n - \beta r_n \end{cases} \quad (n = 0, 1, 2, \ldots) \tag{66}$$

Dabei sind die Größen $\alpha$ und $\beta$ positive Konstanten, die kleiner als Eins sind. Erscheint beim (n + 1)-ten Schritt des Lernens die Eigenschaft I, so wird die obere Zeile der angegebenen Beziehungen, im anderen Fall die untere Zeile benutzt. Der Anfangswert $r_0$ der Größe $r_n$ kann beliebig aus dem Intervall (0, 1) gewählt werden.

Ersetzt man jetzt in der oben beschriebenen Maschine der bedingten Wahrscheinlichkeit die unbedingten Häufigkeiten von Eigenschaften durch Pseudohäufigkeiten, die mit Hilfe der Formeln (66) berechnet werden, und behält ansonsten die frühere Funktionsweise der Neuronen bei, so kann man sich durch entsprechend gewählte Größen $\alpha$ und $\beta$ ziemlich weit den biologischen Prozessen der Entstehung und des Erlöschens bedingter Reflexe annähern; jedenfalls wesentlich weiter als im Fall der anfänglich betrachteten Maschine der bedingten Wahrscheinlichkeit. Die bedingten Häufigkeiten der Eigenschaften werden wie früher nach der Formel (64) berechnet, jedoch treten an die Stelle der unbedingten Pseudohäufigkeiten auf der rechten Seite dieser Formel die unbedingten Pseudohäufigkeiten. Daher gibt auch die Formel (64) jetzt in Wirklichkeit nicht die bedingte Häufigkeit, sondern eine bestimmte Größe wieder, die man natürlicherweise bedingte Pseudohäufigkeit einer Eigenschaft in bezug auf eine andere nennt.

Man kann übrigens, indem man den Begriff der bedingten Pseudohäufigkeit etwas anders definiert, eine Maschine bedingter Wahrscheinlichkeit auch so vervollkommnen, daß sich in ihr bedingte Pseudohäufigkeiten ohne vorhergehende Berechnung und Speicherung ihrer unbedingten Häufigkeiten oder unbedingten Pseudohäufigkeiten unmittelbar bestimmen lassen. Zu diesem Zweck führen wir in die unitäre Klassifikationsmaschine paarweise gerichtete Verknüpfungen zwischen den Neuronen ein. Jeder solchen Verbindung wird ein bestimmtes Gewicht zugeschrieben, das beliebige reelle Werte aus dem Intervall (0, 1) annehmen kann. Diese Gewichte können sich bei jedem Schritt des Lernens ändern. Das Verknüpfungsgewicht zwischen den Neuronen P und Q beim n-ten Schritt des Lernens wollen wir mit $\lambda_n(P, Q)$ bezeichnen. Wir bemerken, daß die Gewichte $\lambda_n(P, Q)$ und $\lambda_n(Q, P)$ nicht unbedingt einander gleich zu sein brauchen.

Das Gesetz der Änderung des Verbindungsgewichtes ist durch folgende Beziehungen gegeben, die für alle n = 0, 1, 1, ... gelten:

$$\lambda_{n+1}(P, Q) = \lambda_n(P, Q) \tag{67a}$$

wenn beim (n + 1)-ten Lernschritt das Neuron P nicht erregt wird

$$\lambda_{n+1}(P, Q) = \lambda_n(P, Q) + \alpha(1 - \lambda_n(P, Q)) \tag{67b}$$

wenn beim (n + 1)-ten Lernschritt beide Neuronen P und Q erregt werden;

$$\lambda_{n+1}(P, Q) = \lambda_n(P, Q) - \beta\lambda_n(P, Q) \tag{67c}$$

wenn bei dem (n + 1)-ten Lernschritt das Neuron P erregt und das Neuron Q nicht erregt wird.

Hierbei sind wieder, wie in den Formeln (66), $\alpha$ und $\beta$ positive Konstanten, die kleiner als Eins sind. Das Anfangsgewicht $\lambda_0(P, Q)$ kann beliebig aus dem Intervall (0, 1) gewählt werden.

In rein qualitativer Hinsicht verhalten sich die Gewichte $\lambda_n(P, Q)$ genauso wie die bedingte Häufigkeit $p_n(J/I)$ der Q entsprechenden Eigenschaft J, bezüglich der P entsprechenden Eigenschaft I. Denn bei einem gleichzeitigen Auftreten der Eigenschaften I und J kommt es zu einer Vergrößerung sowohl der Größe $\lambda_n(P, Q)$ als auch der Größe $p_n(J/I)$. Beide Größen vermindern sich, wenn die Eigenschaft I ohne die Eigenschaft J auftritt. Wenn sich die erste Situation (das gleichzeitige Auftreten der Eigenschaften I und J) viele Male hintereinander wiederholt, so streben die Größen $\lambda_n(P, Q)$ und $p_n(J/I)$ gegen Eins, Bei mehrfacher Wiederholung der zweiten Situation (Auftreten der Eigenschaft I ohne die Eigenschaft J) streben beide Größen gegen Null. Es liegt deshalb nahe, die Größe $r_n(J/I) = \lambda_n(P, Q)$ bedingte Pseudohäufigkeit der Eigenschaft J bezüglich der Eigenschaft I zu nennen.

Wenn wir nun vereinbaren, daß in einer Maschine bedingter Wahrscheinlichkeit die unmittelbar nicht erregten Neuronen als ihre Ausgangssignale nicht die bedingten Häufigkeiten, sondern die bedingten Pseudohäufigkeiten der ihnen entsprechenden Eigenschaften bezüglich der maximalen positiven Eigenschaft I der auf dem gegebenen Schritt gezeigten Darstellung abgeben sollen, so genügt zur Realisierung, daß das I entsprechende Neuron P die Ausgangssignale $\lambda_n(P, Q)$ an alle direkt nicht erregten Neuronen R abgibt. Dabei ist es zweckmäßig anzunehmen, daß das Neuron P auf allen Verbindungen der Form (P, R) das von ihm abgegebene Einheits-Ausgangssignal sendet, das sich beim Durchlaufen der entsprechenden Verbindung durch Multiplikation mit der Größe $\lambda_n(P, Q)$ auf einen Wert abschwächt, der laut Bedingung immer kleiner ist als Eins.

Es ist unschwer zu sehen, daß der beschriebene Mechanismus zur Bildung bedingter Reflexe noch einen wesentlichen Nachteil hat. Unter den von uns getroffenen Voraussetzungen werden bedingte Reflexe nur in bezug auf Darstellungen als Ganzes und nicht auf einzelne ihrer Eigenschaften ausgebildet. Bekanntlich ist es im Fall biologischer Systeme anders. Im biologischen Bereich werden meistens gerade bedingte Reflexe in bezug auf spezielle (nicht maximale) Eigenschaften der Darstellungen gebildet.

Man kann natürlich in einer Maschine bedingter Wahrscheinlichkeit jeder der oben beschriebenen Typen ein für alle Mal eine Eigenschaft I festhalten, in bezug auf welche die bedingten Häufigkeiten und die Pseudohäufigkeiten berechnet werden. In diesem Fall braucht eine Eigenschaft nicht die maximale positive Eigenschaft sein, und der bedingte Reflex wird dann in bezug auf eine Eigenschaft von Darstellungen und nicht auf diese Darstellungen selbst ausgearbeitet. Alle oben gemachten Feststellungen über die Gesetzmäßigkeiten der Funktionsweise einer Maschine bedingter Wahrscheinlichkeit sind auch auf diesen Fall anwendbar. Es besteht hier nur keine Notwendigkeit, speziell ein Neuron aufzusuchen, das der maximalen positiven Eigenschaft der betrachteten Darstellung entspricht: Im Fall des Auftretens der Eigenschaft I übernimmt die Rolle dieses Neurons das der Eigenschaft I entsprechende Neuron. In dem Fall, wo die Eigenschaft I nicht auftritt, müssen alle Neuronen (außer den direkt erregten) per definitionem nicht bedingte, sondern unbedingte Häufigkeiten (oder Pseudohäufigkeiten) der ihnen entsprechenden Eigenschaften abgeben.

In seiner ursprünglichen Definition betrachtet Attley nämlich gerade eine solche Funktionsweise der Maschine bedingter Wahrscheinlichkeit. Indem wir jedoch eine Unzulänglichkeit beseitigt haben, kommen wir zu einer neuen Unzulänglichkeit, durch die wir wieder einen wesentlichen Unterschied gegenüber biologischen Systemen erhalten. Biologische Systeme haben nämlich die Fähigkeit, bedingte Reflexe in bezug auf eine ganze Menge von Eigenschaften und nicht nur auf Einzeleigenschaften auszuarbeiten.

Um uns von diesen Unzulänglichkeiten zu befreien, genügt es, in dem von uns zuletzt beschriebenen Schema die Beschränkung fallenzulassen, die darin bestand, daß die Ausgangssignale direkt nicht erregter Neuronen nur von dem Ausgangssignal des Neurons P gebildet wurden. Anstelle dessen lassen wir folgendes zu:

Auf jedes direkt nicht erregte Neuron Q gelangen die Signale $\lambda_n(P_i, Q)$ von allen direkt erregten Neuronen $P_i$ ($i = 1, 2, \ldots$). Das Ausgangssignal des Neurons Q ist dann das größte der Signale $\lambda_n(P_i, Q)$ ($i = 1, 2, \ldots$).

Eine Maschine, die den eben beschriebenen Mechanismus der Erzeugung der Ausgangssignale von Neuronen realisiert und die Verbindungsgewichte entsprechend den Formeln (67) ändert, nennen wir eine Maschine für bedingte Reflexe. Man kann hoffen, daß in ihr viele wichtige Eigenschaften realer Neuronennetze, die die Nervensysteme der Tiere und sogar das Nervensystem des Menschen bilden, einigermaßen widergespiegelt sind.

In realen Neuronennetzen sind natürlich bei weitem nicht alle Verbindungen realisiert, die das vollständige Schema der Maschine bedingter Reflexe benötigt. Es ist auch eine weitere Präzisierung der Änderungsgesetze der Verbindungsgewichte möglich. Insbesondere muß offenbar die erste der Formeln (67) durch die Formel $\lambda_{n+1}(P, Q) = (1 - \gamma)\lambda_n(P, Q)$ ersetzt werden, wobei $\gamma$ eine sehr kleine positive Konstante ist. Nach einer solchen Vervollkommnung wird das Änderungsgesetz der Verbindungsgewichte auch die Eigenschaft der Verbindungen widerspiegeln, daß sich ihre Gewichte im Laufe der Zeit vermindern, auch dann, wenn eine direkte Nichtbekräftigung des Reflexes, der durch diese Verbindung wiedergegeben wird, fehlt.

Läßt man in einer Maschine bedingter Reflexe die Forderung nach Vollständigkeit fallen, d.h., daß Neuronen für ausnahmslos alle positiven Eigenschaften aller möglichen Darstellungen vorhanden sind, so kann man solche unvollständigen Maschinen bedingter Reflexe zur Arbeit mit einer großen

Zahl von Rezeptoren benutzen. Auf dieser Grundlage kann man Maschinen bedingter Reflexe zur Lösung von Problemen der Erkennung sichtbarer Formen benutzen, wie sie in den vorhergehenden Abschnitten betrachtet wurden. Um in dieser Richtung brauchbare Resultate zu erhalten, muß man eine zweckmäßige Auswahl der Eigenschaften treffen, denen in der angegebenen unvollständigen Maschine Neuronen entsprechen sollen.

Noch eine Aufgabe ist von Interesse, die mit den Klassifikationssystemen zusammenhängt. In den bis jetzt beschriebenen Klassifikationssystemen wurden alle Eigenschaften der Darstellungen gleichzeitig mit den Darstellungen selbst wahrgenommen. In einer Reihe von Fällen hat man es jedoch mit solchen Darstellungen zu tun, deren Eigenschaften nacheinander im Lauf des Lernens auftreten. In diesen Fällen sind in der Regel die Darstellungen so weit von ihren sichtbaren Prototypen entfernt, daß wir sie nicht Darstellungen, sondern Begriffe nennen.

Eine solche Situation tritt beim Aufbau von selbstvervollkommnenden Systemen zur Erkennung des Sinnes von Sätzen auf (s. W. M. Gluschkow, N. M. Grischtschenko und A.A.Stognij [16]). Im einfachsten Fall, wenn die betrachteten Sätze nur aus Subjekt und Prädikat bestehen, kann man die Substantive als die zu erkennenden Begriffe ansehen, die als Subjekte gewählt sind und als ihre Eigenschaften ihre möglichen oder nicht möglichen sinnvollen Kombinationen mit verschiedenen Verben, die als Prädikate auftreten.

Liegt die Liste der Verben fest und umfaßt sie n verschiedene Verben, so kann jeder Begriff (Substantiv) durch eine Kombinationszeile mit diesen Verben charakterisiert werden, die die Länge n besitzt. Auf der i-ten Stelle dieser Zeile steht eine Eins oder eine Null, je nachdem, ob eine Kombination des betrachteten Substantivs mit dem i-ten Verb der gegebenen Liste ($i = 1, 2, \ldots, n$) sinnvoll ist oder nicht.

Die angegebenen Zeilen nennen wir verbale Zeilen. Zu der Aufgabe eines sich vervollkommnenden Systems wird es gehören, in diesem Fall eine möglichst große Zahl von Eigenschaften der betrachteten Begriffe auf Grund einer begrenzten Erfahrung vorauszusagen. Wenn die Erfahrung (die Lernvergangenheit) darin besteht, daß dem erwähnten System nacheinander sinnvolle Kombinationen zufällig ausgewählter Substantive und Verben übermittelt werden, so werden sich nacheinander bestimmte Stellen der verbalen Zeilen der von uns gewählten Begriffe (Substantive) mit Einsen füllen. Die Aufgabe des Lernens kann man in diesem Fall als Aufgabe zur Herstellung der Struktur einer unitären Maschine zur Klassifikation der Eigenschaften der ausgewählten Begriffe auffassen. Dazu wird man einen Prozeß organisieren, der die Begriffe in Klassen zusammenfaßt, die mit denselben Verben kombiniert werden können. Diese Klassen entsprechen neuen, verallgemeinerten Begriffen; sie brauchen in der ursprünglichen Liste nicht aufzutreten. So kann zum Beispiel durch Vereinigung einer Reihe von Begriffen (sagen wir „Vater" „Sohn", „Student", „Professor" und andere) mit dem Kennzeichen der Kombinierbarkeit mit den Verben „leben" und „denken" der Begriff „Mensch" entstehen. Wenn es sich nach Bildung einer solchen Klasse herausstellt, daß einige ihrer Repräsentanten noch irgendeine neue Elementareigenschaft besitzen (z.B. die Kombinierbarkeit mit dem Verb „gehen"), so kann man diese Eigenschaft auf die ganze Klasse ausdehnen (d.h. auf alle in die Klasse eingehenden Begriffe). Es versteht sich, daß bei einer solchen Ausdehnung von Eigenschaften Fehler auftreten können. Um solche Fehler zu vermeiden, wir ein Prozeß eingeführt, durch den die Maschine selbständig neue Sätze durch Kombination anderer (zufällig ausgewählter) Begriffe aus der betrachteten Klasse mit einem Verb bilden kann, deren Kombinierbarkeit auf die ganze Klasse ausgedehnt wurde. Ob solche Kombinationen einen Sinn haben, muß der Maschine vom Mensch-Lehrer mitgeteilt werden.

Dank dem Vorhandensein von Verknüpfungen in der Sprache, z. B. in der Art, wie sie durch eine Behauptung vom Typ „fast alle Denkenden sind auch Sprechende" beschrieben wird, führt der beschriebene Prozeß bei vernünftig ausgewählten Verfahren zur Bildung von Extrapolationsklassen von Eigenschaften und der Bildung neuer Sätze dazu, daß die Maschine mit großer Wahrscheinlichkeit eine richtige Trennung der Sätze in sinnvolle und sinnlose Sätze vornimmt. Dabei ist wesentlich, daß eine solche Einteilung für alle Sätze durchgeführt wird, die man aus der gegebenen Menge von Substantiven und Verben bilden kann. Darunter können sich insbesondere auch solche Sätze befinden, die nicht von der Maschine selbst als Fragen an den Lehrer konstruiert wurden oder ihr im Lauf der Lernprozesse mitgeteilt wurden.

Versuche mit Maschinen zur Erkennung der Bedeutung von Sätzen nicht nur der oben beschriebenen einfachen Art, sondern auch von Sätzen, die eine wesentlich kompliziertere Struktur hatten, wurden mit Erfolg im Institut für Kybernetik der Akademie der Wissenschaften der Ukrainischen SSR [16] durchgeführt. Unter verschiedenen Annahmen über die Struktur der Sprache (im gegebenen Fall die Menge der verbalen Zeilen) konnte man Abschätzungen für die Geschwindigkeit des Lernens bei den so realisierten Algorithmen durchführen, ähnlich wie für die $\alpha$-Perceptronen im vorhergehenden Abschnitt. Jedoch sind die entsprechenden Berechnungen ziemlich umfangreich und bedeutend weniger anschaulich als im Fall der Perceptronen.

## 2.9. Selbstorganisation und Selbsteinstellung. Methoden zur Lösung komplizierter Variationsaufgaben

Im Abschn. 1. wurde der Begriff eines Systems von Algorithmen eingeführt, in dem die Eigenschaften der Selbstorganisation und Selbstvervollkommnung enthalten sind. Bei den meisten Aufgaben, die in der Praxis auftreten, ist es zweckmäßig, die eigentliche Selbstorganisation von der sog. Selbsteinstellung zu unterscheiden. Die Selbsteinstellung ist die einfachste Form der Selbstvervollkommnung. Genauer gesagt, werden wir den einfachsten Fall der Selbstvervollkommnung, die Selbsteinstellung von den höheren Typen der Selbstvervollkommnung, der Selbstorganisation unterscheiden.

Der Unterschied besteht darin, daß bei der Selbsteinstellung nur bestimmte Zahlenparameter im Arbeitsalgorithmus geändert werden, während eine Selbstorganisation mit einer Änderung der Struktur des Algorithmus selbst zusammenhängt. Selbstverständlich ist der Unterschied bis zu einem gewissen Grad relativ, da bei einer entsprechenden Schreibweise der Algorithmen Änderungen in der Struktur eines Algorithmus auf Änderungen von Zahlenparametern zurückgeführt werden können. Wenn man zum Beispiel alle Algorithmen der betrachteten Klasse durchnumeriert hat, läuft eine beliebige Änderung des Algorithmus auf eine Änderung der entsprechenden Nummer hinaus, die man in diesem Fall als Zahlenparameter ansehen kann. Doch ungeachtet dessen kann man in der Praxis beide Typen der Selbstvervollkommnung hinreichend gut gegeneinander abgrenzen, weil man hier eine fixierte Form für die Aufschreibung von Algorithmen verwendet (unter Benutzung einer algorithmischen Sprache).

Wir wollen nun einige Beispiele für die Selbsteinstellung und die Selbstvervollkommnung der Struktur von Algorithmenschemata anführen. Als erstes Beispiel bringen wir als häufig auftretenden Fall einer Selbsteinstellung, die Extremalwertregelung. Man bringt in das Regelsystem solche Werte der Parameter $x_1, x_2, \ldots, x_n$ ein, daß eine gegebene Funktion $f = f(x_1, x_2, \ldots, x_n)$ einen extremalen (minimalen oder maximalen) Wert annimmt. Die Funktion

$f(x_1, x_2, \ldots, x_n)$ hängt dabei auch von bestimmten anderen Parametern $y_1, y_2, \ldots, y_n$ ab, die sich unabhängig von unseren Wünschen ändern und deren unmittelbare Steuerung unmöglich ist. Wegen der Veränderlichkeit dieser Parameter müssen auch die Werte der Parameter $x_1, x_2, \ldots, x_n$, die das gewünschte Extremum der Funktion f herstellen, laufend geändert werden.

In der Praxis ist meist die Bestimmung der Extrema mit den üblichen Methoden (durch Nullsetzen der partiellen Ableitungen der Funktion f und Auflösung des dadurch erhaltenen Gleichungssystems) unmöglich oder unzweckmäßig, z.B. wenn kein analytischer Ausdruck für die Funktion f gegeben ist. Es erhebt sich die Frage, mit welchen Methoden man dann das Problem der Selbsteinstellung lösen kann. Eine der universellsten Methoden zur Lösung dieser Aufgabe ist die sog. Methode des schnellsten Abstiegs (oder des schnellsten Anstiegs). Die Methode des schnellsten Abstiegs (Anstiegs) dient zur Bestimmung der Minimumpunkte (entsprechend Maximumpunkte) einer Funktion vieler Veränderlicher mit Hilfe eines speziellen Prozesses zur sukzessiven Näherung. Sei $f(x_1, x_2, \ldots, x_n)$ eine beliebige differenzierbare Funktion von n Veränderlichen, so wählen wir im Raum dieser Variablen einen beliebigen Punkt $M(a_1, a_2, \ldots, a_n)$ und bestimmen näherungsweise Werte der partiellen Ableitungen $f_i = f'_x\ (a_1, a_2, \ldots, a_n)$ im Punkt M nach den Formeln

$$f_i \approx \frac{1}{\Delta}\,(f(a_1, a_2, \ldots, a_{i-1}, a_i + \Delta, a_{i+1}, \ldots, a_n) - f(a_1, a_2, \ldots, a_{i-1}, a_i, a_{i+1}, \ldots, a_n))$$

$$\text{mit } (i = 1, 2, \ldots, n)$$

indem wir allen Veränderlichen der Reihe nach denselben Zuwachs $\Delta$ geben. Wir wollen klären, welche Zuwüchse $\Delta_i$ man gleichzeitig allen Argumenten geben muß, um sich in maximal möglichem Grad einem Extremalpunkt zu nähern. Dabei sollen nur die Werte der Funktion f und ihre Ableitungen im Punkt M benutzt werden.

Die letzte Bedingung ist dabei sehr wesentlich, weil sich ohne sie die Frage ganz trivial lösen läßt. Wir brauchten die Zuwüchse der Variablen nur so zu wählen, daß sie uns sofort zu dem Extremum führen. Jedoch das Extremum ist uns unbekannt, und wir müssen die Frage lösen, wie wir uns diesem Punkt nur mit der Information über das Verhalten der betrachteten Funktion in der Umgebung des beliebig gewählten Punktes $M\ (a_1, a_2, \ldots, a_n)$ nähern können. Bezeichnen wir die gesuchten Zuwüchse der Variablen $x_1, x_2, \ldots, x_n$ im Punkt M entsprechend mit $\Delta_1, \Delta_2, \ldots, \Delta_n$ und machen Gebrauch von der Formel des vollständigen Differentials, so erhalten wir die Zuwüchse $\Delta f$ der Funktion f im Punkt M durch die Näherungsformel

$$\Delta f \approx f_1\,\Delta_1 + f_2\,\Delta_2 + \ldots + f_n\,\Delta_n$$

Vereinbaren wir, einen Schritt in Richtung auf ein Extremum (im Raum der Veränderlichen $x_1, x_2, \ldots, x_n$) mit der konstanten Länge r zu machen, so müssen wir zu der Gleichung des Zuwachses der Funktion f noch eine Gleichung

$$\Delta_1^2 + \Delta_2^2 + \ldots + \Delta_n^2 = r^2 \qquad (68)$$

hinzufügen.

Man muß nun die Größen $\Delta_1, \Delta_2, \ldots, \Delta_n$ so wählen, daß unter Beachtung der Gl. (68) die Funktion $\Delta f$ ein Minimum bzw. Maximum wird. Nach der Lagrangeschen Multiplikatorenmethode führt dies auf die Bestimmung des Extremums der Funktion

$$F = \sum_{i=1}^{n} (f_i \Delta_i - \lambda \Delta_i^2) + \lambda r^2$$

der Veränderlichen $\Delta_1, \Delta_2, \ldots, \Delta_n$. Differenziert man nach $\Delta_i$ und setzt die erhaltenen partiellen Ableitungen gleich Null, so erhält man das folgende Gleichungssystem

$$f_i - 2 \lambda \Delta_i = 0 \qquad (i = 1, 2, \ldots, n) \tag{69}$$

das man natürlich noch durch die Gl. (68) ergänzen muß. Aus den Gln. (69) folgt, daß gilt

$$\Delta_i = k f_i \tag{70}$$

Dabei ist k ein bestimmter Proportionalitätsfaktor, der für alle $i = 1, 2, \ldots, n$ denselben Wert hat.

Die Gln. (70) bestimmen, je nachdem, welches Vorzeichen man dem Proportionalitätskoeffizienten k gibt, zwei entgegengesetzte Richtungen. Bewegt man sich in diesen Richtungen aus dem Punkt M heraus (innerhalb einer Umgebung des Punktes M), so ergibt sich ein steilstes Anwachsen (für $k > 0$) oder ein steilstes Abfallen (für $k < 0$) der Funktion f. Diese Richtungen heißen dementsprechend Richtungen des steilsten Anstiegs oder des steilsten Abfalls in dem betrachteten Punkt M. Der Betrag, der dabei in den angegebenen Richtungen zurückgelegten Strecke r heißt dementsprechend Schritt des Gradientenanstiegs oder des Gradientenabfalls im Punkt M. Je nachdem, ob ein Maximum oder ein Minimum der betrachteten Funktion f gesucht wird, wählt man eine der beiden Richtungen (das Vorzeichen des Parameters k in den Gln. (70) und bewegt sich in der gewählten Richtung (bestimmt durch die Wahl des Parameters k) weiter, und zwar so lange, wie die Funktion f den Charakter ihres Wachstums in dieser Richtung nicht ändert, d.h. nicht vom Anwachsen zum Abfallen wechselt oder umgekehrt.

Erreicht man auf diese Weise den Punkt N, so wiederholt man anschließend mit diesem Punkt die gleichen Operationen, wie sie vorher für den Punkt M beschrieben wurden. Auf diese Weise erhält man einen neuen Punkt P usw. Ist die Funktion f hinreichend glatt, so gelangt man, wenn man diesen Prozeß nur genügend lange fortführt, in jede beliebige kleine Umgebung eines bestimmten stationären Punktes der gegebenen Funktion, d.h. zu einem Punkt, in dem alle partiellen Ableitungen der Funktion gleich Null sind (dies tritt natürlich nur dann ein, wenn stationäre Punkte bei der gegebenen Funktion existieren), oder aber man gelangt an die Grenzen des Definitionsbereichs der Funktion f, und zwar auch dort wieder an einen Punkt eines lokalen Extremums der Funktion f (in dem gegebenen Gebiet).

Der gesuchte Punkt, für den f ein absolutes Extremum annimmt, befindet sich unter den getroffenen Voraussetzungen unter diesen so bestimmten Punkten. Es gibt jedoch keine Garantie dafür, daß diese Methode gleich beim ersten Mal zu einem Punkt des absoluten Extremums der gegebenen Funktion führt. Man muß deshalb den Anfangspunkt M variieren und immer wieder neue stationäre Punkte der Funktion bestimmen, um durch nachfolgenden Vergleich der Funktionswerte in diesen Punkten das gesuchte Extremum auszuwählen (falls man alle stationären Punkte der Funktion f besitzt).

In der Praxis zieht man gewöhnlich einen anderen Weg vor: Man wählt zufällig eine Reihe von Punkten $M_1$, $M_2$, ..., $M_k$ aus dem Definitionsbereich der Funktion f und wählt unter denjenigen aus, in dem die Funktion einen maximalen (im Fall der Bestimmung des Maximums) oder einen minimalen (im Fall der Bestimmung eines Minimums) Wert hat. Ausgehend von diesem Punkt sucht man den steilsten Abstieg oder steilsten Anstieg nach der oben beschriebenen Methode. Bei hinreichend großem k (das von der Wahl der Funktion f abhängt) findet man mit diesem Verfahren mit einer beliebig nahe an Eins liegenden Wahrscheinlichkeit das absolute Extremum (und nicht nur irgendein lokales Extremum).

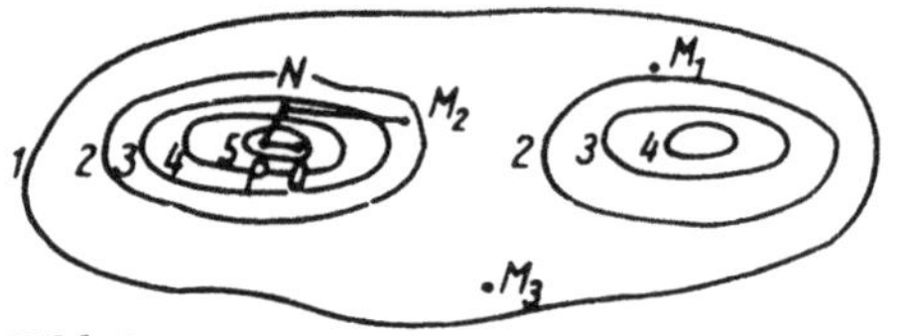

Bild 8

Eine der möglichen Varianten zur Bestimmung des absoluten Extremums einer Funktion von zwei Veränderlichen ist im Bild 8 dargestellt. Die Funktion ist auf diesem Bild durch ihre Horizontallinien (Niveaulinien) gegeben, mit $M_1$, $M_2$, $M_3$ sind die zufällig ausgewählten Anfangspunkte bezeichnet (der Punkt $M_2$ ist der am höchsten liegende unter ihnen), mit N, P, Q sind der Reihe nach die Punkte bezeichnet, die man nach der Methode des steilsten Anstiegs, ausgehend von dem Punkt $M_2$, erhält. In diesem Beispiel fallen praktisch bereits nach drei Schritten des steilsten Anstiegs die Punkte in den Punkt des absoluten Maximums der betrachteten Funktion.

Das Algorithmensystem, das die Aufgabe der Selbsteinstellung löst, besteht aus dem Arbeits-Algorithmus A. Dieser nimmt das Eingangswort (den Wert der Funktion $f(x_1, x_2, \ldots, x_n)$) wahr, welches das Gütekriterium der Regelung bestimmt und möglicherweise auch die Werte einiger anderer Größen festlegt. Er gibt ein Ausgangswort ab, das aus den Koordinaten eines bestimmten Punktes $M(a_1, a_2, \ldots, a_n)$ besteht, der bei einem stationären Regime (bei unveränderlicher Funktion f) mit einem Punkt des absoluten Extremums dieser Funktion zusammenfällt. Im Fall eines nichtstationären Regimes (bei veränderlicher Funktion f) wird noch ein Algorithmus B wirksam, der die Suche nach einem Punkt des absoluten Extremums der veränderlichen Funktion f (z.B. nach der Methode des steilsten Abfalls oder Anstiegs) verwirklicht und die Parameter $a_1$, $a_2$, ..., $a_n$, die von dem Arbeitsalgorithmus abgegeben werden, durch die Koordinaten dieses Punktes ersetzt.

Man kann das beschriebene System, das aus den Algorithmen A und B besteht, als ein selbsteinstellendes System von Algorithmen ansehen.

Jetzt betrachten wir ein Beispiel für die Selbstvervollkommnung durch Änderung der Struktur des Arbeitsalgorithmus. Wir wollen annehmen, daß der Arbeitsalgorithmus für Werte der Koeffizienten p und q der quadratischen Gleichung $x^2 + px + q = 0$ die Nullstellen dieser Gleichung bestimmen soll. Dieser Algorithmus ist jedoch zu Beginn der Arbeit noch nicht bekannt. Da man die gegebene quadratische Gleichung nach der bekannten Formel

$$x_{1,2} = -p/2 \pm \sqrt{p^2/4 - q}$$

auflösen kann, kann man den gesuchten Algorithmus in der Klasse der Formeln suchen, die man mit Hilfe der Operationen Addition, Subtraktion, Multiplikation, Division und Quadratwurzelziehen aus den Buchstaben p und q und ganzen Zahlen aufbauen kann. Man kann all diese Formeln, nachdem man sie nach wachsendem Kompliziertheitsgrad geordnet hat, durchnumerieren: Mit wachsender Nummer der Formel soll sich allgemein die Zahl der in der Formel verwendeten Operationen und die Maximalzahl der in ihr enthaltenen ganzzahligen Parameter erhöhen.

Zuerst wird als Arbeitsalgorithmus eine der einfachsten Formeln ausgewählt, sagen wir die Formel $p + q$. Der Arbeitsalgorithmus erhält die wirklichen Werte der Koeffizienten p und q (sagen wir $p = 3$, $q = 2$) und gibt einen entsprechenden Wert der Wurzel oder der Wurzel ab (im gegebenen Fall $x = p + q = 5$). Der Lernalgorithmus führt eine Überprüfung der erhaltenen Lösung durch, indem er die gefundenen Werte in die Ausgangsgleichung einsetzt. Wenn diese Werte der Wurzeln die Gleichung befriedigen, so bleibt der Arbeitsalgorithmus unverändert. Erweist sich jedoch die Lösung als unrichtig (wie in dem eben betrachteten Fall), so wird als Arbeitsalgorithmus die in der Reihenfolge nächste Formel gewählt.

Man sieht leicht ein, daß bei der beschriebenen Organisation des Arbeits- und des Lernalgorithmus nach endlich vielen erfolglosen Versuchen die richtige Formel für die Lösung der quadratischen Gleichung gefunden wird. Weil sich bei diesem Suchprozeß im allgemeinen die Struktur des Algorithmus (die Gestalt der Formel) ändert und nicht nur gewisse Zahlenparameter variieren, so ist das angegebene System nach der vereinbarten Terminologie ein selbstvervollkommnendes System von Algorithmen auf der Grundlage der Selbstorganisation, d.h., es stellt einen höheren Typ der Selbstvervollkommnung dar als das der Selbsteinstellung.

Bei dem betrachteten Beispiel wird die Suche nach dem erforderlichen Arbeitsalgorithmus durch einfache Durchmusterung aller Algorithmen einer vorgegebenen Klasse verwirklicht. Statt eine vorgegebene spezielle Klasse von Algorithmen durchzumustern, kann man auch die Klasse aller Algorithmen durchprobieren, die in einer festen algorithmischen Sprache geschrieben sind (z.B. in der Sprache der Normalalgorithmen). Dabei erhöht sich jedoch im allgemeinen die Suchzeit bedeutend.

Gewöhnlich verwirklicht man solche Suchsysteme auf schnellarbeitenden elektronischen Ziffernrechnern, die viele tausend Operationen in der Sekunde ausführen. Bei solcher Geschwindigkeit ist die Lösung des beschriebenen Beispiels (die Auffindung einer Formel zur Lösung der angeführten quadratischen Gleichungen) in sehr kurzer Zeit möglich. Je schwieriger die gesuchten Arbeitsalgorithmen jedoch werden, um so größer wird die Suchzeit bei Durchmusterung aller Varianten. Sie kann schließlich so groß werden, daß eine Realisierung einer solchen Suche in vernünftiger Zeit selbst unter Ausnutzung überschneller Automaten unmöglich wird.

In diesem Fall geht man zu einem stufenweisen Suchen über: Zunächst bestimmt man irgendwelche hinreichend einfachen Bestandteile (Blöcke) des gesuchten Arbeitsalgorithmus und wendet verschiedene Kombinationen der konstruierten Blöcke an. Die Blöcke selbst kann man aus noch kleineren Blöcken aufbauen, so daß der Prozeß einer weiteren Unterteilung der Suche in einzelne Stufen noch weiter fortgesetzt werden kann. Die Systeme für stufenweises Suchen gestatten, sehr komplizierte selbstorganisierende Systeme aufzubauen, die zu dem schöpferischen Suchen des Menschen analog sind. Wir wollen nun nicht weiter in die Einzelheiten der Selbstorganisation eindringen und unsere Aufmerksamkeit nur auf Probleme konzentrieren, die mit der Selbsteinstellung zusammenhängen.

Die schon oben beschriebene Methode des steilsten Abstiegs (oder Anstiegs) ist bereits ein bestimmter Suchprozeß. Bei diesem Prozeß wird eine bestimmte Strategie (oder Taktik) angewendet, um die Durchmusterung der verschiedenen Varianten, die zu der Lösung der Aufgabe führen, abzukürzen. Im betrachteten Fall läuft die Strategie des Suchens auf die Benutzung der Information über die lokalen Eigenschaften der entsprechenden Funktion f hinaus. Diese Funktion wollen wir Bewertungsfunktion nennen (die Werte dieser Funktion kann man als Bewertung der Güte der auf dem einen oder anderen Schritt des Suchprozesses gefundenen Näherungen an die erforderliche Lösung ansehen).

Ist die Anzahl der Parameter (der Argumente der Bewertungsfunktion) sehr groß, so treten verschiedene Schwierigkeiten bei der Benutzung der Methode des steilsten Abstiegs (Anstiegs) in der oben beschriebenen Weise auf (das Einspielen auf relative Minima oder Maxima, ein zu langsames Annähern an das absolute Extremum usw.). Um diese Schwierigkeiten zu überwinden, werden verschiedene Änderungen und Vervollkommnungen in die oben beschriebene Strategie des lokalen Suchprozesses eingeführt.

Die einfachsten Änderungen werden dadurch bewirkt, daß man die Schrittweite für den Gradientenabstieg (-anstieg) verändert. Es ist insbesondere zweckmäßig, die Fortbewegung in der gegebenen Richtung nicht so lange fortzusetzen, bis der Zuwachs $\Delta f$ der Bewertungsfunktion sein Vorzeichen wechselt, sondern nur so lange, wie die relative Zuwachsgröße $\Delta f/f$ dem Betrag nach größer ist als ein bestimmter vorgegebener Wert, den man Gradientenprobe nennt.

In einer Reihe von Fällen kann man die Argumente der Bewertungsfunktion f so in zwei Klassen einteilen, daß die Änderungen der Variablen der ersten Klasse zu relativ großen Änderungen der Werte der Funktion f führen, während die Änderungen der Variablen der zweiten Klasse den Wert von f bedeutend weniger verändern. Die beschriebenen Methoden liefern eine zu geringe Annäherungsgeschwindigkeit an das Extremum in Richtungen, die den Änderungen der Variablen der zweiten Klasse entsprechen. Bildlich gesprochen, kann man einem schnellen Abstieg (in der Richtung, die den Änderungen der Variablen der ersten Klasse entspricht) auf den Boden einer gewissen „Schlucht" erreichen, dann aber mehr oder weniger zufällig auf dem Boden dieser Schlucht umherwandern, ohne sich dem Extremum zu nähern.

Zur Behebung dieses Mißstands schlugen I. M. Gelfand und M. L. Zetlin [18] eine spezielle Methode vor, die sie die Methode der Schluchten nannten. Ihr Wesen besteht darin, daß auf den „Hängen der Schlucht" nicht ein, sondern zwei Punkte ($X_0$ und $X_1$) gewählt werden. Von diesen Punkten aus wird ein möglichst schneller Abstieg auf den „Boden der Schlucht" vorgenommen. So gelangt man zu zwei neuen Punkten $A_0$ und $A_1$. Man verbindet diese Punkte $A_0$ und $A_1$ geradlinig und macht in Richtung dieser Geraden (in Richtung fallender Werte der Bewertungsfunktion) einen sog. Schluchtenschritt, dessen Größe gewöhnlich bedeutend größer ist als der Schritt des Gradientenabstiegs. Dieser Schritt führt zu einem neuen Punkt $X_2$. Von diesem Punkt aus verwirklicht man von neuem einen steilsten Abstieg in einen Punkt $A_2$, der auf dem „Boden" der Schlucht liegt. Nun macht man in der durch die Punkte $A_1$ und $A_2$ bestimmten Richtung wiederum einen Schluchtenschritt, der uns zu dem neuen Punkt $X_3$ führt. Von diesem Punkt aus geht man wieder mit steilstem Abstieg auf den „Boden der Schlucht" weiter usw.

Wir führten die Beschreibung dieser Methode bezüglich des Abstiegs durch (d.h. zur Bestimmung des Minimums der Bewertungsfunktion f). Selbstverständlich sind die betreffenden Konstruktionen auch für den Aufstieg anwendbar (zur Bestimmung des Maximums der Funktion f). In diesem Fall wird anstelle eines Abstiegs in eine Schlucht ein Anstieg auf einen „Gebirgsgrat" verwirklicht mit einer nachfolgenden Bewegung nicht auf dem „Boden der Schlucht", sondern auf dem „Rücken des Grates".

Die Methoden des Abstiegs (oder Anstiegs) gehören zu der Klasse von Methoden zur Bestimmung von Extrema von Funktionen oder Funktionalen; wir fassen sie unter der allgemeinen Bezeichnung Variationsmethoden zusammen. Bei den meisten Problemen der Kybernetik ist es notwendig, eine Beschränkung für die möglichen Werte der Argumente der Bewertungsfunktion f[1] vorzunehmen. Es kann auch sein, daß die gesuchten Extrema nicht im Inneren des Definitionsbereichs der Funktion f, sondern auf der Berandung liegen. Die betrachteten Methoden des Abstiegs (Anstiegs) sind im Prinzip auch zur Bestimmung solcher „Randextrema" geeignet. Jedoch in einer Reihe besonderer Fälle erweisen sich bestimmte spezielle Variationsmethoden als wesentlich effektiver.

Zu den Methoden dieser Art gehören die Methoden der sog. Linearprogrammierung (oder linearen Planung). Diese Methoden werden angewandt, wenn die Zielfunktion f eine lineare Funktion ist (ein Polynom ersten Grades):

$$f = a_1x_1 + a_2x_2 + \dots + a_nx_n + a_o$$

und die Grenzen des Definitionsbereichs der Variablen Hyperebenen sind, d.h. Flächen, die durch Gleichungen ersten Grades beschrieben werden. In diesem Fall ist der Definitionsbereich ein mehrdimensionales Polyeder (das allerdings nicht notwendig endlich ist), für das alle Punkte einem System linearer Ungleichungen der Form

$$b_{i1}x_1 + b_{i2}x_2 + \dots + b_{in}x_n + b_{io} \geqq 0 \qquad (i = 1, 2, \dots, m)$$

genügen, Je nach den Vorzeichen der Koeffizienten $b_{ij}$ können die Ungleichheitszeichen natürlich auch entgegengesetzt gewählt werden.

Man sieht leicht ein, daß die Zielfunktion f nur in einem oder einigen Eckpunkten (oder Kantenpunkten) des Polyeders ein Extremum annehmen kann. Treten mehrere Ecken auf, wird der Extremalwert einer Funktion f auf dem (im allgemeinen mehr dimensionalen) Rand angenommen, der durch diese Eckpunkte hindurchgeht. Man kann daher den Extremalwert finden, indem man nacheinander alle Eckpunkte des Polyeders durchmustert. Bei einer großen Anzahl von Variablen ist jedoch auch diese Methode zu aufwendig. Man hat deshalb leistungsfähigere Methoden zur Lösung von Problemen der Linearprogrammierung ausgearbeitet. Diese Methoden arbeiten nicht mit linearen Ungleichungen, sondern mit linearen Gleichungen. Durch Einführung neuer Unbekannten kann man beliebige Ungleichungen auf Gleichungen zurückführen. Bei der Einführung solcher Hilfsvariablen werden die Ungleichungen

$$\sum_{j=1}^{n} b_{ij}x_j \quad b_{io} \geqq 0$$

durch die Gleichungen

$$\sum_{j=1}^{n} b_{ij}x_j + b_{io} = y_i$$

1) In der deutschen Literatur häufig als Zielfunktion bezeichnet. (Bem. d. Übersetzers.)

ersetzt, wobei die $y_i$ die neuen Unbekannten sind, die nur nichtnegative Werte annehmen dürfen ($i = 1, 2, \ldots, m$).

In der Praxis trifft man sehr oft folgende Aufgabenstellung der Linearprogrammierung, die wir die kanonische Aufgabenstellung nennen wollen.

Gegeben sei ein System von m linearen algebraischen Gleichungen mit n Unbekannten

$$\sum_{j=1}^{n} a_{ij}x_j = b_i \qquad (i = 1, 2, \ldots, m)$$

Gesucht ist eine nichtnegative Lösung (alle $x_j \geqq 0$) dieses Systems, so daß eine bestimmte feste Linearform (Zielfunktion)

$$f = \sum_{k=1}^{n} c_k x_k$$

einen kleinstmöglichen Wert annimmt.

Wir beschreiben nun eine der möglichen wirkungsvollen Methoden zur Lösung dieser Aufgabe, die Simplex-Methode. Bei der Simplex-Methode wird das gegebene Gleichungssystem

$$\sum_{j=1}^{n} a_{ij}x_j = b_i \qquad (i = 1, 2, \ldots, m)$$

durch einige Umformungen in eine bestimmte spezielle Form übergeführt. Zunächst wird das System wie folgt transformiert: Alle freien Glieder $b_i$ werden nichtnegativ gemacht (ist ursprünglich $b_i < 0$, so muß man auf beiden Seiten der i-ten Gleichung das Vorzeichen ändern); dann werden die Gleichungen in die Form

$$0 = b_i - \sum_{j=1}^{n} a_{ij}x_j \qquad (i = 1, 2, \ldots, m)$$

umgeschrieben. Gibt es in dem erhaltenen System eine Variable $x_k$, die nur in eine Gleichung eingeht, sagen wir in die p-te, und die dort einen positiven Koeffizienten $a_{ik}$ hat, so nennt man eine solche Variable eine Basisvariable, die betreffende Gleichung wird dann nach dieser Variablen aufgelöst. Wir sondern alle Basisvariablen ab, bezeichnen sie mit den Buchstaben $x_1$, $x_2$, $\ldots$, $x_{k_0}$ und schreiben unser System in die folgende Form um:

$$x_k = b_k - \sum_{j=k_0+1}^{n} a_{kj}x_j \qquad (k = 1, 2, \ldots, k_0)$$

$$0 = b_i - \sum_{j=1}^{n} a_{ij}x_j \qquad (i = k_0 + 1, k_0 + 2, \ldots, m) \tag{71}$$

Die Gleichungen der zweiten Gruppe (die nicht nach einer Variablen $x_k$ aufgelöst sind) heißen 0-Gleichungen (es ist natürlich möglich, daß alle

Gleichungen des Systems zu der zweiten Gruppe von Gleichungen gehören). Das Ziel der folgenden Transformationen besteht darin, irgendeine nichtnegative Lösung des Systems (71) zu finden. Diese Umformungen laufen auf die (im allgemeinen mehrfache) Wiederholung eines Zyklus hinaus, der aus den folgenden Schritten besteht (s. [4]):

1. Es wird eine 0-Gleichung gesucht, bei der das freie Glied größer als Null ist (gibt es eine solche 0-Gleichung nicht, so ist die Aufgabe bereits gelöst; denn dann können wir $x_k = b_k$ ($k = 1, 2, \ldots, k_0$) und $x_i = 0$ ($i = k_0 + 1, k_0 + 2, \ldots, n$) setzen und erhalten so offenbar eine nichtnegative Lösung des Systems). Dies sei die i-te Gleichung.
2. In der gefundenen (i-ten) Gleichung wird irgendein positiver Koeffizient $a_{ij_1}$ markiert (sind alle Koeffizienten $a_{ij}$ in der i-ten Gleichung nichtpositiv, so kann offenbar das System (71) keine positiven Lösungen besitzen, und folglich ist dann die gestellte Aufgabe der Linearprogrammierung unlösbar).
3. In der Spalte, in der der abgesonderte Koeffizient $a_{ij_1}$ liegt (d.h. in der $j_1$-ten Spalte) bestimmen wir den sog. Lösungskoeffizienten $a_{i_1 j_1}$, der dadurch charakterisiert ist, daß von allen Verhältnissen $b_i/a_{ij1}$ mit positivem $a_{ij1}$ ($i = 1, 2, \ldots, n$) das Verhältnis $b_{i1}/a_{i1j1}$ einen möglichst kleinen Wert hat.
4. Die Gleichung, in die der Lösungskoeffizient eingeht (d.h. die $i_1$-te Gleichung), wird nach der Variablen $x_{j1}$ aufgelöst, danach wird diese Variable mit zu den Basisvariablen hinzugenommen. Der gefundene Ausdruck für $x_{j_1}$ wird in alle übrigen Gleichungen eingesetzt (gehörte die $i_1$-te Gleichung nicht zu den 0-Gleichungen, so wird die Variable $x_{i_1}$, die auf der linken Seite dieser Gleichung steht, aus der Zahl der Basisvariablen ausgeschlossen).
5. Nach der Auflösung der $i_1$-ten Gleichung (bezüglich $x_{i_1}$) wird aufs neue eine 0-Gleichung mit einem positiven freien Glied gesucht und mit ihr alle oben beschriebenen Operationen wiederholt.

Der beschriebene Prozeß wird so lange fortgesetzt, bis alle 0-Gleichungen verschwunden sind. Die gesuchte nichtnegative Lösung erhält man, indem man alle Basisvariablen $x_i$ gleich den entsprechenden freien Gliedern $b_i$ ($i = 1, 2, \ldots, n$) und alle Variablen, die nicht Basisvariable sind, gleich Null setzt. Es gibt auch Fälle, bei denen der beschriebene Prozeß zyklisch wird und sich unendlich lange fortsetzt, d.h. zu keiner Lösung führt. In diesen Fällen ändert man die Wahl der 0-Gleichung und des Lösungskoeffizienten bei dem 2. und 3. Schritt des Prozesses, wodurch gewöhnlich das Zyklischwerden vermieden wird.

Nach dem Auflösungsprozeß werden die gefundenen Ausdrücke für die Basisvariablen in die Zielfunktion $f = \sum_{k=1}^{n} c_k x_k$ eingesetzt, die dann die Form

$$f = d - \sum_{j=r+1}^{n} d_j x_j'$$

annimmt. In dem letzten Ausdruck erstreckt sich die Summation nur über die Nichtbasisvariablen, denen (bei der entsprechenden Numerierung) die Nummern von r + 1 bis n entsprechen.

Nun wird der Lösungsprozeß auf das Gleichungssystem für die Hauptvariablen, das man bei der ersten Anwendung des Prozesses erhalten hat, geschrieben in der Form

$$x_i = b'_i - \sum_{j=r+1}^{n} a'_{ij} x'_j \qquad (i = 1, 2, \ldots, r)$$

und auf die neue 0-Gleichung $0 = d - \sum_{j=r+1}^{n} d_j x'_j$ angewendet. Als Lösungskoeffizienten werden hier nur die Koeffizienten $a_{ij}$ gewählt. Der Prozeß endet dann, wenn in der 0-Gleichung alle Koeffizienten $d_j$ negativ werden. Setzen wir dann alle Nichtbasisvariablen gleich Null und die Basisvariablen gleich den betreffenden freien Gliedern, so erhalten wir die verlangte Lösung der Ausgangsaufgabe der Linearprogrammierung. Zu bemerken ist noch, daß sowohl bei der ersten als auch bei der zweiten Anwendung des Prozesses der sukzessiven Auflösung alle freien Glieder (mit Ausnahme des Gliedes d) ständig nichtnegativ bleiben.

Die Linearprogrammierung wird in großem Umfang bei Problemen der optimalen Planung von Transportaufgaben benutzt. Derartige Anwendungen der Linearprogrammierung wurden zuerst von L. W. Kantorowitsch [19] ausgearbeitet. Eingehende Begründungen der von uns beschriebenen Simplex-Methode kann man in speziellen Monographien über lineare Programmierung finden.

Wir wollen noch ein allgemeines Schema von Variationsaufgaben beschreiben, auf das sich viele Aufgaben der sog. dynamischen Programmierung (oder der dynamischen Planung) [5] zurückführen lassen. In einem (im allgemeinen mehrdimensionalen) euklidischen Raum wird unter einigen Einschränkungen eine bestimmte Klasse von Kurven ausgezeichnet, die wir Trajektorien nennen wollen. Auf der Menge aller möglichen Trajektorien ist eine bestimmte Wertfunktion (oder, wie man auch gewöhnlich sagt, ein Funktional) gegeben. Die Aufgabe besteht darin, eine Trajektorie zu finden, auf der der Wert dieses Funktionals einen möglichst großen oder möglichst kleinen Wert annimmt.

Betrachten wir eine der hinreichend allgemeinen numerischen (Näherungs-) Methoden zur Lösung dieser Aufgabe, die von W. S. Michalewitsch und N. S. Schor ausgearbeitet wurde: die Methode der aufeinanderfolgenden Analyse von Varianten. Wir wollen diese Methode auf den ganz einfachen Fall, daß der zugrunde gelegte Raum zweidimensional ist, anwenden. Die Klasse K der Trajektorien soll aus allen stückweise glatten Kurven bestehen, die zwei feste Punkte A und B dieses Raumes verbinden und ganz in einem festen endlichen Gebiet Q enthalten sind. Das Bewertungsfunktional F soll die Eigenschaft der Linearität besitzen. Die Eigenschaft der Linearität besteht darin, daß das Bewertungsfunktional F nicht nur auf ganzen Trajektorien als definiert vorausgesetzt wird, sondern auch auf beliebigen Stücken (offenen Teilmengen oder ihren Abschließungen) definiert ist. Vereinigt man zwei solche sich nicht überschneidende Stücke in eins, so sollen sich die betreffenden Werte des Bewertungsfunktionals addieren:

$$F(L_1 \cup L_2) = F(L_1) + F(L_2)$$

Die formulierten Bedingungen entsprechen der Aufgabe der dynamischen Programmierung in der Formulierung von R. Bellman.

Der erste Schritt bei der Methode der aufeinanderfolgenden Variantenanalyse besteht darin, daß die Klasse K eingeschränkt wird: Von allen Trajektorien, die die Punkte A und B verbinden, werden nur bestimmte gebrochene Linien ausgewählt. Das geschieht dadurch, daß man einige Schnitte (im gegebenen Fall durch Geraden) senkrecht zu dem Abschnitt AB legt, die diesen Abschnitt schneiden. Die Ecken der betrachteten gebrochenen Linien (Polygonzüge) dürfen nur auf den gewählten Schnitten liegen. Jeder Schnitt wird (in den Grenzen des Gebiets Q) durch endlich viele Punkte (die möglichen Ecken der Polygonzüge) angenähert. Die Dichte der Punktmenge in der approximierenden Menge, wie auch die Dichte, mit der man die Schnitte legt, hängen von der erforderlichen Genauigkeit der Lösung der gestellten Aufgabe ab. Eine anschauliche Vorstellung über die erforderlichen Konstruktionen gibt Bild 9.

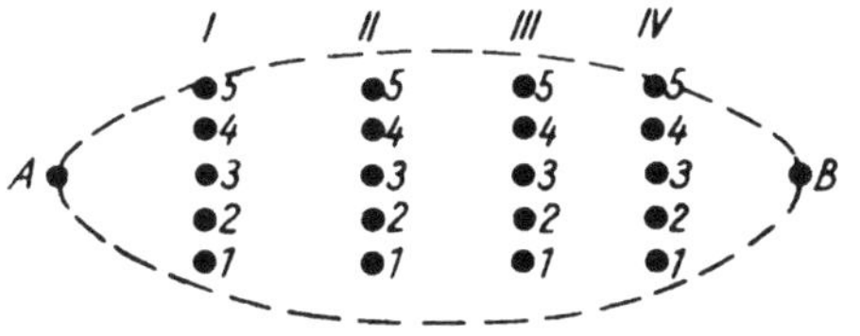


Bild 9

Im Bild 9 ist die Berandung des Gebiets Q gestrichelt eingezeichnet, die Schnitte sind mit römischen Ziffern bezeichnet und die Punkte der die Schnitte approximierenden Mengen mit arabischen Ziffern. Bezeichnen wir die Anzahl der Punkte in dem i-ten Schnitt mit $n_i$ und die Gesamtzahl aller Schnitte mit m, so ist die Gesamtzahl (N) aller möglichen Polygonzüge, die den gestellten Bedingungen genügen, wie man leicht sieht, durch das Produkt der Zahlen $n_i$ bestimmt: $N = n_1 \cdot n_2 \cdot \ldots \cdot n_m$. Diese Zahl wächst sehr rasch mit wachsender Anzahl von Punkten und Schnitten, so daß eine Durchmusterung aller Varianten praktisch unmöglich ist.

Man kann jedoch die Durchmusterung abkürzen. Dazu verbinden wir den Punkt A durch geradlinige Abschnitte mit allen Punkten des ersten Schnitts und berechnen den Wert des Bewertungsfunktionals F für alle diese Abschnitte. Jedem Punkt j des ersten Schnitts ordnen wir den Wert $F_j^1$ des Funktionals F zu, den es auf dem betreffenden Abschnitt annimmt. Für jeden Punkt k des zweiten Schnitts finden wir nun einen Punkt $j_k$ des ersten Schnitts so, daß der Wert des Bewertungsfunktionals F auf dem Polygonzug $Aj_kk$ minimal wird im Vergleich mit seinen Werten auf allen anderen zulässigen Polygonzügen, die den Punkt A mit dem Punkt k verbinden. Da das Funktional F additiv ist, läuft diese Frage auf die Minimisierung der Summe $F_{j_k} + F(j_k, k)$ hinaus, wobei $F(j_k, k)$ der Wert des Funktionals F auf dem Abschnitt $j_k, k$ ist. Den entsprechenden (minimalen unter allen möglichen Werten) Wert des Funktionals F auf dem Polygonzug $Aj_kk$ bezeichnen wir mit $F_k^2$. Zu seiner Bestimmung nutzen wir die schon gefundenen Werte des Funktionals $F_j^1$ in den Punkten des vorhergehenden (ersten) Schnitts aus, die notwendigerweise hier minimal werden, und die Durchmusterung ist nur auf alle möglichen Abschnitte, die die Punkte des ersten und zweiten Schnitts verbinden, beschränkt.

Nehmen wir an, für alle Punkte p des i-ten Schnitts seien schon die minimalen Werte $F_p^i$ des Funktionals F auf allen zulässigen Polygonzügen gefunden, die diese Punkte mit dem Punkt A verbinden. Wir betrachten den Abschnitt zwischen dem i-ten und dem (i + 1)-ten Schnitt (Bild 10). Für jeden Punkt q des i + 1-ten Schnitts bestimmen wir nun einen Punkt $p_q$ des i-ten Schnitts so, daß die Summe $F_{p_q}^i + F(p_q, q)$ minimal wird. Offenbar ist der

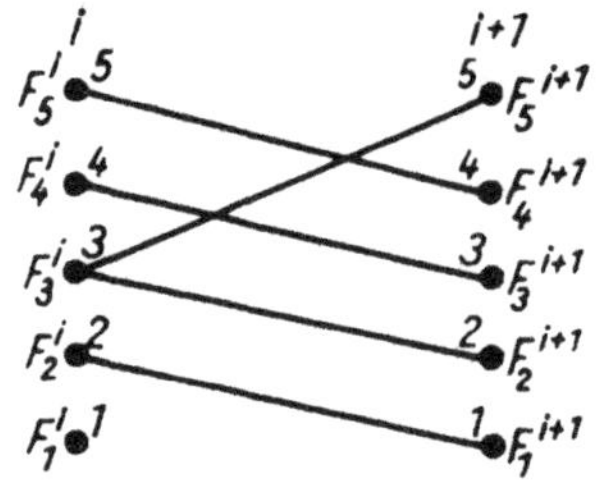


Bild 10

gefundene Minimalwert der angegebenen Summe der minimal mögliche Wert des Bewertungsfunktionals F auf allen möglichen Polygonzügen, die den Punkt A mit dem Punkt q verbinden. Schreiben wir für diesen Wert $F_q^{i+1}$ und lassen wir den Punkt q alle Punkte des (i + 1)-ten Schnitts durchlaufen, so können wir den Teil zwischen dem (i + 1)-ten und dem (i + 2)-ten Schnitt betrachten (durch vollkommen analoge Konstruktionen). Für den betrachteten Teil zwischen dem i-ten und dem (i + 1)-ten Schnitt braucht man sich nur den Wert der Funktion $\varphi^i(q)$ zu merken, die jedem Punkt q des (i + 1)-ten Schnitts den Punkt $p_q = \varphi^i(q)$ des i-ten Schnitts zuordnet, mit dem man den Punkt q am günstigsten verbindet. In dem im Bild 10 dargestellten Fall ist

$$\varphi^i(1) = 2; \quad \varphi^i(2) = 3; \quad \varphi^i(3) = 4; \quad \varphi^i(4) = 5; \quad \varphi^i(5) = 3$$

Bei Wiederholung dieses Prozesses kommen wir schließlich zu dem Abschnitt zwischen dem letzten (dem n-ten) Schnitt und dem Zielpunkt B. Wir suchen für den Punkt B den Punkt $r = \varphi^m(B)$ des n-ten Schnitts, mit dem man B am günstigsten verbindet. So können wir anhand der erhaltenen Werte der Funktionen $\varphi^i(x)$ (i = 1, 2, ..., m) die günstigste Trajektorie (unter den zulässigen Polygonzügen) $Ak_1k_2 \ldots k_ik_{i+1} \ldots k_mB$ finden, die den Punkt A mit dem Punkt B verbindet. Die Punkte dieses Polygonzuges kann man nacheinander (von rechts nach links) mit Hilfe der Beziehungen $k_i = \varphi^i(k_{i+1})$ (i = m, m − 1, ..., 1) bestimmen, wobei als Punkt $k_{m+1}$ der Punkt B gewählt wird. Es ist leicht zu sehen, daß der gefundene Polygonzug das Bewertungsfunktional F minimisiert. Dabei beschränkte sich die Durchmusterung, mit deren Hilfe der Polygonzug gefunden wurde, offenbar nur im ganzen auf $n_1n_2 + n_2n_3 + \ldots + n_{m-1}n_m + n_m$ Varianten anstelle von $n_1n_2 \ldots n_m$ Varianten bei der vollständigen Durchmusterung ($n_i$ war dabei die Zahl der Punkte auf dem i-ten Schnitt).

Die beschriebene Methode läßt sich unmittelbar auf den Fall mehrdimensionaler Räume verallgemeinern. Die Forderung nach der Additivität des Bewertungsfunktionals F ist dabei auch nicht streng verbindlich. Es genügt offenbar vorauszusetzen, daß für einen beliebigen Anfangsabschnitt APQ einer Trajektorie der Wert F(APQ) des Funktionals in der Form F(APQ) = f(F(A, P),

F(P, Q)) dargestellt werden kann, wobei f(x, y) eine reelle Funktion ist, die von x und y monoton nicht fallend abhängt.

Wir bemerken noch, daß in der Mehrzahl der Fälle die Durchmusterung der verschiedenen Varianten der Verbindung der Punkte zweier benachbarter Schnitte noch bedeutend verkürzt werden kann, wenn man noch einige Einschränkungen macht (z. B. Einschränkungen über die maximale Neigung der Abschnitte der Polygonzüge gegenüber der x-Achse im zweidimensionalen Fall). In einigen Fällen kann man die Durchmusterung unter Benutzung der Stetigkeitseigenschaften des Bewertungsfunktionals einschränken. Kompliziertere Methoden der aufeinanderfolgenden Analyse von Varianten hängen mit einer speziellen Systematisierung der Durchmusterungsbeschränkungen und Funktionale zusammen, für die man Suchalgorithmen nach einer optimalen Trajektorie entwickeln kann, und zwar durch aufeinanderfolgende Auffindung und Aussonderung aussichtsloser Trajektorienabschnitte.

# 3. Elektronische Ziffernrechenautomaten und Programmierung

## 3.1. Universeller programmierbarer Automat

Eine der bedeutendsten technischen Errungenschaften unserer Zeit ist die Entwicklung universeller programmierbarer Automaten, d.h. solcher Informationswandler, die beliebige Algorithmen realisieren können. Solche Automaten sind die modernen universellen elektronischen (Ziffern-)Rechenautomaten. Es ist interessant zu bemerken, daß, wie diese Bezeichnung zeigt, diese Maschine mit dem Ziel der Automatisierung von Berechnungen, genauer zur Automatisierung der Ausführung beliebiger Rechenalgorithmen, geschaffen wurde. Unter der Bezeichnung „universell", meinten die Schöpfer der ersten universellen Rechenautomaten eine Universalität bezüglich Rechenalgorithmen (auch heute verstehen viele die Universalität der Rechenmaschinen in diesem Sinne).

Doch da jeder Algorithmus, wie im Abschn. 1. erwähnt wurde, auf die Berechnung einer bestimmten partiell rekursiven (arithmetischen) Funktion zurückgeführt werden kann, bedeutet Universalität im Hinblick auf Rechenalgorithmen Universalität schlechthin. Dieser Umstand hat große praktische und prinzipielle Bedeutung, weil doch die Grundlage jeder beliebigen Tätigkeit des Menschen letzten Endes die Umformung von Information nach teilweise recht komplizierten Systemen von Algorithmen ist.

Wenn wir also über universelle automatische Informationswandler verfügen, was ja die modernen elektronischen Rechenmaschinen sind, so können wir zumindest prinzipiell jede beliebige menschliche Tätigkeit automatisieren, sofern diese auf Umwandlungen von Informationen beruht. Dies gilt sowohl für die Lösung komplizierter Aufgaben von rechnerischem Charakter wie für die Planung, die Industrielenkung, die Übersetzung aus einer Sprache in eine andere, die Komposition von Musik, Schachspielen und vieles andere. Es ist eine Kuriosität, daß die genannten ungeheuren Möglichkeiten, die in den universellen elektronischen Maschinen liegen, nicht nur von ihren ersten Konstrukteuren nicht erkannt, sondern von vielen von ihnen sogar bestritten wurden.

Im Zusammenhang damit muß man noch auf einen Irrtum hinweisen, der unter Fachleuten verbreitet ist, die mit der Algorithmentheorie nicht vertraut sind. Es gibt die Meinung, daß die erstaunlichen Eigenschaften der modernen elektronischen Ziffernrechner auf irgendwelchen spezifischen Besonderheiten der in ihnen verwendeten Elemente, wie Elektronenröhren, Transistoren usw., beruhen. In Wirklichkeit hat die Elektronik selbst nicht das geringste mit den prinzipiellen Möglichkeiten der Rechner in qualitativer Hinsicht zu tun.

Es handelt sich vielmehr um das besondere Steuerungsprinzip und den Vorrat an Operationen, die von diesen Maschinen ausgeführt werden können, während die Elemente, aus denen die Automaten aufgebaut sind, von ganz verschiedener physikalischer Natur, insbesondere also auch rein mechanischer Natur, sein können. Elektronische Bauelemente werden zum Zweck einer bedeutenden Vergrößerung der Arbeitsgeschwindigkeit der Rechenautomaten und zur Erhöhung ihrer Zuverlässigkeit (im Hinblick auf eine festgewählte Menge von der Maschine ausführbarer Operationen) eingesetzt.[1] Wir erwähnen

---

1) Man kann jedoch leistungsfähige Logiksteuerungen auch aus pneumatischen Logikbausteinen wie Membranelementen, Kugelelementen, Wandstrahlelementen, Turbulenzverstärkern aufbauen, die mit Luftdrücken von wenigen mm Wassersäule bis zu einigen atü betrieben werden (Anmerkung der deutschen Redaktion)

in diesem Zusammenhang, daß der erste Ziffernrechner (Mark-I) nicht aus elektronischen, sondern aus elektromechanischen Bauelementen (elektromechanischen Relais) aufgebaut war.

Das Steuerungsprinzip, das die algorithmische Universalität (die Fähigkeit, beliebige Algorithmen zu realisieren) der modernen universellen Ziffernautomaten sichert, ist die Weiterentwicklung und Verallgemeinerung des Prinzips, das dem Algorithmischen Schema von Post zugrunde gelegt wurde und das wir im Band 1. beschrieben haben. Wie bei dem Postschen Schema, wird die Information in dem universellen Ziffernrechner im Gedächtnis (Speicher) aufbewahrt. Dieser ist in einzelne Zellen (Speicherzellen) unterteilt. Jedoch kann im Unterschied zum Postschen Schema in jeder Zelle nicht nur eine einzige Dualziffer (0 oder 1), sondern ein ganzes Wort gespeichert werden, das aus einer Anzahl von (gewöhnlich 30 bis 40) Dualziffern zusammengesetzt ist. Man kann, wenn man will, diese Wörter als Buchstaben in einem bestimmten endlichen Alphabet auffassen, jedoch umfaßt dieses Alphabet dann in der Regel die riesige Zahl von $2^{30}$ bis $2^{40}$ Buchstaben.

Deshalb zieht man es gewöhnlich vor, den Inhalt jeder Zelle nicht als einen einzelnen Buchstaben, sondern als ein Wort im Dualalphabet zu betrachten. Die dieses Wort bildenden Dualziffern (0 und 1) nennt man seine (Dual-)Stellen und das Wort selbst Dualkode oder meist einfach Dualzahl. Man kann natürlich als Buchstaben auch den Inhalt mehrerer Dualstellen ansehen. So kann man zum Beispiel jeden Dualkode der Länge drei als eine Ziffer im Zahlensystem zur Basis acht ansehen, indem man die Ziffern in diesem Zahlensystem durch Tripel von Dualziffern wiedergibt: 000-0, 001-1, 010-2, 011-3, 100-4, 101-5, 110-6, 111-7. Indem man bestimmte Quadrupel von Dualziffern zur Bezeichnung der Dezimalziffern auswählt, kann man die aus diesen Quadrupeln bestehenden Dualkode als Zahlen im Dezimalsystem auffassen.

Außer der Ersetzung der Dualziffern durch mehrstellige Dualkode gibt es gegenüber dem Postschen Schema noch einen wesentlichen Unterschied in der Organisation des Gedächtnisses (der Speichereinrichtung) einer universellen Ziffernrechenmaschine. Da es sich bei dem Postschen Schema um ein abstraktes algorithmisches System handelt, setzt dieses Schema das Vorhandensein unendlich vieler Speicherzellen voraus, d.h., das Vorhandensein eines unbegrenzten Speichervolumens. Demgegenüber ist in realen technischen Einrichtungen wie den universellen Ziffernrechenautomaten das Speichervolumen zwangsläufig immer endlich.

In den modernen großen universellen Ziffernrechenautomaten überschreitet das Volumen des Schnellspeichers nicht die Zahl von 100 000 Zellen (gewöhnlich handelt es sich sogar nur um 4 bis $8 \cdot 10^3$ Zellen). Diesen Umstand muß man berücksichtigen, da er eng mit dem Begriff der Universalität solcher Maschinen zusammenhängt. Strenggenommen muß eine universelle Ziffernrechenmaschine zur Realisierung eines beliebigen Algorithmus eine Darstellung dieses Algorithmus in ihrem Speicher unterbringen. Da sich jedoch die Darstellungen von Algorithmen nicht in ihrer Länge beschränken lassen, muß für eine wirkliche Realisierungsmöglichkeit beliebiger Algorithmen der Speicher der Maschine unendlich sein.

Da man jedoch einen unendlichen Speicher in keiner technischen Einrichtung wirlich realisieren kann, ist man übereingekommen, eine Maschine dann als universell zu bezeichnen, wenn sie mit einem unbegrenzten Speicher jeden beliebigen Algorithmus realisieren könnte.

Die praktische Universalität der modernen Maschinen wird dadurch gewährleistet, daß die Maschinen neben der schnellwirkenden Speichereinrichtung, dem sog. Arbeitsspeicher, noch zusätzlich mit relativ langsamen (sog.

Festspeichern) Speichereinrichtungen ausgestattet werden, die in der Lage sind, die Informationen mit dem Arbeitsspeicher auszutauschen. Die Kapazität des Festspeichers (häufig gegeben durch Magnetbänder) kann man als praktisch unbegrenzt ansehen, was auch (beim Vorhandensein einer Möglichkeit des Informationsaustausches mit dem Arbeitsspeicher) sichert, daß die Rechenautomaten praktisch jeden beliebigen Algorithmus realisieren können.

Die Folge der Operationen, die von einer universellen Ziffernrechenmaschine ausgeführt wird, ist durch das in ihrem Speicher niedergelegte Programm bestimmt. Dieses ist eine geordnete endliche Menge von Anweisungen, die man als natürliche Verallgemeinerung der Anweisungen ansehen kann, die bei dem Aufbau des algorithmischen Schemas von Post verwendet wurden. Im Unterschied zu dem Postschen Schema, in dem sich die aktive Zelle bei Ausführung jeder einzelnen Anweisung um nicht mehr als einen Schritt nach rechts oder links verschieben konnte, wird in den universellen Ziffernrechenmaschinen die Möglichkeit vorgesehen, die Lage der aktiven Zelle von Anweisung zu Anweisung beliebig zu ändern. Zu diesem Zweck wird in jede Anweisung die Adresse einer oder mehrerer Speicherzellen eingeführt, die bei der Ausführung der entsprechenden Anweisung aktiv sein sollen.

Die Nummern von Speicherzellen nennt man bei den universellen Ziffernrechenautomaten üblicherweise Adressen. Die Zahl der Adressen in den Anweisungen moderner universeller Ziffernrechenautomaten (die Zahl der Speicherzellen, die bei der Ausführung dieser Anweisung aktiv sein sollen) variiert gewöhnlich in den Grenzen von 1 bis 4. Dementsprechend unterscheidet man Einadreß-, Zweiadreß-, Dreiadreß- und Vieradreßanweisungen.

Wir betrachten zunächst Maschinen mit einem Vieradreßbefehlsschema, d.h. solche Maschinen, bei denen die Maximalzahl möglicher Adressen in den Anweisungen gleich vier ist. Die verschiedenen Typen von Anweisungen entsprechen den verschiedenen von der Maschine ausführbaren Operationen. Die Anweisungen werden in der Maschine gewöhnlich dualverschlüsselt niedergelegt, die entsprechenden Kodeworte bringt man in dem Gedächtnis der Maschine (sowohl im Arbeits- als auch im Festspeicher) unter.

Wir setzen voraus, daß in jeder Speicherzelle entweder eine Anweisung, die man auch Befehls- oder Kommandowort nennt, oder ein Datenwort untergebracht werden kann. Genau wie bei den Datenwörtern kann man auch jedes Befehlswort (den Kode einer Anweisung), wenn man will, als Wort in einem beliebigen endlichen (d.h. nicht zwangsläufig dem dualen) Alphabet auffassen.

Jedes Befehlswort wird eingeteilt in den Operationsteil und den Adreßteil. Im Operationsteil steht der Kode der Operation, die auszuführen ist. Sie wird durch das entsprechende Befehlswort dargestellt. Anweisungen von gleichem Typ haben den gleichen Operationsteil. Im Adreßteil einer Anweisung werden die Adressen der Zellen untergebracht, die während der Wirkung der Anweisung aktiv sind.

Man teilt die von universellen Ziffernrechenautomaten ausführbaren Operationen gewöhnlich in mehrere Klassen ein. Zur ersten Klasse gehören die arithmetischen Operationen: Addition, Subtraktion, Multiplikation und Division. Vieradreßanweisungen zur Ausführung der arithmetischen Operationen haben gewöhnlich folgende Struktur: Im Operationsteil der Anweisung steht eine entsprechende Nummer, die eine Operation kennzeichnet (z.B. eins für Addition, zwei für Subtraktion, drei für Multiplikation und vier für Division). Die ersten beiden Adressen in der Anweisung geben die Adressen der Speicherzellen an, in denen die Zahlen aufbewahrt sind, die durch die Operationen verknüpft werden sollen, d.h., die Adressen der Summanden im Fall einer Addition, die Adressen der Faktoren bei der Multiplikation usw.). In der dritten Adresse wird angegeben, wo das Resultat der Ausführung der Operation untergebracht werden soll (Summe, Differenz, Produkt, Quotient). Schließlich gibt die vierte Adresse der Anweisung an, in welcher Zelle des Speichers sich die Anweisung befindet, die als nächste ausgeführt werden soll.

Genauso wie im Fall der arithmetischen Operationen sind die Anweisungen aufgebaut, die der Ausführung logischer Operationen dienen. Die logischen Operationen sind dabei in der Regel zweistellige Operationen, die bitweise, d.h. einzeln für jedes Paar einander entsprechender Dualstellen in den Operandenkoden, ausgeführt werden sollen. Dazu gehört zum Beispiel die stellenweise Konjunktion (logische Multiplikation) und die stellenweise Disjunktion (logische Addition). Es können auch einstellige logische Operationen auf die Daten angewandt werden. Zu solchen Operationen gehören (logische) Rechts- oder Linksverschiebung, die eine Dualzahl $x_1 x_2 \ldots x_n$ (bei Verschiebung um eine Stelle) in die Zahl $0x_1 x_2 \ldots x_{n-1}$ bzw. $x_2 x_3 \ldots x_n 0$ verwandeln.

Eine besondere Rolle spielen die sog. Steuerungsoperationen, die zur Änderung der Reihenfolge in der Ausführung der Anweisungen eines Programms in Abhängigkeit von den bei der Realisierung des Programms erhaltenen Zwischenresultaten dienen. Eine typische solche Steuerungsoperation (genannt bedingter Sprung) ist die Operation für den bedingten Übergang entsprechend der Gleichheit oder Ungleichheit von Wörtern. Die ersten beiden Adressen dieser Anweisung bezeichnen die Zellen, aus denen die beiden Vergleichswörter gewählt werden sollen. Im Fall des Zusammenfallens (der Gleichheit) dieser Wörter wird als nächste Anweisung die geholt, die man unter der dritten angegebenen Adresse findet. Im Fall der Nichtübereinstimmung beider Wörter entscheidet die vierte Adresse, welches die nächste auszuführende Anweisung sein soll. Es gibt auch andere Arten bedingter Übergänge, z.B. einen bedingten Sprung anhand des Vorzeichens der Differenz zweier Wörter oder anhand des Vorzeichens irgendeines Wortes (im letzteren Fall genügen natürlich in der Anweisung für den bedingten Sprung drei Adressen).

Das Gedächtnis universeller Ziffernrechenautomaten ist gewöhnlich so aufgebaut, daß bei der Auswahl (beim Lesen) eines Wortes aus irgendeiner Zelle für die Ausführung einer Operation, dieses Wort quasi verdoppelt wird. Ein Exemplar des Wortes gelangt in die entsprechende Einrichtung für die Ausführung der Operation und das andere verbleibt in der Zelle, aus der es ausgewählt wurde. Beim Einschreiben eines neuen Wortes in eine Zelle des Speichers wird die vorher in dieser Zelle aufbewahrte Information automatisch gelöscht.

Beachtet man die angegebenen Eigenschaften des Speichers universeller Rechenautomaten, so stellt man leicht fest, daß zur Ausführung eines beliebigen Postschen Algorithmus auf einer Modellmaschine M bereits die folgenden Operationen genügen: (algebraische) Addition, eine der bedingten Sprungoperationen (z.B. die Operation des bedingten Übergangs anhand der Identifikation von Wörtern) und die Haltoperation der Maschine.

Um uns davon zu überzeugen, vereinbaren wir, nur mit folgenden beiden Informationswörtern $p_0$ und $p_1$ zu operieren, von denen das erste mit der Null und das zweite mit der Eins im Dualalphabet eines beliebigen gegebenen Postschen Algorithmus A identifiziert wird. Den Speicher der betrachteten universellen Ziffernrechenmaschine teilen wir in drei Teile ein. Der erste Teil besteht nur aus den fünf Zellen $a_{-1}$, $a_0$, $a_1$, $b_0$, $b_1$, in denen die Zahlen $-1$, $0$, $1$, $p_0$, $p_1$ untergebracht sind. In den Zellen des zweiten Teils wird das Programm untergebracht. Schließlich bildet der dritte Teil des

Speichers der Maschine M das Informationsband des Algorithmus A nach.

Bei der Arbeit des Algorithmus A mit einem Eingangswort p, für das dieser Algorithmus definiert ist, nimmt die Ausgangs-, Zwischen- und Endinformation nur einen bestimmten beschränkten (endlichen) Teil des Informationsbandes in Anspruch, weil der Algorithmus nur endlich viele Schritte bearbeitet und bei jedem Schritt eine Information in nicht mehr als eine neue Zelle einschreiben kann. Deshalb kann man, wenn nur der Speicher der Maschine M hinreichend groß ist, in den oben ausgesonderten dritten Teil des Speichers den erforderlichen Abschnitt des Informationsbandes unterbringen. Die Schwierigkeiten, die aus einem möglicherweise zu kleinem Speichervolumen resultieren, brauchen wegen der oben getroffenen Verabredung nicht berücksichtigt zu werden, wenn es um die Frage geht, ob es prinzipiell möglich ist, auf einer Maschine einen Algorithmus darzustellen.

Wir gehen nun dazu über, die Anweisungen des Postschen Algorithmus A unmittelbar durch Anweisungen der Maschine M zu modellieren.

Wie im Band 1. erwähnt wurde, trifft man bei den Postschen Algorithmen sechs verschiedene Typen von Anweisungen an. Die Anweisung des sechsten Typs (das Halt) wird unmittelbar durch die entsprechende Anweisung der Maschine M wiedergegeben. Die Anweisungen der ersten beiden Typen (Einschreiben der Ziffer Eins oder Null) in die betrachtete Zelle werden durch Anweisungen der Maschine M wiedergegeben, die eine Überführung der Information aus den Zellen $b_0$ oder $b_1$ in eine aktive Zelle (die durch die dritte Adresse der Maschinenanweisung angegeben wird) durchführen. Es ist klar, daß eine solche Überführung durch die Additionsanweisung verwirklicht werden kann. Man bringt dazu in das erste Paar von Adressen die Adressen der Zellen $a_0$ und $b_0$ oder der Zellen $a_0$ und $b_1$ und in die dritte Adresse die Adresse der entsprechenden aktiven Zelle (die vierte Adresse wird, wie auch bei dem Postschen Algorithmus, dazu verwendet, die Adresse der Anweisung anzugeben, die als nächste ausgeführt werden soll).

Der fünfte Typ der Postschen Anweisungen wird, wie man leicht sieht, durch die Maschinenanweisung des bedingten Übergangs anhand des Zusammenfallens von Wörtern modelliert. Man braucht dazu nur das Wort in der Zelle $b_1$ mit dem Wort in der aktiven Zelle zu vergleichen und in Abhängigkeit vom Ergebnis zu einer der beiden durch Adressen angegebenen Anweisungen überzugehen.

Schließlich wird jede Postsche Anweisung $q'$ vom dritten oder vierten Typ mit Hilfe einer Folge von Maschinenanweisungen nachgebildet. Die Anzahl dieser Anweisungen ist gleich der Anzahl der Anweisungen vom ersten, zweiten und fünften Typ in dem betrachteten Postschen Algorithmus A. Es sei $r'$ eine beliebige Anweisung vom ersten, zweiten oder fünften Typ im Algorithmus A. Wegen des bereits Gesagten wird sie durch eine Maschinenanweisung modelliert, die wir mit r bezeichnen. Die Postsche Anweisung $q'$ möge die aktive Zelle um eine Einheit nach rechts verschieben. Im Fall des Maschinen programms kann eine solche Verschiebung nur dadurch verwirklicht werden, daß man die Adresse aller aktiven Zellen um + 1 ändert.

Solche Zellen treten jedoch nur in den Anweisungen der Maschine auf, die die Postschen Anweisungen vom ersten, zweiten und fünften Typ modellieren. Wegen der erforderlichen Numerierung der Adressen kann man ohne Einschränkung der Allgemeinheit annehmen, daß die Adressen der aktiven Postschen Zellen in eine bestimmte, sagen wir, in die letzte Adresse der Anweisungen eingetragen werden. Sieht man die Daten als ganze Dualzahlen an, so addiert man zu der Adresse des Befehls r einfach den Kode + 1 in der Zelle a wenn eine Änderung der aktiven Zelle in der Anweisung r erreicht werden sol

Analog wird eine solche Verschiebung der aktiven Zelle nach links realisiert.

Aus dem Gesagten ist klar, daß die algorithmische Universalität eines beliebigen programmgesteuerten Ziffernrechenautomaten dann gegeben ist, wenn sich die folgenden Operationen verwirklichen lassen:

1. die Überführung des Inhalts einer beliebigen Speicherzelle in eine beliebige andere Speicherzelle
2. die Addition der Adresse einer Anweisung, die sich in einer beliebigen Speicherzelle befindet, zu Konstanten, die den Wert einer gegebenen (ersten, zweiten, dritten oder vierten) Adresse in der Anweisung um + 1 oder – 1 ändern
3. den bedingten Übergang anhand der Gleichheit zweier Wörter
4. die Operation des (unbedingten) Halts der Maschine

Im oben betrachteten Fall wurden die Operationen 1 und 2 durch eine einzige Maschinenoperation, durch die Operation der algebraischen Addition, verwirklicht. Gewöhnlich sind in den universellen Ziffernrechenautomaten diese beiden Operationen getrennt; die zweite von ihnen trägt die Bezeichnung Adressenänderungsoperation oder Befehlsaddition.

Selbstverständlich müssen außer den genannten Operationen noch die Operationen der Ein- und Ausgabe von Information und auch (im Fall des Vorhandenseins eines äußeren Speichers) Operationen, die einen zweiseitigen Informationsaustausch zwischen den operativen und äußeren Speichereinrichtungen bewirken, ausführbar sein.

Wir betrachten nun die Möglichkeiten zur Verminderung der Anzahl von Adressen in den Anweisungen. Zunächst sieht man leicht ein, daß die vierte Adresse, die die als nächste auszuführenden Anweisungen bezeichnet, eingespart werden kann, wenn man die Anweisungen im Gedächtnis der Maschine so unterbringt, daß die Adresse der Anweisung, die nach einer beliebigen Anweisung p ausgeführt werden soll, um Eins größer ist als die Adresse der Anweisung p. Mit anderen Worten: Die Verwendung einer vierten Adresse wird überflüssig, wenn die Reihenfolge der Anweisungen in den Speicherzellen der Abarbeitungsreihenfolge durch die Maschine entspricht.

Zu einer Änderung dieser Reihenfolge der Anweisungen kann es nur dann kommen, wenn der nächste auszuführende Befehl der Befehl des bedingten Sprunges ist. Wie bereits erwähnt, wird bei diesem Befehl in einem Vieradreßsystem eine Adresse zur Angabe der folgenden Anweisung bei Erfülltsein der Bedingung (die zu dem bedingten Übergang gehört), die zweite zur Angabe des nächsten Befehls beim Nichterfülltsein der Bedingung benötigt. Bei einem Dreiadreßsystem wird gewöhnlich angenommen, daß im ersten Fall (Erfülltsein der Bedingung) anschließend die Anweisung ausgeführt wird, die in der folgenden Speicherzelle steht, und nur im Fall des Nichterfülltseins der Bedingung wird eine der Adressen zur Angabe der Adresse der nächsten Anweisung benutzt.

Daraus folgt, daß die vierte Adresse nicht nur dann, wenn die Reihenfolge der Ausführung der Anweisungen festliegt, sondern auch bei den Anweisungen des bedingten Sprunges überflüssig ist. Das so entstehende Dreiadreßsystem heißt gewöhnlich System mit der natürlichen Befehlsfolge im Unterschied zu dem vorher beschriebenen Vieradreßsystem mit erzwungener Befehlsreihenfolge. Der Vorzug des Vieradreßsystems besteht in einer größeren Freiheit in der Unterbringung der einzelnen Befehle im Speicher der Maschine. Der Vorzug des Dreiadreßsystems ist eine Vereinfachung der Struktur der Anweisungen.

Eine weitere Verminderung der Anzahl von Adressen in den Anweisungen kann nur durch Festlegung einer bestimmten Hilfszelle als Standardzelle erreicht werden, die gewöhnlich konstruktiv von den anderen Zellen der Speichereinrichtung der Maschine getrennt ist. Nach Festlegung einer solchen Zelle kann die Anzahl der Adressen in den Anweisungen auf ihr natürliches Minimum, nämlich auf eine einzige Adresse, reduziert werden. Wir wollen dies am Beispiel der Additionsoperation zeigen, die das Vorhandensein von drei Adressen erfordert: eine Adresse des ersten Summanden $a_1$, eine Adresse des zweiten Summanden $a_2$ und eine Adresse der Zelle, in der die erhaltene Summe $a_3$ aufbewahrt werden soll. Mit einer festen Hilfszelle $b_0$ kann man diese Dreiadreßoperation ersetzen durch drei hintereinanderauszuführende Einadreßoperationen: die Überführung einer Zahl aus der Zelle $a_1$ in die (feste) Standardzelle $b_0$, die Operation der Addition der Zahl in der Zelle $a_2$ zu der Zahl in der Zelle $b_0$ und nachfolgende Eintragung der Zahl aus der Zelle $b_0$ in die Zelle $a_3$. Da sich dabei nur die Adressen $a_1$, $a_2$ und $a_3$ ändern, während die Adresse $b_0$ ein für alle Mal festliegt, sind alle drei angegebenen Operationen mit Hilfe von Einadreßanweisungen realisiert.

Das eben beschriebene Verfahren führt zum Einadreßanweisungssystem, das in vielen modernen universellen elektronischen Ziffernrechenautomaten verwendet wird. Hat man ein Einadreßsystem, so kann man unschwer auch ein Zweiadreßanweisungssystem aufbauen. Dabei kann man die zweite Adresse sowohl zur Bezeichnung der Adresse der folgenden Anweisung (Zweiadreßsystem mit erzwungener Befehlsreihenfolge) als auch zur Bezeichnung der Adressen der gespeicherten Daten verwenden, mit denen die Operationen ausgeführt werden (Zweiadreßsystem mit natürlicher Befehlsreihenfolge).

Jede Einrichtung, die ein in einzelne Zellen aufgeteiltes diskretes Gedächtnis besitzt und deren Arbeit mit Hilfe einer Folge in einigen dieser Zellen untergebrachter Wörter-Anweisungen gesteuert wird, heißt programmgesteuerter Rechenautomat, und die Anweisungsfolge selbst heißt Programm für die Arbeit des Automaten.

Wenn sich aus der Gesamtheit der Operationen (Anweisungstypen), die der programmgesteuerte Rechenautomat ausführen kann, folgende Operationen zusammensetzen lassen: Überführung von Datenwörtern aus einer beliebigen Speicherzelle in eine beliebige andere Speicherzelle, Adressenänderung um $\pm 1$ (Änderung der Adressen in Anweisungen), bedingter Sprung und Halt der Maschine, und wenn als Programm des Automaten jede beliebige endliche Folge von Operationen aus dieser Gesamtheit dienen kann, so heißt ein solcher Automat universeller programmierbarer Automat.

Bis auf Beschränkungen, die durch sein festgelegtes Speichervolumen bedingt sind, ist ein universeller programmierbarer Automat in der Lage, jeden beliebigen Algorithmus auszuführen, falls die Buchstaben des Eingangs- und Ausgangsalphabets passend kodiert werden. Dieser Schluß gilt nicht nur für die gewöhnlichen, sondern auch für zufällige und selbstveränderliche Algorithmen (s. Abschn. 3.5.).

## 3.2. Die Struktur der modernen universellen programmgesteuerten Rechenautomaten

Moderne universelle programmgesteuerte Rechenautomaten bestehen aus fünf Haupteinrichtungen: einem Speicher (SP), einem Rechenwerk (R), einem Steuerwerk (ST), einem Eingabegerät (E) und einem Ausgabegerät (A). Wie bereits im Abschn. 3.1. erwähnt wurde, dient die Speichereinrichtung (das Gedächtnis) zur Aufbewahrung sowohl des Arbeitsprogramms des Automaten als auch der Anfangs-, Zwischen- und Endinformation. Das Eingabegerät dient zur Einführung des Programms und der Anfangsinformation (die Bedingungen der jeweiligen Aufgabe) in den Speicher des Automaten. Mit Hilfe des Ausgabegeräts wird die Ausgabe der Endinformation (der Antwort auf das dem Automaten gestellte Problem) aus dem Speicher besorgt. Die Recheneinrichtung dient zur Ausführung der arithmetischen und logischen Operationen. Die Steuereinrichtung faßt die Arbeit aller übrigen Teile des universellen programmierbaren Automaten zusammen und koordiniert sie. Sie wählt Zellen aus und nimmt die Entschlüsselung und Ausführung der Anweisungen vor. Die Steuereinrichtung ist in den modernen universellen programmgesteuerten Automaten nach dem zyklischen Prinzip aufgebaut. Das Wesen dieses Prinzips besteht darin, daß die Arbeit des Automaten in natürliche Intervalle eingeteilt ist, in die sog. Arbeitszyklen, in deren Verlauf sich immer dieselbe Folge elementarer Operationen wiederholt.

Die Festlegung des Anfangs und Endes eines Arbeitszyklus ist bis zu einem gewissen Grad nur bedingt möglich, da eine Verschiebung in beiden Richtungen zulässig ist. Wir setzen voraus, daß der Arbeitszyklus immer dann beginnen soll, wenn sich der auszuführende Befehl (Anweisung) bereits im Steuerteil befindet. Im Verlauf eines Zyklus wird dieser Befehl ausgeführt; sein Operationsteil wird benutzt, um bestimmte Operationen im Steuerteil selbst und in der Recheneinrichtung auszulösen. Der Adreßteil des Befehls wird zum Aufruf der entsprechenden Zellen des Speichers verwendet, um aus diesen eine bestimmte Information zu holen. Bei den Befehlen in Mehradreßsystemen wird die Entschlüsselung der verschiedenen Adressen der Reihe nach ausgeführt. Der Arbeitszyklus endet mit dem Abruf der nächsten auszuführenden Anweisung aus dem Speicher und deren Übertragung in die Steuereinrichtung.

Die Steuereinrichtung (ST) gibt nicht nur Information an die anderen Einrichtungen ab, sondern empfängt auch von ihnen Informationen: vom Speicher SP den Befehlskode und vom Rechenwerk R das Ergebnis der Überprüfung einer Bedingung, die den Übergang zu einem der beiden Befehle steuert (die nach einem bedingten Sprung folgen), und andere Signale. Wie im Abschn. 3.1. erwähnt wurde, werden moderne universelle programmgesteuerte Automaten außer dem Arbeitsspeicher (OSP) noch mit einem Festspeicher (ESP) ausgestattet, der zwar langsamer wirkt als der OSP, aber dafür im Vergleich zum OSP eine größere Speicherkapazität besitzt. Ein Blockschema eines universellen programmgesteuerten Automaten, das das Zusammenwirken (den Informationsaustausch zwischen seinen Haupteinrichtungen) wiedergibt, ist im Bild 11 dargestellt.

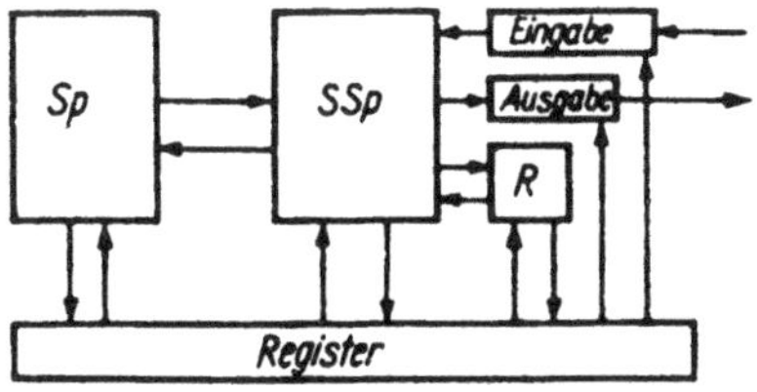


Bild 11

Um etwas besser in die Details dieses Blockschemas einzudringen, betrachten wir die Struktur seiner einzelnen Einrichtungen und vor allem die Struktur von OSP, R und ST etwas genauer. Wesentliche Bestandteile aller drei angegebenen Einrichtungen sind die sog. Register. Ein Register ist eine Speicherzelle, die zur Aufnahme eines Daten- oder eines Befehlswortes bestimmt ist. Jedoch im Unterschied zu den gewöhnlichen Speicherzellen, die erst nach Ausführung relativ komplizierter Schaltoperationen zugänglich werden, sind Register gesondert zugängliche Speicherzellen, deren Ein- und Ausgänge unmittelbar mit den die Information übertragenden Ketten verbunden sind.

Je nachdem, wie diese Ketten funktionieren, werden programmgesteuerte Automaten (universelle Ziffernrechner) in zwei große Klassen eingeteilt: in Parallel- und Serienmaschinen. Bei den Parallelmaschinen (Automaten) werden bei der Übergabe der Daten von einem Register in ein anderes alle Stellen gleichzeitig übertragen, während sie bei den Serienmaschinen nacheinander übertragen werden. Es ist klar, daß Parallelmaschinen bei sonst gleichen Bedingungen schneller wirken als Serienmaschinen, sie brauchen jedoch eine größere Zahl (so viel, wie man Stellen in den Wörtern hat) von Parallelkanälen für den Informationsaustausch zwischen den Registern, während man bei den Serienmaschinen mit einem Kanal auskommt.

Das Rechenwerk der modernen universellen elektronischen Ziffernrechner besteht gewöhnlich aus drei Registern. Das eine Register hat die Eigenschaft, Ziffernkode, die ihm übergeben werden, zu summieren und heißt deshalb Summator.

Die Ziffernkode, mit denen die Recheneinrichtung operiert, sind Zahlen verschiedenen Vorzeichens, und die Summation, von der hier die Rede ist, ist als algebraische Summe (unter Berücksichtigung des Vorzeichens) aufzufassen. Die Summationsoperation in Parallelmaschinen wird gewöhnlich in zwei elementaren Arbeitstakten der Maschine ausgeführt. Unter einem elementaren Takt versteht man hierbei den zeitlichen Zwischenraum zwischen zwei aufeinanderfolgenden Taktimpulsen, die zum Rechenwerk R gelangen. Sehr häufig dient als Quelle für die Taktimpulse ein Synchron-Generator, der Bestandteil der Steuereinrichtung ist. Es gibt auch noch andere Möglichkeiten, die z.B. in den sog. Asynchronmaschinen angewandt werden. Diese Verfahren werden eingehend in den Handbüchern über elektronische Ziffernrechner erläutert.

Die Operationen, die in den verschiedenen Teilen eines universellen programmgesteuerten Automaten im Lauf eines elementaren Taktes ablaufen, nennt man üblicherweise Mikrooperationen. Kompliziertere Operationen, deren Ausführung mehrere Takte in Anspruch nimmt, werden mit Hilfe eines Satzes von Mikrooperationen, dem sog. Mikroprogramm, der entsprechenden Operation realisiert. Das Mikroprogramm für die Summenbildung in den Recheneinrichtungen von Parallelmaschinen besteht gewöhnlich aus zwei Mikrooperationen: die Mikrooperation der stellenweisen Addition und eine Mikrooperation, die die Überträge zur nächsthöheren Stelle überträgt. Dabei wird vorausgesetzt, daß sich der eine Summand schon vor Ausführung der Operation im Summator befindet, und der andere in einem Register der Recheneinrichtung zur Verfügung steht.

Man kann das Rechenwerk auch so aufbauen, daß nach Übertragung der Summanden in ein Register und den Summator die Addition nur durch eine einzige Mikrooperation durchgeführt wird, nämlich durch Übernahme des zweiten Summanden aus dem Register in den Summator. Wir wollen im folgenden annehmen, daß das Rechenwerk R in dieser Weise aufgebaut ist. Summatoren derartiger arithmetischer Einrichtungen nennt man auflaufende Summatoren, denn sie besitzen die Möglichkeit, eine beliebige Anzahl von Summanden durch aufeinanderfolgende Übernahme in den Summator zur entsprechenden Summe auflaufen zu lassen.

Da der Summator die algebraische Addition realisiert (unter Berücksichtigung des Vorzeichens der Summanden), kann man auf ihm unschwer auch die Subtraktion realisieren, einfach durch Übernahme (aus dem Register in den Summator) des Inhalts als Summanden, nur mit geändertem Vorzeichen. Deshalb gehört zu dem Satz von Mikrooperationen universeller Ziffernmaschinen außer der gewöhnlichen (direkten) Übertragung von Daten noch die Übertragung der Daten mit Vorzeichenänderung. Man muß auch die Mikrooperation „Löschen" vorsehen, nach deren Ausführung in den zu löschenden Registern sich Zahlenkode befinden müssen, die der Zahl Null entsprechen (leeres Wort bzw. Festkomma-Null).

Die aufgezählten Mikrooperationen reichen zur Ausführung von Operationen wie Multiplikation und Division von Zahlen in der natürlichen Kodierung noch nicht aus. Deshalb muß zu den schon beschriebenen noch die Mikrooperation der Registerlinks- bzw. Registerrechtsverschiebung aufgenommen werden. Bei Ausführung der Mikrooperation „Linksverschiebung" wird der sich im Register befindende Zahlenkode $x_1 x_2 \ldots x_n$ ersetzt durch den Kode $x_2 x_3 \ldots x_n 0$, und bei Ausführung der Mikrooperation „Rechtsverschiebung" durch den Kode $0 x_1 x_2 \ldots x_{n-1}$. Dabei behält das Vorzeichen des Kode (das hier nicht speziell angegeben wurde) seinen Wert. Auch bleiben dabei wie gewöhnlich die Stellen der Daten die rechts liegen, die niedrig bewerteten, und die links liegen, die höher bewerteten. Daher sagt man auch, daß bei einer Rechtsverschiebung eines Zahlenkodes in Richtung niedriger Potenzen und bei einer Linksverschiebung in Richtung höherer Potenzen verschoben wird.

Als Signale für die Rückmeldung der Recheneinrichtung an die Steuereinrichtung werden gewöhnlich die Signale über das Vorzeichen des sich im Summator befindenden Zahlenkode, und über die letzte Ziffer des Zahlenkodes (der sich in einem der Register des Rechenwerks R befindet) verwendet. Das entsprechende Register bezeichnen wir mit $P_2$; es heißt auch Multiplikatorregister. Das zweite Register des Rechenwerks R ist nicht mit einer Rückführung zum Steuerwerk versehen. Es heißt gewöhnlich Multiplikandenregister und wird mit dem Buchstaben $P_1$ bezeichnet.

In der Speichereinrichtung gibt es in der Regel nur zwei Register, von denen das eine Zahlenregister und das andere Adressenregister genannt wird. Im Adressenregister wird die Adresse der Speicherzelle vermerkt, mit der als nächstes gearbeitet wird (Lesen oder Schreiben der Daten), während sich im Zahlenregister der Zahlenkode befindet, der aus dem Speicher geholt worden ist oder der dorthin zur Speicherung überführt werden soll. Außerdem gibt es gewöhnlich noch zwei Kanäle für den Empfang von Signalen aus der Steuereinrichtung über den Charakter der auszuführenden Arbeit (Lesen oder Schreiben [Speichern]). Läuft auf einem dieser Kanäle ein Impuls (z.B. Schreibkanal), so führt dies dazu, daß der im Zahlenregister befindliche Kode in die Speicherzelle eingeschrieben wird, deren Adresse mit dem Kode zusammenfällt, der sich im Adressenregister befindet. Der Transport eines Impulses auf dem zweiten Kanal (dem Lesekanal) führt dazu, daß der Kode aus der Speicherzelle, deren Adresse im Adressenregister angegeben ist, in das (vorher gelöschte) Zahlenregister überführt wird.

Die beiden eben beschriebenen Mikrooperationen heißen dementsprechend die Mikrooperationen „Lesen" und „Schreiben". Außer diesen Mikrooperationen werden noch die Mikrooperationen der Löschung, die Mikrooperation der Übertragung von Daten aus den Registern des Rechenwerks R und des Speichers SP in die Zahlenregister und Adressenregister und die Übertragung aus dem Speicher Sp in das Rechenwerk R und das Steuerwerk ST vorgesehen. Wenn nichts Gegenteiliges gesagt ist, wollen wir unter Übertragung der Daten von einem Register ins andere immer die gewöhnliche Übertragung, d.h. die Übertragung ohne Vorzeichenänderung, verstehen.

Wir gehen nach dem Schema der Mikroprogrammsteuerung vor, wie sie zuerst von Wilkes und Stringer [30] beschrieben wurde, und teilen dementsprechend die Struktur der Steuereinrichtung auf. Die Mikroprogramm-Steuerungseinrichtung hat zwei Register, die man Befehlsregister und Mikrooperationsregister nennt. Das Befehlsregister dient zur Speicherung des jeweiligen auszuführenden Befehls (Anweisung). Gemäß der gewählten Befehlsstruktur unterteilt sich das Befehlsregister in einige Teilregister: Operationsregister, Register der ersten Adresse, Register der zweiten Adresse usw. Bei der Beschreibung der Mikroprogramme ist es manchmal zweckmäßig, mit dem Befehlsregister als Ganzem zu operieren und manchmal mit den angegebenen Aufteilungen.

Das Mikrooperationsregister – wir nennen es manchmal auch Register der Mikrobefehle – enthält den Kode der in jedem gegebenen Moment auszuführenden Anweisung des Mikroprogramms (Mikrobefehl), d.h. des Kodes, der die Gesamtheit der in diesem Moment auszuführenden Mikrooperationen beschreibt.

Außer den Befehls- und Mikrooperationsregistern, gibt es in den universellen programmgesteuerten Rechenautomaten mit natürlicher Abarbeitungsreihenfolge der Befehle (s. Abschn. 3.1.) noch ein Register, das man Befehlszählregister nennt. Empfängt ein spezieller Eingang dieses Registers einen Impuls, so erhöht sich der Wert des vorher in diesem Register befindlichen Zahlenkodes um Eins. War der Befehlszähler zu Anfang gelöscht, so führt er offenbar eine Zählung der auf seinen Eingang gelangenden Impulse durch. Daher auch die Bezeichnung dieses Registers. Der Befehlszähler dient zur Aufbewahrung der Befehlsadressen. Bei Ausführung einer vom bedingten Sprung verschiedenen Anweisung kommt es zu einer Erhöhung des Befehlszählerinhalts um Eins und zur Auswahl des neuen Befehls aus dem Speicher gemäß der in dieser Weise erhaltenen neuen Adresse.

Die Erhöhung des Befehlszählerinhalts um Eins ist eine der Mikrooperationen der Steuereinrichtung. Von den anderen Mikrooperationen, die in der Steuereinrichtung vorgesehen werden, erwähnen wir noch die Registerlöschung, die Überführung von Koden aus Zahlenregistern des Speichers SP in das Befehlsregister, die Übertragung von Koden aus den Adressenregistern der Steuerungseinrichtung (erste, zweite usw. Adressen) in das Adressenregister des Speichers SP, die Übertragung eines Kode aus dem Befehlsregister in den Summator (zur Realisierung der Adressenänderungsoperation) und die Übergabe eines Kodes aus den Adressenregistern der SE (gewöhnlich aus dem dritten) in den Befehlszähler (bei der Ausführung eines bedingten Sprunges). Zur Ausführung der logischen Operationen, von denen im Abschnitt 3.1. die Rede war, werden der Zahl von Mikrooperationen der Recheneinrichtung noch eine Reihe weiterer Mikrooperationen hinzugefügt.

Was die eigentliche Mikroprogramm-Steuerungseinrichtung anbelangt, so umfaßt diese nach dem Schema von Wilkes und Stringer außer dem oben erwähnten Mikrooperationsregister noch einen sog. Dechiffrator für die Mikrooperationen und zwei Diodenmatrizen, die sog. A-Matrix und B-Matrix.

Das Schema einer Mikroprogramm-Steuerungseinrichtung ist im Bild 12 dargestellt. Auf diesem Bild sind das Operationsregister (ein Bestandteil des Befehlsregisters des ST) mit OR und das Mikrooperationsregister mit MOR bezeichnet. Die Punkte bezeichnen Einschaltstellen von Dioden, die Horizontalschienen der Matrizen mit Vertikalschienen verbinden. Die Dioden dienen dazu, Impulse in der leitenden Richtung hindurchzulassen (von den horizontalen Schienen zu den vertikalen) und ihren Durchgang in der umgekehrten (gesperrten) Richtung zu verhindern. Dadurch gelangt ein Impuls, der auf eine beliebige horizontale Schiene D gegeben wird, nur zu genau den vertikalen Schienen, mit denen die gegebene Schiene D durch Dioden in Durchlaßrichtung verbunden ist. Würde man die Schienen unmittelbar miteinander verbinden, so würden falsche Wege für den Impulsdurchgang gebildet. Gibt man zum Beispiel einen Impuls auf die zweite (von oben gerechnet) horizontale Schiene der A-Matrix, so würde dieser Impuls nicht nur auf der von links ersten vertikalen Schiene, sondern auch auf der von links dritten Schiene erscheinen, da er diese über die von unten zweite horizontale Schiene erreichen könnte. Die eingeschalteten Dioden schließen das Auftreten solcher unbeabsichtigter Signalwege aus, da der umgekehrte Übergang der Impulse von den vertikalen Schienen auf die horizontalen Schienen unmöglich ist.

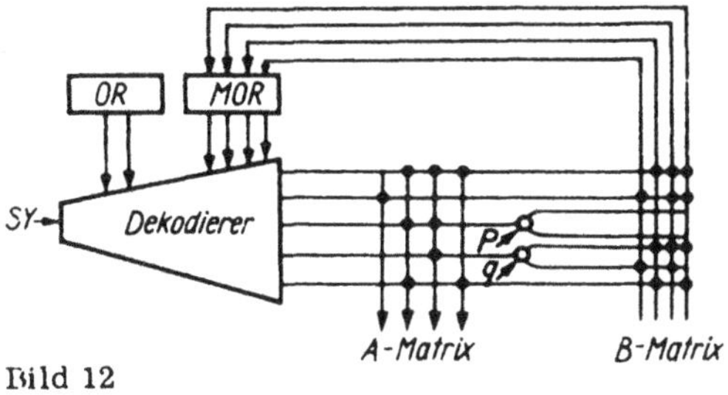


Bild 12

Der Dekodierer (Bild 12) gibt einen an seinem Eingang auftretenden Impuls des Synchron-Generators SY auf genau eine horizontale Schiene der A-Matrix, die durch die Kode, die im betrachteten Moment an dem Operationsregister und dem Mikrooperationsregister anstehen, bestimmt ist. Einige der horizontalen Schienen der A-Matrix gehen in eine und einige in zwei horizontale Schienen der B-Matrix über. Im letzten Fall wird der Übergang eines Impulses von einer horizontalen Schiene der A-Matrix durch das Rückführsignal gesteuert (im Bild 12 das Signal p oder q), das aus der Recheneinrichtung kommt.

Nach dem Übergang auf die vertikalen Schienen der B-Matrix (festgelegt durch die Dioden) treten die Impulse in das Mikrooperationsregister ein und ändern den dort befindlichen Kode ab. Dadurch gelangt der folgende Synchronisierimpuls Sy nach Durchlaufen des Dekodierers auf eine neue horizontale Schiene. Werden die vertikalen Schienen der A-Matrix mit den entsprechenden Einrichtungen der Maschine verbunden, so daß die Angabe eines Impulses von einer der vertikalen Schienen jeweils genau eine Mikrooperation auslöst, so kann man mit Hilfe des beschriebenen Prozesses beliebige endliche Folgen von Mikrooperationen realisieren (Mikroprogramme), wobei man jeweils einige der Mikrooperationen in einem Mikrobefehl unterbringt.

Wir schreiben die Mikroprogramme für die verschiedenen Operationen, die von der Maschine ausgeführt werden sollen, vor. Dadurch liegt fest, in welcher Weise Dioden in die A-Matrix und in die B-Matrix eingeschaltet werden müssen, und damit ist auch die gesamte Konstruktion der Mikroprogrammsteuerungseinrichtung festgelegt. Während der Ausführung des Mikroprogramms einer beliebigen Maschinenoperation bleibt der Inhalt des Operationsregisters unverändert, während sich der Inhalt des Mikrooperationsregisters bei jedem neuen elementaren Takt ändert. Erst nachdem die gesamte Operation ausgeführt ist und aus dem Speicher die neue Anweisung geholt wurde, ändert sich auch der Inhalt des Operationsregisters. Dann beginnt die Ausführung des Mikroprogramms für den folgenden Arbeitszyklus der Maschine.

Da die Konstruktion der Steuerungseinrichtung und sogar der gesamten Maschine in bedeutendem Maß durch die Wahl der Operationen und des zugehörigen Mikroprogramms bestimmt ist, betrachten wir einige konkrete Beispiele von Mikroprogrammen für die gebräuchlichsten Maschinenoperationen. Dabei nehmen wir an, um etwas bestimmtes vor Augen zu haben, daß es sich um eine parallel betriebene universelle Dreiadreßziffernrechenmaschine mit der natürlichen Befehlsreihenfolge handelt. Wir vereinbaren, mit dem Buchstaben p die Funktion zu bezeichnen, die das Vorzeichen ($\pm 1$) der im Summator befindlichen Zahl angibt und mit q den Wert der niedrigsten Stelle im Multiplikatorenregister $P_2$ (es wird angenommen, daß die Maschine mit n-stelligen regulären Brüchen im Dualsystem operiert).
Mikroprogramm für die Addition:

1. Löschen der Register von R und SP
2. Übergabe des Kode aus dem Register der ersten Adresse von ST in das Adressenregister von SP
3. Lesen von SP
4. Übertragen des Kode aus dem Zahlenregister von SP in den Summator von R
5. Löschen des Registers in SP
6. Übertragen des Kode aus dem Register der zweiten Adresse von ST in das Adressenregister von SP
7. Lesen aus SP
8. Übertragen des Kode aus dem Zahlenregister von SP in den Summator von R (häufig über das Register $P_2$ von R)
9. Löschen des Registers in SP
10. Übertragen des Kode aus dem Summator von R in das Zahlenregister von SP
11. Übertragen des Kode aus dem Register der dritten Adresse von ST in das Adressenregister von SP
12. Einschreiben in SP
13. Löschen von Registern in SP
14. Erhöhung des Befehlszählerinhalts um Eins
15. Übertragung des Kode aus dem Befehlszähler in das Adressenregister von SP
16. Lesen von SP
17. Löschen des Befehlsregisters
18. Übertragen des Kode aus dem Zahlenregister von SP in das Befehlsregister

Einige der Mikrooperationen in dem beschriebenen Mikroprogramm können zeitlich noch zusammengelegt werden, so daß die Dauer des Arbeitszyklus verkürzt werden kann und die Arbeitsgeschwindigkeit der Maschine sich erhöht. Als Beispiele für solche zusammenlegbaren Mikrooperationen können die Mikrooperationen 16 und 17 oder die Mikrooperationen 10 und 11 dienen.

Mikroprogramm für die Multiplikation mit einer positiven Zahl:

1. Löschen der Register von R und SP
2. Übertragen des Kode aus dem Register der ersten Adresse von ST in das Adressenregister von SP

3. Lesen aus SP
4. Übertragen des Kode aus dem Zahlenregister von SP in das Rechenregister $P_1$ von R
5. Löschen der Register in SP
6. Übergabe eines Kode aus dem Register der zweiten Adresse von ST in das Adressenregister von SP
7. Lesen aus SP
8. Übertragen des Kode aus dem Zahlenregister von SP in das Register $P_2$ von R
9. (1) Übertragen des Kode aus dem Register $P_1$ in den Summator, falls $q = 1$ ist, und Übergang zu der folgenden Mikrooperation
   Ohne Zahlenübertragung, falls $q = 0$ ist
10. (1) Rechtsverschiebung im Summator
11. (1) Rechtsverschiebung im Register $P_2$
9. (2) Dasselbe, wie bei 9 (1)
10. (2) Dasselbe, wie bei 10 (1)
11. (2) Dasselbe, wie bei 11 (1)

........................

........................

9. (n) Dasselbe, wie bei 9 (1)
10. (n) Dasselbe, wie bei 10 (1)
11. (n) Dasselbe, wie bei 11 (1)
12. Löschen der Register in SP
13. Übertragen des Kode aus dem Register der dritten Adresse der ST in das Adressenregister von SP
14. Übertragen des Kode aus dem Summator in das Zahlenregister von SP
15. Einschreiben in SP
16. Löschen der Register in SP
17. Hinzufügen von Eins zum Befehlszählerinhalt
18. Übertragen des Kode aus dem Befehlszähler in das Adressenregister von SP
19. Lesen in SP, Löschen des Befehlsregisters
20. Übertragen des Kode aus dem Zahlenregister von SP in das Befehlsregister

In dem Mikroprogramm der Multiplikation wird im Unterschied zu dem Mikroprogramm der Addition wesentlich davon Gebrauch gemacht, daß man in Abhängigkeit von dem Rückmeldungssignal q, das aus R kommt, die Reihenfolge der Mikrooperationen verzweigen kann. Es ist leicht einzusehen, daß die aufeinanderfolgende Ausführung der Mikrooperationen 9, 10 und 11 gleichbedeutend ist mit dem üblichen gut bekannten Algorithmus für die Multiplikation im dualen Zahlensystem mit Abrundung.

Denn bei der beschriebenen Methodik dient der Summator von R zur Aufnahme der Summen der Teilprodukte des Multiplikanden mit den einzelnen Stellen des Multiplikators. Dieses Merken gelingt bis auf die letzten Stellen, die bei der Rechtsverschiebung des Summatorinhalts wegfallen. Jedes Mal wird der Multiplikand zu der im Summator gespeicherten Summe hinzugefügt oder nicht hinzugefügt, je nachdem, ob die letzte Stelle des nach rechts verschobenen Multiplikators Eins oder Null ist. Es ist klar, daß dieser Vorgang des Hinzufügens des Produktes des Multiplikanden mit dem jeweiligen Stellenwert des Multiplikators zu der schon erhaltenen Summe zusammen mit den vorhergehenden Verschiebungen im Summator und im Register $P_2$ dem üblichen Multiplikationsalgorithmus entspricht. Die Aufrundung wird durch die Verschiebungen im Summator realisiert, bei der die letzten Stellen des Produktes wegfallen. Für die Multiplikation mit negativen Zahlen wird in das Mikroprogramm eine zusätzliche Mikrooperation, nämlich die Bildung des Vorzeichens des Produktes, aufgenommen.

Mikroprogramm für den bedingten Sprung mit einer Ungleichung als Kriterium.

1. Löschen der Register in R und SP
2. Übertragen des Kode aus dem Register der ersten Adresse von ST in das Adressenregister von SP
3. Lesen im SP
4. Übertragen des Kode aus dem Zahlenregister von SP in den Summator von R
5. Löschen der Register in SP
6. Übertragen des Kode aus dem Register der zweiten Adresse von ST in das Adressenregister von SP
7. Lesen aus SP
8. Übertragen des Kode aus dem Zahlenregister von SP in das Register des Summators
9. Übertragen des Kode mit Vorzeichenänderung aus einem Register in den Summator
10. Ist der Inhalt des Summators a > 0, so wird der Befehlszählerstand um Eins erhöht, ist jedoch s ≦ 0, so erfolgt ein Übertragen des Kode aus dem Register der dritten Adresse von ST in den Befehlszähler
11. Löschen der Register in SP
12. Übertragen des Kode aus dem Befehlszähler in das Adressenregister von SP
13. Lesen aus SP
14. Löschen des Befehlsregisters
15. Übertragen des Kode aus dem Zahlenregister von SP in das Befehlsregister

Das beschriebene Mikroprogramm realisiert den Vergleich der Zahl $A_1$, die durch die erste Adresse des Befehls vorgeschrieben wird, mit der Zahl $A_2$, die durch dessen zweite Adresse vorgeschrieben wird. Zeigt sich dabei, daß $A_1 > A_2$ ist, so wird die Steuerung an den in der Reihenfolge nächsten Befehl übergeben. Ist jedoch $A_1 \leqq A_2$, so wird der nun folgende Befehl anhand der dritten Adresse des jeweiligen Befehls ermittelt. Es ist klar, daß man aus zwei Operationen des bedingten Sprunges mit einer Ungleichung als Kriterium durch Vertauschen der Rollen von $A_1$ und $A_2$ die Operation des bedingten Sprunges mit der Wortgleichheit als Kriterium bilden kann, die im Abschn. 3.1. beschrieben wurde.

Die Beschreibung der Hauptprinzipien der Realisierung eines Algorithmus in universellen elektronischen Ziffernrechenmaschinen vermittelt eine allgemeine Vorstellung von der sog. Blockstruktur derartiger Maschinen. Bei der Projektierung von elektronischen programmgesteuerten Automaten ist die Blocksynthese nur der Ausgangspunkt für die Ausarbeitung einer Lösung in Form von Schemata. Die Wahl dieser Lösungen wird dann auf der Grundlage der Automatentheorie und der Kombinatorik vorgenommen, siehe dazu die Abschnitte 1. und Band 1.

## 3.3. Der Programmierungsbegriff

Programmierung heißt die Niederschrift eines Algorithmus in Form einer endlichen Folge von Anweisungen (Befehlen) für einen universellen programmierbaren Automaten. Eine solche Folge heißt ein Arbeitsprogramm für den gegebenen Automaten. Wird das Programm zusammen mit bestimmten Anfangsdaten (Eingangswort des Algorithmus) in den Automaten eingeführt, so ermittelt dieser nach dem gegebenen Algorithmus das Ausgangswort (Ausgangsinformation) zu dem gegebenen Eingangswort.

Um das Wesen der Programmierung besser zu verstehen, betrachten wir zunächst ein einfaches Beispiel. Es sei die Summe $\sum_{k=1}^{m} 1/k^2$ zu berechnen, wobei m eine natürliche Zahl ist. Wir wollen ein Programm zur Lösung dieser Aufgabe für eine universelle Dreiadreßziffernrechenmaschine mit natürlicher Befehlsreihenfolge aufstellen. Zu den Operationen der Maschine sollen die vier arithmetischen Grundoperationen (Addition, Subtraktion, Multiplikation und Division), gehören, bedingter Sprung anhand der Übereinstimmung von Worten und die Operation Halt.

Der Einfachheit halber sei vorausgesetzt, daß es nicht nötig ist, die Information in den SP der Maschine zu bringen und auszugeben. Mit anderen Worten: Die Anfangsinformation und das Programm, das aufgestellt wird, sollen sich bereits in den erforderlichen Zellen des Speichers befinden und die Lösung soll in Zellen des SP, die zu diesem Zweck zur Verfügung gestellt werden, nach Abarbeitung des Programms zugänglich sein (in dem betrachteten Fall in einer einzigen Zelle).

Zur Lösung der gestellten Aufgabe führen wir die folgenden Bezeichnungen ein:

$$x_k = k; \quad y_k = x_k^2 = k^2$$

$$z_k = 1/y_k = 1/k^2$$

$$s_k = z_1 + z_2 + \ldots + z_k = s_{k-1} + z_k$$

Wir wollen annehmen, daß für die Speicherung der Größen $x_k$, $y_k$, $z_k$ und $s_k$ vier beliebige Speicherzellen ausgezeichnet sind, die wir Arbeitszellen nennen. Die Berechnung der gesuchten Summe $s_k$ läßt sich leicht in m vollständig identische Etappen aufteilen, in der jeweils eine Partialsumme $s_k$ (k = 1, 2, ..., m) berechnet wird. Die Berechnungen beginnen mit dem Wert k = 1 und $s_0 = 0$ und können in Form des folgenden Schemas niedergeschrieben werden:

1. $y_k = x_k^2$
2. $z_k = 1/y_k$
3. $s_k = s_{k-1} + z_k$
4. $x_{k+1} = x_k + 1$
5. Ist $x_{k+1} = m + 1$, so gehen wir zu der folgenden Anweisung über; ist jedoch $x_{k+1} \neq m + 1$, so kehren wir zu der Anweisung 1 zurück
6. Halt

Dieses Schema ist faktisch bereits das gesuchte Programm. Die Adressen der Arbeitszellen sind durch die symbolischen Bezeichnungen $x_k$, $y_k$, $z_k$, $s_k$ ersetzt, die man symbolische Adressen nennt. Legen wir die Adressen dieser Zellen und der Zellen fest, die die in dem Programm vorkommenden Konstanten 1 und m + 1 enthalten, so können wir leicht von diesem Programm mit den symbolischen Adressen zu dem Programm in Dreiadreßanweisungen übergehen. Wir setzen dabei voraus, daß die Anweisung des bedingten Sprunges die Einhaltung der gegebenen Befehlsfolge sichert, wenn die verglichenen Wörter gleich sind und bei Ungleichheit die Steuerung an den Inhalt der dritten Adresse weitergibt.

Die Adressen der Arbeitszellen $x_k$, $y_k$, $z_k$ und $s_k$ seien 1, 2, 3 und 4; die Adressen der Zellen, die die Konstanten 1 und m + 1 enthalten, seien gleich 5 und 6, und die Adresse der Zelle, die die erste Anweisung des Programms enthält, sei gleich 7. In diesem Fall läßt sich das gesuchte Programm in Form der folgenden Folge von Anweisungen schreiben:

| | |
|---|---|
| 1. Multiplikation | 1, 1, 2 |
| 2. Division | 5, 2, 3 |
| 3. Addition | 4, 3, 4 |
| 4. Addition | 1, 5, 1 |
| 5. Bedingter Sprung | 1, 6, 7 |
| 6. Halt | |

In der Zelle mit der Adresse 1 muß zum Beginn des Programms die Zahl Eins und in der Zelle mit der Adresse 4 die Zahl 0 untergebracht werden. Die Anfangsbelegung der Arbeitszellen mit den Adressen 2 und 3 ist offenbar willkürlich, weil die erforderliche Belegung dieser Zellen durch die erste und zweite Anweisung des Programms durchgeführt wird. Wir erinnern noch einmal daran, daß vorausgesetzt wird, daß beim Einschreiben eines neuen Wortes in eine beliebige Zelle automatisch der frühere Inhalt dieser Zelle gelöscht wird. Nach dem Halt der Maschine (d.h. nach Ausführung der sechsten Anweisung) erhält man den gesuchten Wert der Summe $s_m$ in der vierten Zelle des Speichers.

Wie man sieht, kann in dem angegebenen Programm die Zelle mit der Adresse 2 außer zur Aufbewahrung der Größe $y_k$ auch noch zur Speicherung der Größe $z_k$ benutzt werden. Denn die Größe $y_k$ wird ausschließlich zur Berechnung von $z_k$ benötigt, somit kann man nach Berechnung von $z_k$ dieses wieder in die Zelle bringen, in der sich $y_k$ befand. Es gibt allgemeine Verfahren, mit denen ein solcher Prozeß zur ökonomischen Verteilung der Arbeitszellen automatisiert werden kann.

Als zweites Beispiel betrachten wir die Programmierung der Berechnung des skalaren Produkts zweier n-dimensionaler Vektoren $A = (a_1, a_2, \ldots, a_n)$ und $B = (b_1, b_2, \ldots, b_n)$, d.h., die Berechnung der Summe der Produkte

$$s = a_1 b_1 + a_2 b_2 + \ldots + a_n b_n$$

Wir setzen voraus, daß sich die Komponenten des Vektors A in den Zellen mit den Adressen a + 1, a + 2, ..., a + n und die Komponenten des Vektors B in den Zellen mit den Adressen b + 1, b + 2, ..., b + n befinden, wobei a und b bestimmte natürliche Zahlen sind. Sie werden so gewählt, daß sich die Zellen, die zur Aufbewahrung der Komponenten von A und B ausgewählt wurden, nicht überschneiden.

Zur Abwechslung stellen wir das Programm zur Berechnung des Skalarprodukts für eine Einadreßmaschine mit natürlicher Befehlsreihenfolge auf. Die arithmetischen Operationen werden immer an Zahlenpaaren vorgenommen, deren erste Zahl sich im Summator des Rechners R und die andere in einer Zelle befindet, deren Adresse in der Anweisung angegeben ist. Das Ergebnis der Operation fällt dann im Summator an. Für die Ausführung arithmetischer Operationen mit solchen Anweisungen braucht man noch Anweisungen, die den Austausch von Daten zwischen dem Summator im Rechner R und einer Zelle des SP verwirklichen, deren Adresse in dieser Anweisung angegeben wird.

Der Befehl des bedingten Sprunges kann auf verschiedene Weise ausgeführt werden. Wir wollen annehmen, daß wir es hier mit einem bedingten Sprung auf Grund einer Null im Summator zu tun haben: Befindet sich im Summator bei Ausführung der bedingten Sprungoperation die Zahl 0, so wird die Steuerung an den in der Reihenfolge nächsten Befehl übergeben, andernfalls wird das folgende Kommando anhand der Adresse ausgewählt, die im bedingten Sprungbefehl angegeben ist. Der Einfachheit halber sei angenommen, daß der i-te Programmbefehl in der Zelle mit der Adresse i ($i = 1, 2, \ldots$) steht. Zur Aufbewahrung der Adressenänderungskonstante (einer Zahl, die gleich Eins ist) wählen wir eine Zelle mit der Adresse c, zur Aufbewahrung der Zahl n (Dimensionszahl der Vektoren A und B) eine Zelle mit der Adresse a und zur Aufbewahrung der Partialsumme $s_k = a_1 b_1 + a_2 b_2 + \ldots + a_k b_k$ eine Zelle mit der Adresse s.

So gelangen wir zu dem folgenden Programm:

1. Übertragung aus SP in den Summator, a + 1
2. Multiplikation, b + 1
3. Addition, s
4. Übertragung aus dem Summator nach SP, s
5. Übernahme in den Summator, 1
6. Addition, c
7. Übertragung aus dem Summator nach SP, 1
8. Übertragung in den Summator, 2
9. Addition, c
10. Übertragung aus dem Summator nach SP, 2
11. Übertragung in den Summator, t
12. Addition, c
13. Übertragung aus dem Summator nach SP, t
14. Übertragung in den Summator, a
15. Subtraktion, t
16. bedingten Sprung anhand von Null im Summator, 1
17. Halt

Die Zelle mit der Adresse t, die in dem oben konstruierten Programm vorkommt, ist ein sog. Zähler für die Zyklendurchlaufzahl. Die Anweisungen 11, 12 und 13 sichern die Erhöhung des Inhalts dieser Zelle um Eins. Stand zu Beginn der Berechnungen in der Zelle t die Zahl Null, so befindet sich nach Ausführung von n Zyklen (Wiederholungen der Anweisungsgruppe 1 bis 13) in ihr die Zahl n. Dann erhält man aber im Ergebnis der durch die Anweisungen 14 und 15 durchgeführten Subtraktion im Summator eine Null, und das nun folgende Kommando des bedingten Sprunges gibt die Steuerung an den Befehl 17 ab, der zum Halt der Maschine führt.

Bis zu diesem Zeitpunkt übergibt der bedingte Sprung stets die Steuerung an den ersten Befehl. worauf sich jedesmal der Zyklus der Berechnungen wiederholt. Jedoch handelt es sich dabei nicht um eine buchstäbliche Wiederholung, da mit Hilfe der Befehle 5, 6, 7 und 8, 9, 10 eine Erhöhung der Adressen des ersten und zweiten Programmbefehls um Eins verwirklicht wird. Somit führen die Befehle 1 und 2 zur Bildung der Produkte eines neuen Paares von Komponenten $a_k b_k$ der Vektoren A und B, die Befehle 3 und 4 zur Berechnung und Aufbewahrung eines neuen Wertes der Partialsumme $s_k = s_{k-1} + a_k b_k$ in der Zelle s.

Um das angegebene Programm richtig zu verstehen, muß man beachten, daß die Operation „Übernahme irgendeines Kodes in den Summator" eine vorhergehende Löschung des Summators voraussetzt und daß nach einer Übernahme eines Kodes aus dem Summator in den SP der Summator ebenfalls automatisch gelöscht wird. Außerdem ist es nötig, daß sich zu Beginn der Arbeit in der Zelle t die Zahl Null befindet.

Das beschriebene Verfahren zur Durchführung einer Adressenänderung (Änderung der Befehlsadressen), bei dem die Kode der Befehle selbst einer Änderung unterzogen werden, ist unzweckmäßig. Es führt erstens zu einer Verlängerung des Programms (die besonders merklich ist bei Einadreßmaschinen) und zweitens, was das wichtigste ist, durch diese Operation wird das ursprünglich gegebene Programm geändert, das für eine weitere Verwendung des Programms ungünstig ist. Man muß die Adreßänderungen wieder rückgängig machen. Das bringt weitere Komplikationen in das Programm und erfordert zusätzliche Speicherzellen zur Aufbewahrung der ursprünglichen Adressen. Daher zieht man meist ein anderes Verfahren der Adressenänderung vor. Dieses benutzt sog. Register zur Adressenmodifikation oder Indexregister.

Indexregister gehören zu dem Bestand der Steuerungseinrichtung eines universellen programmgesteuerten Automaten. Sie haben die Aufgabe, während der Ausführung eines Befehls den Inhalt eines bestimmten Indexregisters automatisch zu den Befehlsadreßteilen hinzuzufügen. In den Adreßteilen dieser Befehle müssen besondere Kennzeichen für das jeweilige Indexregister angegeben sein.

Mit einem Indexregister I kann das Programm für die Berechnung des Skalarprodukts von Vektoren in einem Dreiadreßbefehlssystem durch im ganzen nur fünf Befehle niedergeschrieben werden (die Bezeichnungen der Adressen der Zellen sind die gleichen wie im vorhergehenden Beispiel):

1. Hinzufügen einer Eins zum Inhalt des Indexregisters I
2. Multiplikation, a(I), b(I), p
3. Addition p, s, s
4. bedingter Sprung, I, a, 1
5. Halt

In diesem Programm wird der bedingte Sprung anhand der Übereinstimmung der Koden im Indexregister I und in der Zelle a (in der die Dimension n der Vektoren A und B steht) durchgeführt. Wenn diese Kode gleich sind, geht die Steuerung an den in der Reihenfolge nächsten Befehl (den fünften) über, und im Fall der Nichtgleichheit an den ersten Befehl des Programms.

Während der gesamten Arbeitszeit wird das Programm nicht geändert, es ändert sich lediglich der Inhalt des Indexregisters I. Besteht die Notwendigkeit, so kann man in das Programm noch einen speziellen Befehl für die Löschung des Indexregisters mit aufnehmen.

Bei der Programmierung komplizierterer Algorithmen, wie z.B. des Algorithmus zur Multiplikation Matrix mal Vektor oder Matrix mal Matrix, müssen mehrere Indexregister zur Speicherung der Adressenänderungskonstanten benutzt werden. Als Beispiel betrachten wir die Multiplikation eines n-dimensionalen Vektors $B(b_1, b_2, \ldots, b_n)$ mit der quadratischen Matrix A n-ter Ordnung und den Elementen $a_{ik}$ $(1 \leqq i \leqq n,\ 1 \leqq k \leqq n)$.

Wir setzen voraus, daß sich die Komponenten des Vektors B in den Zellen des Speichers mit den Adressen $b + 1,\ b + 2,\ \ldots,\ b + n$ befinden und daß die Elemente $a_{ik}$ der Matrix A in den Speicherzellen mit den Adressen $a + (k-1)n + i$ $(i, k = 1, 2, \ldots, n)$ untergebracht sind. Die Komponenten des Vektors C = BA bringen wir in die Zellen mit den Adressen $c + 1,\ c + 2,\ \ldots,\ c + n$ (am

Anfang sind in diesen Zellen lauter Nullen). Die Zelle mit der Adresse t verwenden wir als Arbeitszelle zur Aufbewahrung von Zwischenresultaten (ihr Anfangsstand ist dabei beliebig). Schließlich verwenden wir die Zellen mit den Adressen 1, 2, ... zur Unterbringung der aufeinanderfolgenden Befehle des Programms.

Wir führen drei Indexregister $I_1$, $I_2$, $I_3$ ein, die vor Beginn der Arbeit gelöscht werden müssen und bringen in die Zelle mit der Adresse d die Zahl n, die die Dimension des Vektors B und die Ordnung der Matrix A angibt. Mit Hilfe der eingeführten Bezeichnungen kann man das gesuchte Programm für die Multiplikation „Vektor mal Matrix" folgendermaßen aufschreiben:

1. Hinzufügen einer 1 zum Inhalt des Indexregisters $I_3$
2. Hinzufügen einer 1 zum Inhalt des Indexregisters $I_1$
3. Hinzufügen einer 1 zum Inhalt des Indexregisters $I_2$
4. Multiplikation $b(I_1)$, $a(I_2)$, t
5. Addition $c(I_3)$, t, $c(I_3)$
6. Bedingter Sprung $I_3$, d, 2
7. Löschen des Indexregisters $I_1$
8. Bedingter Sprung $I_3$, d, 1
9. Halt

Werden die Algorithmen noch komplizierter, so wachsen die Schwierigkeiten bei der Programmierung. Dadurch wird es notwendig, ökonomischere Verfahren zu suchen und universelle programmgesteuerte Automaten zur automatischen Übersetzung aus solchen Schreibweisen in arbeitsfähige Maschinenprogramme einzusetzen. Diese ist der Ausgangspunkt für die automatische Programmierung mit Hilfe sog. universeller programmierender Programme (Übersetzer).

Ein universelles programmierendes Programm ist ein für eine universelle Ziffernrechenmaschine programmierter Übersetzungsalgorithmus zur Übersetzung eines beliebigen Algorithmus aus einer formalen Sprache in die Befehlssprache des jeweiligen Automaten. Als formale algorithmische Sprache kann man natürlich jede der im Abschn. 1., Bd. 1, beschriebenen Sprachen wählen, z.B. die Sprache des Systems von Normalalgorithmen. Dadurch würde jedoch die Programmierungsaufgabe nicht erleichtert, sondern noch erschwert. Um sich davon zu überzeugen, braucht man nur den Fall der Additionsoperation zu betrachten, die sich auf den universellen Ziffernrechenautomaten mit Hilfe einer einzigen Anweisung ausführen läßt, während sie z.B. bei Benutzung von Normalalgorithmen durch ein ziemlich kompliziertes Schema realisiert wird, das viele elementare Substitutionen enthält.

Es wurden deshalb universelle algorithmische Sprachen ausgearbeitet, die die Haupteigenschaften einer Befehlssprache der universellen modernen Ziffernrechenmaschinen beibehalten, aber eine bedeutend einfacher und leicht lesbare Schreibweise der üblichen in der Praxis auftretenden Algorithmen gestatten. Von den Sprachen solcher Art seien zum Beispiel erwähnt, die Sprache „Fortran" (USA), die polnische algorithmische Sprache Sako, die Adressensprache (Kiew, UdSSR) und andere.

Die Schaffung algorithmischer Sprachen ist nicht nur wichtig, weil sie die Programmierung erleichtern, sondern auch, weil eine hinreichend gut ausgearbeitete algorithmische Sprache zu einer allgemein anerkannten und allgemein verständlichen Sprache für die verschiedenen Algorithmen werden kann. Eine solche Sprache, die in der letzten Zeit weite internationale Anerkennung gefunden hat, ist die von einer Gruppe europäischer und amerikanischer Gelehrter ausgearbeitete Sprache Algol-60. Eine eingehende Beschreibung dieser Sprache wird im Abschn. 3.4. gegeben. Hier wollen wir nur noch einige Verfahren betrachten, die die unmittelbare Programmierung in den Maschinensprachen erleichtern.

Das erste Verfahren, das schon oben betrachtet wurde, ist die Benutzung von symbolischen Adressen anstelle der wahren Adressen. Die nachfolgende Zuordnung von wahren Werten zu den eingeführten symbolischen Adressen und die wirtschaftliche Verteilung der Arbeitszellen ist eine rein technische Arbeit und gut zur Automatisierung geeignet. Ungeachtet ihrer Einfachheit, erlaubt die Methode der symbolischen Adressen eine wesentliche Vereinfachung der Programmierung komplizierter Aufgaben und, was das wichtigste ist, sie vermindert die Anzahl der Fehler ganz bedeutend.

Eine zweite Methode, die Programmierung wesentlich zu vereinfachen, ist die Aufnahme bereits früher aufgestellter Teilprogramme in den Bestand komplizierterer Programme. Programme, die sich speziell für die Aufnahme in kompliziertere Programme eignen, nennt man gewöhnlich Unterprogramme. Im Besitz einer Unterprogrammbibliothek kann der Programmierer teilweise die unmittelbare Programmierung auf eine Kombination relativ weniger zu seiner Verfügung stehender Unterprogramme zurückführen. Zur Erleichterung der Einfügung mehrerer Unterprogramme in ein Hauptprogramm wurden spezielle Verfahren ausgearbeitet, die es ermöglichen, die Unterprogramme ohne Änderungen in ein Hauptprogramm einzubauen. Die Schwierigkeit besteht darin, daß die letzte Anweisung eines Unterprogramms die Steuerung wieder an eine bestimmte Anweisung des Hauptprogramms zurückgeben muß. Diese Zielanweisung kann sich natürlich von Programm zu Programm ändern und ist dem Hersteller des Unterprogramms unbekannt.

Man kann diese Schwierigkeit dadurch überwinden, daß man im Moment des Unterprogrammaufrufs die Adresse der Anweisung, zu der man nach Abarbeitung des Unterprogramms übergehen will, in einer speziellen Speicherzelle, dem sog. Rücksprungregister, zur Verfügung stellt. Das Unterprogramm muß dann mit der speziellen Anweisung „Sprung zum Inhalt des Rücksprungregisters" enden. Zur Benutzung einer beliebigen Zelle des Operativspeichers als Rücksprungregister ist es zweckmäßig, sich an den Speicher mit der sog. Adresse zweiter Ordnung zu wenden. Dann wird das Lesen oder Schreiben in einen Speicher nicht nach den im auszuführenden Befehl angegebenen Adressen vorgenommen, sondern nach den Adressen, die sich in den in dem Befehl angegebenen Speicher befinden. Werden in die Unterprogramme wiederum Unterprogramme aufgenommen (Verschachtelte Unterprogramme), so muß man mehrere Rücksprungregister oder Adressen zweiter Ordnung verwenden.

Wie rationell die Verwendung von Unterprogrammen ist, wird dadurch bestimmt, wie ökonomisch sich die Bibliothek von Standardprogrammen in den Speichereinheiten unterbringen läßt. Diese Frage wird besonders aktuell, wenn man für die Realisierung verschiedener Standardprogramme neue Makrobefehle vereinbart, die den Bestand der von der Maschine ausführbaren Operationen erweitern. Ein solcher Stufenaufbau der Steuerung wurde in der Rechenmaschine „Promin" im Institut für Kybernetik der Akademie der Wissenschaften der Ukrainischen Sozialistischen Sowjetrepublik (Kiew) realisiert.

Auch wenn man keine neuen Makrobefehle vereinbart, erleichtert eine hinreichend gehaltvolle Bibliothek von Standardunterprogrammen die Programmierung wesentlich, da sich ein bedeutender Teil der sonst neu aufzustellenden Programme in der Regel aus bereits früher programmierten Standardteilen der Bibliothek zusammensetzen läßt.

Bei der Aufstellung einer Bibliothek von Standardunterprogrammen wird man zweckmäßig einen hinreichend hohen Grad an Allgemeinheit der zu lösenden Aufgaben anstreben. So wird zum Beispiel ein Standardunterprogramm für die Multiplikation von Matrizen so eingerichtet, daß man damit Matrizen beliebiger Ordnung (und nicht nur irgendeiner festen Ordnung) multiplizieren kann.

Eine wesentliche Hilfe bei der Programmierung ist die Anfertigung eines Blockschemas des Programms. Anschließend wird jeder einzelne Block für sich programmiert. Ein zweckmäßiges Blockschema erhält man mit dem von A. A. Ljapunow vorgeschlagenen Operatorverfahren.

Bei der Anwendung dieses Verfahrens werden nebeneinanderstehende Gruppen von Programmbefehlen gleichen Typs (z. B. von Befehlen, die arithmetische Operationen realisieren) in sog. Operatoren zusammengefaßt. Am gebräuchlichsten sind arithmetische Operatoren und Adreßänderungsoperatoren (Änderung des Indexregisterinhalts). Arithmetische Operatoren werden mit dem Buchstaben A, logische mit dem Buchstaben P, Adressenänderungsoperatoren mit I und der Haltoperator mit dem Buchstaben F bezeichnet. Außerdem werden die Operatoren mit besonderen Indizes durchnumeriert, und zwar in der Reihenfolge, mit der sie in das Programm eingehen.

Faßt man arithmetische Operationen zu einer Gruppe zusammen, ist jeder arithmetische Operator eine relative Bezeichnung für eine Rechenoperation nach häufig sehr komplizierten Formeln. Ein logischer Operator verwirklicht die Überprüfung logischer Bedingungen, auf Grund deren ein bedingter Übergang ausgeführt wird (Steuerungsübergänge in einem Programm, die die natürliche Abarbeitungsreihenfolge der Befehle verlassen). Hinter einem logischen Operator steht ein vertikaler Strich. Über und unter diesem Strich sind die Nummern der Operatoren angegeben, an welche die Steuerung übergeht, wenn die logische Bedingung erfüllt ist, bzw. wenn sie nicht erfüllt ist. Das Fehlen einer Nummer unter oder über dem Strich bedeutet, daß in dem betreffenden Fall die Steuerung an den Operator übergeht, der unmittelbar rechts von dem Strich steht.

Mit Hilfe der beschriebenen Symbolik kann das Operatorschema des letzten der von uns oben betrachteten Programme wie folgt geschrieben werden:

$$I_1 \; I_2 \; A_3 \; P_4 \; \underset{2}{|} \; I_5 \; P_6 \; \underset{1}{|} \; F_7$$

Hier entspricht der Adressenänderungsoperator $I_1$ der ersten Anweisung des Programms und der Operator $I_2$ den zwei folgenden Anweisungen. Der arithmetische Operator $A_3$ faßt die vierte und fünfte Anweisung zusammen, und die übrigen Operatoren bestehen aus genau einer Anweisung des früheren Programms.

Zur Erleichterung des Lesens von Operatorschemata kann man die Striche, die bedingte Sprünge bezeichnen, noch oben und unten mit horizontalen Strichen versehen, die nach links gerichtet sind. Dann steht vor dem Operator, an den die Steuerung übergeht, auch ein vertikaler Strich mit einem horizontalen Strich. Dieser horizontale Strich weist jedoch nach rechts und ist mit der gleichen Nummer bezeichnet wie der betreffende Strich des Operators des bedingten Übergangs. Außerdem wird die Gruppe von Operatoren, die einen Zyklus bildet, der auf Grund bedingter Sprünge mehrfach durchlaufen wird, von beiden Seiten durch selbständige „Klammern" eingerahmt, die das Auffinden solcher Zyklen erleichtern.

Mit diesen Bezeichnungen kann man das oben angegebene Operatorschema wie folgt schreiben:

$$\underset{1}{\llcorner} \; I_1 \; \underset{2}{\llcorner} \; I_2 \; A_3 \; P_4 \; \underset{2}{\lrcorner} \; I_5 \; P_6 \; \underset{1}{\lrcorner} \; F_7$$

Ergänzt man das Operatorschema noch durch die Beschreibung jedes in das Schema eingehenden Operators (außer dem Haltoperator), so kann man nach Aufstellen eines solchen Schemas zu den Details übergehen, nämlich nacheinander diese Operatoren zu programmieren und sie dann zu einem einheitlichen Ganzen zu vereinen. Diese Operationen sind in hohem Maße technischer Natur und können relativ leicht mit Hilfe eines beliebigen universellen programmgesteuerten Automaten automatisiert werden.

Zur Beschreibung der arithmetischen und logischen Operatoren kann man die üblichen arithmetischen oder logischen Formeln verwenden. Verfügt man über spezielle Programme zur automatischen Übersetzung dieser Formeln in die Befehlssprache der Maschine, so kann man sie zusammen mit den Standard-Bibliotheksprogrammen der Maschine (einem universellen programmgesteuerten Automaten) so übergeben, wie man dies bei einem qualifizierten menschlichen Rechner tun würde. Diese Methode vereint in sich also die Methode der Standardunterprogramme mit der Methode, die universelle programmierende Programme benutzt. Man nennt sie deshalb auch Methode der spezialisierten programmierenden Programme [14]. Dabei besteht die Spezialisierung darin, daß die entsprechende Programmbibliothek auf eine bestimmte Klasse typischer Aufgaben orientiert ist. Es kann dann auf eine Programmierung verzichtet werden, und es genügt, der Maschine die Bedingungen der Aufgaben mitzuteilen, die sie lösen soll.

### 3.4. Die universelle algorithmische Sprache Algol-60

Die internationale algorithmische Sprache Algol-60, die wir der Kürze halber einfach Algol nennen werden, dient zur einfachen universell verständlichen Darstellung von Rechenalgorithmen. Da es sich hierbei um eine universelle algorithmische Sprache handelt, ist sie natürlich auch für beliebige Algorithmen geeignet (die nicht unbedingte Rechenalgorithmen sind). Bei der Darstellung lexikaler und anderer nicht numerischer Algorithmen geht jedoch in hohem Maß die Einfachheit und Anschaulichkeit der Algol-Schreibweise verloren. Während die Programmierung von Rechenalgorithmen in Algol wesentlich einfacher ist als die unmittelbare Programmierung für einen speziellen modernen universellen elektronischen Rechenautomaten, wird die Programmierung von Aufgaben zur Umformung lexikaler Information in Algol nicht viel einfacher als in den Maschinensprachen.

Als Grundsymbol für den Aufbau der Sprache Algol dienen die lateinischen Buchstaben (26 große und 26 kleine Buchstaben), die arabischen Ziffern (von Null bis Neun einschließlich), die logischen Werte „wahr" und „falsch" und die Operationszeichen, Trennzeichen und Klammern (die drei letztgenannten Typen von Symbolen heißen Begrenzer). Außerdem gibt es noch eine gewisse Anzahl von Hilfswörtern, für die man meist Wörter der englischen Sprache wählt. Diese Wörter stellt man üblicherweise fettgedruckt oder unterstrichen dar

Für die Darstellung der Zahlen benutzt man das Dezimalsystem, wobei der ganze Teil vom gebrochenen Teil durch einen Punkt getrennt ist (und nicht durch ein Komma). Das Pluszeichen vor positiven Zahlen und die Null als Bezeichnung des ganzen Teils in gebrochenen Zahlen können entfallen. Zur Bezeichnung der Zehnerpotenzen wird ein spezielles Symbol verwendet: eine kleine unter die Grundlinie gedrückte Zahl Zehn (gewöhnlich in Fettschrift gedruckt). Die in Algol verwendeten Zahlen teilt man in zwei Gruppen ein: <u>integer</u> (ganz) und <u>real</u> (reell). Zum Typ <u>integer</u> gehören nur ganze Zahlen (mit oder ohne Vorzeichen), die in ihrer Schreibweise weder das Symbol der Zehnerpotenz noch einen Punkt enthalten; alle übrigen Zahlen gehören zum Typ real (dabei gehört die Zahl 3.0 zum Typ <u>real</u> und nicht zum Typ <u>integer</u>).

Beispiele für Zahlen vom Typ integer: 0, +275, -0634, +0, -2.

Beispiele für Zahlen vom Typ real: $+5.340_{10}8$ (d.h. die Zahl $5{,}34.10^{8}$), $-.063$ (die Zahl $-0{,}063$), $-.37_{10}-32$ (die Zahl $-0{,}37.10^{-32}$), $+\,10^{5}$ (die Zahl $10^{5}$) usw.

Der Einführung beliebiger Größen in Algol (in der Schreibweise konkreter Programme) geht eine Beschreibung voraus. Die nachfolgenden konkreten Darstellungen dieser Größen müssen entsprechend der angegebenen Beschreibung interpretiert werden. Wurde zum Beispiel eine Größe x durch die Bezeichnung integer beschrieben und dann ihr Wert eingeführt, der, sagen wir, gleich 23,4 ist, so muß dieser Wert in Gedanken zur nächsten ganzen Zahl gerundet werden (im gegebenen Fall zu 23). Der Wert einer Größe vom Typ integer, der gleich 23.5 ist, wird auf 24 gerundet. Eine Größe x, die als real beschrieben wurde, kann jedoch ganzzahlige Werte annehmen, bei den nachfolgenden Operationen wird sie jedoch weiterhin wie jede andere reelle Größe behandelt, also nicht auf- oder abgerundet.

Derartige Rundungen sucht man in Algol gewöhnlich zu vermeiden, da die Rundung der Größe 23.5 in manchen Maschinen zu 23, in anderen Maschinen jedoch zu 24 führt.

Zur Bezeichnung verschiedenartiger Größen (Konstante und Variable) werden in Algol die sog. Identifikatoren verwendet. Ein Identifikator kann eine beliebige endliche Folge von Buchstaben (lateinischen) und Dezimalziffern sein, die jedoch notwendig mit einem Buchstaben (und nicht mit einer Ziffer) beginnen muß. Beispiele für Identifikatoren sind a7LO, x,ga, aPg, TOWW usw. Die Ausdrücke 7x, 5ab oder ab+x bezeichnen keine Identifikatoren. Dadurch, daß man zur Bezeichnung von Größen nicht nur Buchstaben, sondern auch Wörter zuläßt, d.h. Buchstabenfolgen (möglicherweise auch sinnlose), wird der Vorrat an Identifikatoren potentiell unbeschränkt, was für die Darstellung beliebiger, auch kompliziertester Algorithmen eine große Bedeutung hat. Man kann natürlich die Größen durch ihre übliche Bezeichnung benennen, z.B.: force (Kraft), current (Strom) usw. Es gibt jedoch eine Unbequemlichkeit: man darf beim Aufbau arithmetischer Ausdrücke aus Identifikatoren das Multiplikationszeichen nicht weglassen (wie dies gewöhnlich in der Algebra gemacht wird), da in Algol der Ausdruck ab+xy als Summe zweier Größen verstanden wird, die mit ab und xy bezeichnet sind und nicht als Summe der paarweisen Produkte der Größen a, b und x, y.

Außer den Größen, die Zahlenwerte annehmen (vom Typ integer und real), werden in Algol noch Boolesche Größen verwendet, die nur die Werte „wahr" (true) und „falsch" (false) annehmen. Boolesche Größen werden in derselben Weise durch Identifikatoren bezeichnet wie die numerischen Größen; bei den Beschreibungen wird ihnen der Typ Boolean zugeordnet.

Gleichartige Größen, z.B. Komponenten irgendeines Vektors oder Elemente ein und derselben Matrix, werden gewöhnlich durch Identifikatoren mit einem oder mehreren Indizes bezeichnet. Die Indizes werden hinter die Identifikatoren geschrieben und in eckige Klammern eingeschlossen. Verschiedene Indizes werden voneinander durch Kommata getrennt. Als Indizes können ganze Zahlen (nicht nur positive ganze Zahlen), Variable und beliebige arithmetische Ausdrücke vorkommen; Indizes wird stets der Typ integer zugeordnet.

Beispiele für die Schreibweise von indizierten Variablen:

A[1, −2], ps[i], bA8[i, j, 1]

Indizierte Variable, bei denen die Indizes in gewissen Grenzen variieren, werden durch sog. Massive (Felder) dargestellt. Der Massivbeschreibung in Algol geht das englische Wort array (Feld) voraus, vor diesem steht die Typbezeichnung (integer, real, Boolean) der Komponenten des Variablenfeldes (wird keine Typbezeichnung für die Feldvariablen angegeben, so sei angenommen, daß dann der Typ stets real ist). Bei der Feldbeschreibung folgt hinter dem Identifikator des Feldes in Indexklammern (eckige Klammern) die sog. Liste für die Feldgrenzen. Jedes Grenzpaar besteht aus zwei arithmetischen Ausdrücken (oder Zahlen), die durch einen Doppelpunkt voneinander getrennt sind. Der erste dieser Ausdrücke gibt die untere Feldgrenze (den kleinstmöglichen Wert) des betreffenden Index an und der zweite dessen obere Grenze (den größtmöglichen Wert des Index). Dabei soll der Index alle ganzzahligen Werte zwischen der unteren und der oberen Grenze durchlaufen können. Wenn die obere Grenze kleiner ist als die untere, wird das betreffende Feld als nicht definiert angesehen.

Beispiele für Feldbeschreibungen: real array x [1 : n, 0 : m], Boolean array g4 [0 : 5], integer array N [−7 : 1, i : j, 3 : 3].

Die Zahl der verschiedenen Indizes, die das Feld charakterisieren, heißt die Dimension des Feldes. In den eben angeführten Beispielen hat das Massiv x die Dimension 2, das Massiv g4 die Dimension 1. Was das Feld N anbelangt, so ist formal seine Dimension gleich 3, da jedoch der letzte Index nur einen einzigen Wert (nämlich 3) annehmen kann, reduziert sich faktisch die Dimension dieses Feldes auf 2.

Wir bemerken noch, daß man bei den Beschreibungen von Variablen oder Feldern gleichen Typs die Typbezeichnung nur einmal anzugeben braucht, die entsprechenden Identifikatoren werden dann voneinander durch Kommata getrennt. Bei Feldern mit gleichen Indexgrenzen brauchen die Klammern mit der entsprechenden Liste von Feldgrenzpaaren auch nur ein einziges Mal hingeschrieben zu werden, nach dem letzten Identifikator eines Feldes mit diesen Grenzen, z.B. real a, b, x7 oder integer array A, B, C [1 : 2, 1 : k]. Die erste Beschreibung beschreibt drei Variable, die nur reelle Werte annehmen, die zweite drei zweidimensionale Felder mit gleichen Grenzen zusammengesetzt aus ganzzahligen Größen.

Für die Trennung der Beschreibung von Variablen und Feldern verschiedener Typen benutzt man das Semikolon. Zum Beispiel real x, y; Boolean A, B, C ; array px [1 : 2, i : k]; integer array N [− 1 : 0, 5 : 10], Q [2 : 4].

Als Indexgrenzen von Feldern können beliebige arithmetische Ausdrücke dienen. Arithmetische Ausdrücke spielen eine große Rolle bei dem Aufbau der Sprache Algol. Die arithmetischen Ausdrücke bauen sich aus Zahlen und Variablen mit Hilfe der sechs arithmetischen Operationen – Addition (bezeichnet mit dem Symbol +), der Subtraktion (bezeichnet mit dem Zeichen −), der Multiplikation (bezeichnet mit dem Zeichen x), der Division (bezeichnet mit dem schrägen Strich / ), der ganzzahligen Division (bezeichnet mit dem Zeichen ÷) und der Potenzoperation (bezeichnet mit dem Zeichen ↑ ) auf.

Das ganzzahlige Verhältnis a ÷ b ist der ganze Teil des gewöhnlichen Bruches a/b. Diese Operation wird nur auf Zahlen oder Variable vom Typ integer angewendet, so daß ein Ausdruck der Form 3.0 ÷ 5.0 nicht definiert ist (während der Ausdruck 3 ÷ 5 definiert und gleich Null ist). Die Potenzoperation a ↑ b (a hoch b) ist für positive a definiert für alle Größen b vom Typ real und integer und für negative a nur für den Fall, daß b eine Größe vom Typ integer ist.

Bei sonst gleichen Bedingungen gelten in arithmetischen Ausdrücken folgende Vorrangregeln: Vorrang hat das Potenzieren vor den Operationen Multiplikation und Division (gewöhnliche oder ganzzahlige), und diese Operationen haben Vorrang vor der Addition und Subtraktion. Gleichartige Operationen (Multiplikation und Division bzw. Addition und Subtraktion) werden in der üblichen Reihenfolge von links nach rechts ausgeführt. Ist es notwendig, die

Operationen in einer anderen Reihenfolge auszuführen, so werden runde Klammern verwendet. Beim Potenzieren a ↑ b werden die Ausdrücke a und b gewöhnlich in Klammern eingeschlossen. Eine Ausnahme ist nur dann zugelassen, wenn die entsprechende (nicht in Klammern eingeschlossene) Größe eine Zahl ohne Vorzeichen, eine Variable (indiziert oder nichtindiziert) oder eine Funktion ist (s.a. folgende Ausführungen).

Beispiele arithmetischer Ausdrücke können sein x ↑ 2 (gleich $x^2$), 3↑n↑k (gleich $(3^n)^k$), ab×AB + pr ↑ (−q), (x7 + A9) ↑ (−2) usw.

Neben Variablen, die durch gewöhnliche Identifikatoren oder Feldidentifikatoren dargestellt werden, benutzt man beim Aufbau arithmetischer Ausdrücke noch sog. Funktionen. Jede Funktion in Algol wird durch einen dieser Funktion zugeordneten Identifikator bezeichnet, hinter dem in runden Klammern eingeschlossen die sog. Liste der aktuellen Parameter steht, d.h. mit anderen Worten, die Liste der Argumente dieser Funktion.

Als aktuelle Parameter können beliebige Ausdrücke (arithmetische und Boolesche) dienen, sowie auch Feldidentifikatoren und einige andere Arten von Identifikatoren, die im folgenden eingeführt werden. Parameter werden voneinander entweder durch Kommata oder durch eine Kette der Form :) beliebiger Kommentar :( getrennt. Kommentar nennt man eine Erklärung der Bedeutung aktueller Parameter, wie man sie gewöhnlich in der russischen Sprache gibt [1]. Bei der Übersetzung aus der Sprache Algol in die Sprache einer Rechenmaschine werden solche Kommentare einfach weggelassen.

Als Beispiele für Funktionen können dienen f(x), t7(x, y+a), AB(k ↑ 1.5), Kraft: (p), Beschleunigung: (a). Die erste dieser Funktionen ist eine einstellige Funktion (d.h., sie hängt nur von einem aktuellen Parameter ab), die zweite Funktion ist zweistellig und die dritte dreistellig (sie hängt ab von den aktuellen Parametern k ↑ 1.5, p und a).

In den Beschreibungen nennt man Funktionen gewöhnlich Prozeduren (procedure) mit Angabe des Typs der dadurch bestimmten Größe (integer, real oder Boolean). Für solche Funktionen wie Sinus, Logarithmus und andere behält man die üblicherweise verwendeten Identifikatoren sin, ln usw. bei. Den Identifikator sqrt legt man fest zur Bezeichnung der Quadratwurzel und den Identifikator abs zur Bezeichnung des Absolutbetrages einer Größe.

Zu den Beschreibungen von Funktionen gehören Köpfe der Form: real procedure sin (x), integer procedure abs (n); Boolean procedure A (a, b). In den Beschreibungen werden als Argumente der Funktionen sog. formale Parameter verwendet, d.h. bestimmte Identifikatoren, die durch beliebige aktuelle Parameter ersetzt werden können, d.h. durch Variable, durch Ausdrücke (arithmetische, Boolesche, Zielausdrücke) Feldidentifikatoren, Prozeduren oder Verteiler, und auch durch sog. Ketten (string).

Ausdrücke, die aus Zahlen, aus Variablen vom Typ real und integer (mit oder ohne Indizes) und Funktionen (ganzer oder reeller) mit Hilfe arithmetischer Operationen aufgebaut sind, heißen einfache arithmetische Ausdrücke. Zur Konstruktion von komplizierteren arithmetischen Ausdrücken muß man sich mit den sog. Booleschen Ausdrücken vertraut machen.

Boolesche Ausdrücke bauen sich aus logischen Werten („wahr" und „falsch"), Variablen und Funktionen (Prozeduren) vom Typ Boolean und Relationen auf. Relationen sind zwei arithmetische Ausdrücke, $\mathfrak{A}$ und $\mathfrak{B}$, die miteinander durch die Zeichen der Gleichheit oder Ungleichheit verbunden sind. $\mathfrak{A} = \mathfrak{B}$, $\mathfrak{A} \neq \mathfrak{B}$, $\mathfrak{A} > \mathfrak{B}$, $\mathfrak{A} \geqq \mathfrak{B}$, $\mathfrak{A} < \mathfrak{B}$, $\mathfrak{A} \leqq \mathfrak{B}$.

---

1) Diese Kommentare sind nur in der Prozedurbeschreibung zulässig (Anm. d. dtsch. Red.).

Als Operationen benutzt man beim Aufbau von Booleschen Ausdrücken die im Abschn. 2. beschriebenen logischen Operationen Äquivalenz (≡), Implikation (⊃), Disjunktion (∨), Konjunktion (∧) und Negation (¬). Der Vorrang der logischen Operationen zueinander, wie das Setzen von Klammern wird genau so gehandhabt, wie im Abschn. 2. dargelegt (allerdings dürfen nur runde Klammern verwendet werden). Man muß nur noch hinzufügen, daß arithmetische Ausdrücke den Vorrang gegenüber allen logischen Operationen haben, so daß also der Ausdruck

$$a + b > c \times d \supset x \wedge y \vee z$$

in folgendem Sinne verstanden werden muß:

$$((a + b) > (c \times d)) \supset ((x \wedge y) \vee z)$$

Die Größen a, b, c, d haben in diesem Ausdruck den Typ <u>real</u> oder <u>integer</u> und die Größen x, y, z den Typ <u>Boolean</u>.

Die bisher definierten Booleschen Ausdrücke heißen einfache Boolesche Ausdrücke. Aus Booleschen Ausdrücken $\mathfrak{A}$, $\mathfrak{B}$, $\mathfrak{L}$, von denen der erste Ausdruck $\mathfrak{A}$ ein einfacher Boolescher Ausdruck sein muß, kann man unter Benutzung der Hilfswörter <u>if</u> (wenn), <u>then</u> (so) und <u>else</u> (sonst) kompliziertere Boolesche Ausdrücke bilden. Die entsprechende Konstruktion sieht wie folgt aus:

<u>if</u> $\mathfrak{L}$ <u>then</u> $\mathfrak{A}$ <u>else</u> $\mathfrak{B}$

Es wird angenommen, daß der Wert des in dieser Weise definierten komplizierteren Booleschen Ausdrucks gleich $\mathfrak{A}$ ist, wenn die Bedingung $\mathfrak{L}$ erfüllt ist (d.h., wenn der Boolesche Ausdruck $\mathfrak{L}$ den Wert „wahr" hat) und gleich $\mathfrak{B}$ im anderen Fall. Da von diesen drei Ausdrücken $\mathfrak{A}$, $\mathfrak{B}$ und $\mathfrak{L}$ nur der Ausdruck $\mathfrak{A}$ ein einfacher Ausdruck sein muß, können die Ausdrücke $\mathfrak{B}$ und $\mathfrak{L}$ ihrerseits wieder bedingte Boolesche Ausdrücke sein. Schließlich kann man bei der Konstruktion einfacher Boolescher Ausdrücke neben logischen Werten, Variablen, Relationen und Funktionen noch beliebige Boolesche Ausdrücke verwenden (sowohl einfache als auch komplizierte), die man in runde Klammern eingeschlossen hat.

So ist bei der Definition Boolescher Ausdrücke eine rekursive Definition beliebiger Tiefe möglich. Es zählt zum Beispiel der folgende Ausdruck zu den Booleschen Ausdrücken: <u>if</u> a > b <u>then</u> (<u>if</u> a = b + c <u>then</u> B <u>else</u> C) <u>else</u> <u>if</u> D <u>then</u> E <u>else</u> F ∧ g(K, L), worin die kleinen Buchstaben Variablen vom Typ <u>real</u> und die großen Buchstaben Variablen vom Typ <u>Boolean</u> bezeichnen. G(K, L) ist eine Funktion (<u>Boolean procedure</u>) mit den aktuellen Parametern K und L. Wenn man den gesamten Ausdruck in runde Klammern einschließt, wird er zu einem einfachen Booleschen Ausdruck und kann als ein solcher in allen weiteren Konstruktionen verwendet werden.

Analog gilt für arithmetische Ausdrücke: Aus zwei arithmetischen Ausdrücken $\mathfrak{A}$ und $\mathfrak{B}$ – von denen der erste mit Notwendigkeit einfach sein muß – und einem Booleschen Ausdruck $\mathfrak{L}$ kann man einen komplizierteren arithmetischen Ausdruck

if $\mathfrak{L}$ then $\mathfrak{A}$ else $\mathfrak{B}$

konstruieren.

Der Wert dieses Ausdrucks wird gleich $\mathfrak{A}$, wenn die Bedingung erfüllt ist, und im anderen Fall gleich $\mathfrak{B}$. Wie im Fall der Booleschen Ausdrücke benutzt man bei der Konstruktion einfacher arithmetischer Ausdrücke nicht nur Zahlen, Variable und Funktionen, sondern auch beliebige arithmetische Ausdrücke (einfache und komplizierte), die in runde Klammern eingeschlossen werden müssen. So ist zum Beispiel der Ausdruck (if a > b then a ↑ 2 else a ↑ 3) und auch der Ausdruck (if a = b then a − b else a + b) ↑ (a − b ↑ 2) ein einfacher arithmetischer Ausdruck.

Alle bis jetzt gegebenen Beschreibungen sind ihrem Wesen nach Hilfsbeschreibungen. Das Hauptmittel für die Konstruktion von Algorithmen in Algol sind die sog. Operatoren (Anweisungen). Algol-60 sieht sechs verschiedene Arten von Operatoren vor: Ergibtanweisung, Sprunganweisung, leere Anweisung, Laufanweisung, Prozeduranweisung und bedingte Anweisung. Die ersten fünf Anweisungen heißen im Unterschied zur letzten Anweisung gewöhnlich unbedingte Anweisungen.

Die Ergibtanweisung ordnet den Variablen bestimmte Werte zu, die durch irgendeinen arithmetischen oder Booleschen Ausdruck $\mathfrak{A}$ gegeben sind. Die Variablen, denen ein durch den Ausdruck $\mathfrak{A}$ bestimmter Wert zugeordnet wird, werden voneinander und von diesem Ausdruck durch das besondere Trennzeichen := (Anweisungszeichen) getrennt. Alle diese Variablen zusammen bilden die linke Seite, und der Ausdruck $\mathfrak{A}$ bildet die rechte Seite der Ergibtanweisung.

Beispiele für Ergibtanweisungen sind: A:=kl [0]:=v:=n+1+p;m:=m+1;B:=a>b; r [j, zk]:=5−3×v↑2.

Bei der Realisierung einer Ergibtanweisung muß eine wohldefinierte Reihenfolge in der Ausführung der Operationen beachtet werden. Zunächst werden in der Reihenfolge von links nach rechts die Werte der Indizes berechnet (die durch arithmetische Ausdrücke gegeben sind, die man in diesem Fall Indexausdrücke nennt), und zwar für alle Variablen des linken Teils. Dann wird der Wert des arithmetischen Ausdrucks im rechten Teil berechnet und der erhaltene Wert allen Variablen der linken Seite zugeordnet (bei schon berechneten Indizes). So wird zum Beispiel der Operator A:=B:=p+q wie folgt ausgeführt: z:=p+q, B:=z, A:=z und nicht so B:=p+q; A:=p+q. Der Unterschied besteht darin, daß der Wert des arithmetischen Ausdrucks p + q sich bei jeder neuen Berechnung ändern könnte (z.B., wenn er eine bestimmte Funktion darstellt, deren Werte durch ein sich änderndes Verfahren bestimmt sind). Deshalb darf bei der Abarbeitung einer Ergibtanweisung der Wert des arithmetischen Ausdrucks nur ein einziges Mal berechnet werden und nicht bei jeder einzelnen Wertzuweisung aufs neue.

In Algol können die Anweisungen mit Marken versehen werden. Als Marken kann man beliebige Identifikatoren oder vorzeichenlose ganze Zahlen verwenden (im letzten Fall ändert das Vorschreiben von Nullen vor die Zahl nicht die Bedeutung der Marke). Zur Erleichterung der Konstruktion von Übersetzern (von Übersetzungsprogrammen aus der Sprache Algol in die Maschinensprachen) vermeidet man häufig die Verwendung von Zahlen als Marken. Eine Marke wird von dem zugehörigen Operator durch einen Doppelpunkt getrennt. Operatoren (markierte oder nichtmarkierte) werden einer nach dem anderen hintereinander aufgeführt und voneinander durch ein Semikolon getrennt, zum Beispiel

p:$\mathfrak{A}$; $\mathfrak{B}$ ; kl:$\mathfrak{L}$

Hier sind $\mathfrak{A}$, $\mathfrak{B}$ , $\mathfrak{L}$ Operatoren und p und kl Marken (der Operator $\mathfrak{B}$ ist ein nichtmarkierter Operator). Es kann ein und derselbe Operator auch mit mehr als einer Marke versehen werden (diese Marken sind voneinander wieder durch einen Doppelpunkt getrennt), zum Beispiel p:A:r7:$\mathfrak{A}$ (der Operator $\mathfrak{A}$ besitzt hier die drei Marken p, A und r7).

Gewöhnlich werden die Operatoren in Algol nacheinander ausgeführt in der Reihenfolge, wie sie aufgeschrieben sind. Eine Änderung dieser Reihenfolge von Operatoren kann durch einen besonderen Operator erreicht werden, nämlich die sog. Sprunganweisung. Im einfachsten Fall besteht die Sprunganweisung aus den Hilfswörtern go to (Übergang zu) mit einer nachfolgenden Marke L. Dieser Operator besagt, daß nach Erreichen dieses Operators ein Übergang zu dem Operator ausgeführt wird, der mit der Marke L versehen ist.

Im allgemeinen Fall steht jedoch hinter den Wörtern go to eines Sprungoperators irgendein Zielausdruck. Die Marke stellt nur eine der einfachsten Möglichkeiten eines Zielausdrucks dar. Ein komplizierteres Beispiel für einen Zielausdruck stellt ein Ausdruck dar, der aus zwei Marken, sagen wir L und M besteht und einem bestimmten Booleschen Ausdruck $\mathcal{L}$ : if $\mathcal{L}$ then L else M. Der Wert dieses Zielausdrucks ist gleich L, wenn die Bedingung $\mathcal{L}$ erfüllt ist und gleich M im anderen Fall. Anstelle der Marke M (jedoch nicht anstelle der Marke L) kann in diesem Ausdruck ein beliebig komplizierter Zielausdruck stehen. Dieser Substitutionsprozeß kann beliebig fortgesetzt werden.

Im Ergebnis können dann kompliziertere rekursive Konstruktionen für den Sprungoperator auftreten, zum Beispiel go to if i = 1 then L else if i = 2 then M else P. Zur Vereinfachung einer solchen Konstruktion wird der sog. Verteilersprung verwendet. Ein Verteiler besteht aus einem bestimmten Identifikator und einem nachfolgenden sog. Indexausdruck in Indexklammern (d.h. in eckige Klammern) eingeschlossen. Der Indexausdruck ist ein beliebiger arithmetischer Ausdruck, der jedesmal bei der Berechnung zur nächstgelegenen ganzen Zahl aufgerundet werden muß.

Dient zum Beispiel als Verteileridentifikator die Bezeichnung s und als Indexausdruck die Variable (Ausdruck) [i], so wird die Verteilersprunganweisung wie folgt geschrieben: go to s [i]. Für sich allein hat natürlich ein solcher Ausdruck noch gar keinen Sinn. Um ihm einen Sinn zu verleihen, muß man außer dem Ausdruck s [i], den wir Verteilerbezeichner nennen und als einen einfachen Zielausdruck ansehen, noch eine sog. Beschreibung des Verteilers einführen. Diese wird gewöhnlich zusammen mit der Beschreibung der Typen von Variablen und Felder und Prozeduren (Funktionen) aufgeführt. Die Verteilerbeschreibung beginnt mit dem Hilfswort switch (Verteiler), dahinter folgt der Verteileridentifikator, dann das Anweisungszeichen := und schließlich die sog. Verteilerliste, d.h. eine Liste von Zielausdrücken, die voneinander durch Kommata getrennt sind. Zum Beispiel: switch s:= L,M,P (wobei L,M,P Marken sind).

Trifft man auf einen Sprungoperator nach einem Verteiler, zum Beispiel go to s [i], so wird der betreffende Indexausdruck berechnet, indem man in ihn die laufenden Werte der Variablen i einsetzt (sagen wir i = 2). Dann wendet man sich an die Verteilerbeschreibung mit dem gleichen Identifikator s und geht in dieser Beschreibung zu dem Zielausdruck über, dessen Ordnungszahl in der Liste mit dem gefundenen Wert des Indexausdrucks übereinstimmt. Im betrachteten Fall würde ein Übergang zu der Marke M, d.h. zu dem zweiten Element der Verteilerliste, ausgeführt.

Kann der Wert des Indexausdrucks in dem Verteilerbezeichner nicht berechnet werden (vielleicht dadurch, daß bestimmte Variablen in dem Indexausdruck noch keine Werte erhalten haben) oder führt die Berechnung zu einer Zahl, der kein Element in der Verteilerliste entspricht, so wird der Sprungoperator nicht ausgeführt und unmittelbar zur Ausführung des auf den Sprungoperator folgenden Operators übergegangen. In dem oben betrachteten Beispiel führen Werte des Indexausdrucks gleich 4,0 oder −1 nicht zum Ziel. Werte des Indexausdrucks, die gleich 2,2 oder 2,7 sind, führen (nach Rundung) zu Übergängen zum zweiten bzw. zum dritten Element der Verteilerliste (d.h. zu den Marken M oder P).

Marken, Verteilerbezeichnungen oder beliebig in runde Klammern eingeschlossene Zielausdrücke sind einfache Zielausdrücke. Aus zwei Zielausdrükken $\mathfrak{A}$ und $\mathfrak{B}$ (von denen der erste zwangsläufig einfach sein muß) und einem Booleschen Ausdruck $\mathfrak{L}$ kann man den komplizierteren Zielausdruck if $\mathfrak{L}$ then $\mathfrak{A}$ else $\mathfrak{B}$ bilden. Dieser ergibt den Ausdruck $\mathfrak{A}$, wenn die Bedingung $\mathfrak{L}$ erfüllt ist und ansonsten den Ausdruck $\mathfrak{B}$. Es sind also bei Zielausdrücken die gleichen komplizierten rekursiven Konstruktionen wie für arithmetische (oder Boolesche) Ausdrücke möglich.

Der dritte Typ der in Algol verwendeten Operatoren ist der sog. leere Operator, der keinerlei Arbeit ausführt und mit einer leeren Menge von Symbolen bezeichnet wird. Gewöhnlich wird der leere Operator mit einer Marke versehen und dient der Rückkehr zu dieser Marke (durch Anwendung eines Sprungoperators). Der leere Operator mit Marke wird benötigt, wenn von der Mitte eines Programms an dessen Ende gesprungen werden muß (und zwar nicht zu dem letzten nichtleeren Operator des Programms, sondern ans Programmende). Hinter der Marke des leeren Operators muß wie bei anderen Operatoren immer ein Doppelpunkt stehen.

Eine sehr große Bedeutung beim Aufbau von Programmen in der Sprache Algol haben die sog. Laufanweisungen. Ihre Bedeutung besteht darin, daß ein bestimmter Operator oder eine Gruppe von Operatoren in einer bestimmten Anzahl von Wiederholungen hintereinander ausgeführt wird. Die Laufanweisung besteht aus einem Laufanweisungskopf und dem eigentlichen Operator (der ein beliebiger Operator sein kann), der mehrfach ausgeführt werden soll.

Der Laufanweisungskopf beginnt mit dem Hilfswort for (für) und endet mit dem Hilfswort do (führe aus). Nach dem Wort for steht der Identifikator der Variablen, die sich im Prozeß der Ausführung des Zyklus ändert. Diese Variable heißt Laufvariable oder Zyklusparameter. Hinter diesem Identifikator folgt das Anweisungssymbol := und dann die sog. Laufliste, die die Werte aufzählt, die die Laufvariable beim Durchlaufen des Zyklus der Reihe nach annimmt. Die Laufliste besteht aus einem oder einer Anzahl von Lauflistenelementen, die voneinander durch Kommata getrennt sind. Im einfachsten Fall wird als Lauflistenelement ein arithmetischer Ausdruck verwendet (insbesondere einfache Zahlen). So führt zum Beispiel die Laufanweisung for i := 1, 2, 3 do a [i] := i ↑ 2 dazu, daß nacheinander folgende Zuweisungen ausgeführt werden :a [1] := 1; a [2] := 4, a [3] := 9. Die Länge des Zyklus ist in diesem Fall gleich 3.

Soll der Laufparameter nicht nur drei, sondern, sagen wir, tausend verschiedene Werte annehmen, so wäre die Aufzählung aller dieser Werte in der Laufliste viel zu umständlich. In diesem Fall verwendet man für Lauflistenelemente spezielle Konstruktionen, so daß jedes Lauflistenelement auf einmal eine bestimmte Menge von Werten der Laufvariablen liefert.

In Algol finden zwei Typen solcher Konstruktionen Verwendung. Der erste Typ baut sich auf unter Verwendung der Hilfswörter step (Schritt) und until (bis) und hat die Form $\mathfrak{A}$ step $\mathfrak{B}$ until $\mathfrak{L}$. Dabei sind $\mathfrak{A}$, $\mathfrak{B}$ und $\mathfrak{L}$ bestimmte arithmetische Ausdrücke. Das Lauflistenelement dieses Typs ergibt die Werte der Laufvariablen wie folgt: Beim ersten Schritt wird der Laufvariablen der Wert des arithmetischen Ausdrucks $\mathfrak{A}$ zugeordnet, beim zweiten Schritt der Wert des arithmetischen Ausdrucks $\mathfrak{A}_1 = \mathfrak{A} + \mathfrak{B}$, beim dritten der Wert von $\mathfrak{A}_2 = \mathfrak{A}_1 + \mathfrak{B}$ usw. Dieser Vorgang läuft, solange der Wert $\mathfrak{A}_n = \mathfrak{A}_{n-1} + \mathfrak{B}$ den Wert des arithmetischen Ausdrucks $\mathfrak{L}$ nicht überschreitet.[1] Der letzte

---

[1] Ist der Schritt $\mathfrak{B}$ negativ, so wird der Ausdruck $\mathfrak{L} - \mathfrak{A}_n$ mit umgekehrten Vorzeichen genommen.

Wert wird der Laufvariablen dann nicht mehr zugeordnet, und der Zyklus wird deshalb nicht mehr durchlaufen. Dann ist die Laufliste erschöpft, und es muß der Übergang zu dem Operator ausgeführt werden, der auf die Laufanweisung folgt.

Als Beispiel für die beschriebene Konstruktion betrachten wir eine Laufanweisung von folgender Form: <u>for</u> i := 12,4 <u>step</u> − 1 <u>until</u> 0, −5 <u>do</u> a [i] := i + 10. Dieser Operator führt nacheinander die folgenden Anweisungen aus: a [12] := 22; a [4] := 14, a [3] := 13, a [2] := 12, a [1] := 11, a [0] := 10; a [-5] := 5. In diesem Beispiel beschreibt das Lauflistenelement 4 <u>step</u> −1 <u>until</u> 0 eine arithmetische Progression (mit der Differenz gleich −1), jedoch kann im allgemeinen Fall der Schritt, der durch den arithmetischen Ausdruck $\mathcal{B}$ gegeben ist und hinter dem Wort <u>step</u> steht, variabel sein, sich also bei jeder Wiederholung des Zyklus ändern.

Ein zweiter Typ von Lauflistenelementen wird durch einen bestimmten arithmetischen Ausdruck $\mathfrak{A}$ gegeben, einen bestimmten Booleschen Ausdruck $\mathcal{B}$ und das Hilfswort <u>while</u> (solange wie) beschrieben in der Folge: $\mathfrak{A}$ <u>while</u> $\mathcal{B}$. Dieses Element bewirkt, daß nacheinander der Laufvariablen i die Werte des arithmetischen Ausdrucks $\mathfrak{A}$ zugewiesen werden, und zwar solange die Bedingung $\mathcal{B}$ erfüllt ist (d. h. solange der Ausdruck $\mathcal{B}$ den Wert „wahr" annimmt). Wird beim Durchlaufen des Zyklus die Bedingung $\mathcal{B}$ nicht mehr erfüllt, so wird der Operator des Zyklus nicht ausgeführt, und es wird zum nächstfolgenden Operator übergegangen. In der beschriebenen Konstruktion ist die Benutzung des Wortes <u>step</u> verboten, der Ausdruck vom Typ $\mathfrak{A}$ <u>step</u> $\mathcal{B}$ <u>while</u> $\mathcal{L}$ existiert also in Algol nicht.

Bei dem beschriebenen Verfahren der Konstruktion der Laufanweisung kann man nur die Wiederholung einer einzigen Anweisung sichern, die unmittelbar auf das Hilfswort <u>do</u> folgt. Will man jedoch in einem Zyklus nicht nur einen Operator, sondern eine ganze Folge von Operatoren $A_1$; $A_2$; ...; $A_k$ wiederholen, so hat man diese Folge in speziellen Operatorklammern einzuschließen, so daß man sie danach als einen einzigen zusammengesetzten Operator ansehen kann.

Als Operatorklammern benutzt man ein Paar von Hilfswörtern <u>begin</u> (beginnen) und <u>end</u> (enden), so daß der zusammengesetzte Operator sich wie folgt schreibt:
<u>begin</u> $A_1$; $A_2$; ...; $A_k$ <u>end</u>. Man kann zusammengesetzte Operatoren genau wie gewöhnliche Operatoren mit Marken versehen (mit einer oder mehreren Marken).

Neben zusammengesetzten Operatoren werden in Algol noch sog. Blöcke verwendet, die sich von zusammengesetzten Operatoren dadurch unterscheiden, daß vor den in den Block eingehenden Operatoren unmittelbar hinter dem Wort <u>begin</u> eine Beschreibung der Typen der im Block auftretenden Identifikatoren folgt. Dabei sind die in einem Block beschriebenen Größen nur in diesem Block realisiert und verlieren im allgemeinen ihren Wert (werden unbestimmt), wenn man den Block verläßt. Sollen die Werte einiger der beschriebenen Größen im Block auch nach dem Austritt aus diesem Block erhalten bleiben, so muß man der Beschreibung dieser Größen noch das Vorwort <u>own</u> (eigentlich) hinzufügen. Beispiel für einen Block:
<u>begin</u> <u>own</u> <u>real</u> x; <u>integer</u> n; n := s + i; x := a ↑ n <u>end</u>.

Zu bemerken ist, daß sowohl zusammengesetzte Operatoren als auch Blöcke ihrerseits wieder Blöcke oder zusammengesetzte Operatoren enthalten können; es ist also eine beliebige rekursive Tiefe derartiger Konstruktionen zugelassen. Identifikatoren, die innerhalb eines Blocks zur Bezeichnung von dort lokalen Größen Verwendung finden, können auch außerhalb dieses Blocks zur Bezeichnung beliebiger anderer Größen verwendet werden, die für diesen

Block nicht zugänglich sind (d.h., die nicht in diesem Block auftreten und in ihm keinerlei Änderungen unterworfen werden). Identifikatoren, die in einem Block nicht beschrieben sind, können in ihm nicht lokalisiert sein und stellen somit in dem Block genau die gleichen Objekte dar wie in dessen Äußerem.

Marken werden immer als lokalisiert im Block angesehen, in dem sie auftreten, so daß der Eintritt in einen Block nur über dessen Anfang verwirklicht werden kann. Kein Operator, der außerhalb eines Blocks gelegen ist, kann zu einem Sprung zu einem inneren Operator des Blocks führen.

Ebenso ist es nicht möglich, von einem Sprungoperator außerhalb einer Laufanweisung zu einer Marke im Inneren dieser Laufanweisung zu gelangen. Beim Austritt aus einer Laufanweisung infolge Erschöpfen der Laufliste ist der Wert der Laufvariablen als nicht definiert anzusehen. Erfolgt jedoch der Austritt aus der Laufanweisung durch einen Sprungoperator, der in der zusammengesetzten Anweisung (oder dem Block), die in dem Zyklus wiederholt wird, enthalten ist, so bleibt der Wert der Laufvariablen der gleiche wie unmittelbar vor der Ausführung der Sprunganweisung.

Alle beschriebenen einfachen Operatoren, sowie der noch zu beschreibende Operator und alle zusammengesetzten Operatoren und Blöcke gehören zu den sog. unbedingten Operatoren. In Algol werden jedoch noch zwei Typen von bedingten Operatoren eingeführt, die die Bedingung if $\mathcal{B}$ then (wobei $\mathcal{B}$ ein Boolescher Ausdruck ist) benutzen. Diese ist ganz analog der Bedingung, die man bei der Konstruktion komplizierterer arithmetischer Boolescher Ausdrücke oder von Zielausdrücken verwendete.

Der „Wenn"-Operator wird aufgebaut aus der angegebenen Bedingung mit einem nachfolgenden unbedingten Operator. Dieser wird dann ausgeführt, wenn die Bedingung erfüllt ist und im anderen Fall einfach übergangen. Beispiel: if a > b then begin A := n; go to L end. Der zusammengesetzte Operator begin A := n go to L end wird dabei genau dann ausgeführt, wenn die Bedingung a > b erfüllt ist.

Den eigentlichen bedingten Operator erhält man, indem man zu dem „Wenn"-Operator noch das Hilfswort else (sonst) hinzufügt und diesem Wort einen beliebigen Operator folgen läßt (möglicherweise auch wieder einen bedingten Operator). Dieser Operator wird ausgeführt, wenn die Bedingung im Wenn-Operator nicht erfüllt ist. Die allgemeine Konstruktion des bedingten Operators hat somit die Gestalt

if $\mathcal{B}$ then $A_1$ else $A_2$

Hierbei ist $\mathcal{B}$ ein beliebiger Boolescher Ausdruck, $A_1$ ein unbedingter Operator und $A_2$ ein beliebiger Operator.

Von wesentlicher Bedeutung beim Aufbau von Algol sind die sog. Prozeduranweisungen; Prozedur nennt man eine bestimmte Gesamtheit von Operatoren, die mit einem Identifikator bezeichnet ist, den man den Prozedurnamen nennt. Prozeduren spielen in Algol die gleiche Rolle wie die Unterprogramme bei der üblichen Programmierung. Sie beschleunigen die Aufstellung komplizierterer Programme aus bereits aufgestellten Standardprogrammen. Die Entschlüsselung einer Prozedur (die Aufschreibung der die Prozedur bildenden Operatoren) kann in der Sprache Algol genauso durchgeführt werden wie unmittelbar in der Sprache der entsprechenden universellen Ziffernrechenmaschine.

Eine Prozeduranweisung (wenn nicht nur die Rede von bekannten Standardprozeduren ist) muß vorher beschrieben werden. Eine solche Beschreibung wird eingeleitet durch das Hilfswort procedure (Prozedur), dahinter folgt der sog. Prozedurkopf, d.h. der Prozedurname mit der in runde Klammern eingeschlossenen Liste der sog. formalen Parameter der Prozedur, d.h. von

Identifikatoren, die durch spezielle Begrenzer voneinander getrennt sind. Solche Begrenzer sind Kommata oder Begrenzer der Form ) Buchstabenkette :(.

Zum Beispiel: procedure sin (x) oder procedure A (x,y)Druck: (p). Die erste Prozedur hat einen einzigen formalen Parameter (x) und die zweite drei formale Parameter x, y, p. Es gibt auch Prozeduren ohne Parameter. Ihre Prozedurköpfe bestehen nur aus den Prozedurnamen ohne nachfolgende Klammern. Die Prozedur selbst (der sog. Prozedurkörper) folgt hinter dem Prozedurkopf in Form eines bestimmten Operators.

Die eigentliche Prozeduranweisung oder genauer der Operator für den Prozeduraufruf wird in der gleichen Weise wie die Beschreibung der Prozedur geschrieben, jedoch ohne das Vorwort procedure und unter Ersetzung der formalen Prozedurparameter durch die sog. aktuellen Parameter. Klammern und Begrenzer sind die gleichen wie bei der Beschreibung der betreffenden Prozedur. Die Ausführung der Prozeduranweisung geht so vor sich, daß allen formalen Parametern die Werte der entsprechenden aktuellen Parameter zugeordnet werden, d.h. Ersetzung der formalen Parameter durch aktuelle und anschließend Ausführung der Prozedur (Körper).

Als aktuelle Parameter von Prozeduren können beliebige Ausdrücke verwendet werden (arithmetische, Boolesche oder Zielausdrücke), Feldidentifikatoren oder Verteiler. Identifikatoren beliebiger Prozeduren oder schließlich sog. strings (Ketten).

Strings sind beliebige Symbolfolgen, die in die besonderen String-Klammern ‹ › eingeschlossen werden. Solche Klammern können auch innerhalb von Strings Verwendung finden. Zum Beispiel : ‹10+−[[x ↑ b: ‹∧∨⊃›≡Ad›. Strings (Ketten) können als aktuelle Parameter nur für solche Prozeduren verwendet werden, die im Maschinenkode geschrieben sind, und nicht in der Sprache Algol. Sehr häufig ist ihre Verwendung auf die spezielle Prozedur punch (x) beschränkt, die veranlaßt, daß aktuelle Parameter, die an die Stelle des formalen Parameters x getreten sind, gedruckt oder ausgestanzt werden. Steht insbesondere anstelle von x eine bestimmte Kette, so bewirkt die Prozedur punch die Ausgabe aller Symbole dieser Kette aus der Maschine durch Druck oder Lochung. In den Strings können daher außer den Algolsymbolen auch noch beliebige andere Symbole auftreten, entsprechend der jeweils betrachteten Druck- oder Stanzvorrichtung.

Bei der Prozedurbeschreibung wird auch noch auf den Typ der auftretenden formalen Parameter hingewiesen. Bei der Ersetzung durch aktuelle Parameter müssen deren Typen mit den Typen der entsprechenden formalen Parameter übereinstimmen. Um bei einer solchen Substitution Zweideutigkeiten zu vermeiden, muß man diejenigen im Innern der Prozedur lokalisierten Größen umbenennen, wenn ihre Identifikatoren in den zu substituierenden aktuellen Parametern auftreten.

Wir bemerken noch, daß zu den Prozeduren im allgemeinen noch Eingangsparameter als auch Ausgangsparameter gehören (die erst nach Ausführung des Prozedurkörpers einen Wert erhalten). Erhält man als Ergebnis nach Ausführung einer Prozedur nur eine Größe als Ausgangsgröße (eine Zahl oder ein logischer Wert), so wird die Bezeichnung dieser Größe gleich dem Identifikator der Prozedur gewählt (zusammen mit der Zeile der aktuellen Parameter). In diesem Fall heißt die betreffende Prozedur eine Funktion (s. oben), und bei ihrer Beschreibung setzt man vor das Wort procedure noch ein Wort, das den Typ der Ausgangsgröße dieser Prozedur bezeichnet. Zum Beispiel: real procedure sin (x). Es kommt häufig vor, daß ein bestimmter formaler Parameter der Prozedur in dieser viele Umformungen erleidet. So wird zum Beispiel der Parameter x in der Prozedur sin (x) bei der Berechnung des Sinus mit Hilfe einer Reihe nacheinander in die Potenzen 3, 5, 7 usw. erhoben. Wenn bei der Substitution durch die aktuellen Parameter dieser durch einen hinreichend komplizierten Ausdruck (als aktueller Parameter) gegeben ist, sagen wir x: = (a + b)/(a − b), so kann es passieren, daß man bei der Ausführung der Prozeduranweisung diesen Ausdruck in jedem einzelnen Fall mehrfach berechnen muß, nämlich immer dann, wenn eine Operation mit dem Parameter x durchgeführt wird. Es ist natürlich einfacher, den Wert für x dann vorher zu berechnen (vor Eintritt in die Prozedur) und den berechneten Wert dann unmittelbar als aktuellen Parameter einzusetzen.

Bei der automatischen Übersetzung eines Programms aus der Sprache Algol in die Maschinensprache muß man jedesmal dem Übersetzer (dem programmierenden Programm) die Werte mitteilen, für die der Parameter vor der Substitution in die Prozedur berechnet werden soll. Alle solche Parameter werden durch das spezielle Hilfswort value (Wert) besonders markiert. Die Wertbeschreibung steht hinter der Liste der formalen Parameter im Prozedurkopf vor der Typbeschreibung (der sog. Spezifikationen). So kann zum Beispiel anstelle der Beschreibung real x; integer n die folgende Beschreibung auftreten: value n; real x; integer n.

Gewöhnlich ergänzt man Algol noch durch zwei nicht in den Beschreibungen definierte Prozeduren für die Ein- und Ausgabe von Information. Der ersten Prozedur wird immer derselbe Identifikator read (lesen) und der zweiten der Identifikator punch (lochen bzw. drucken) zugeordnet. Konkrete Parameter jeder dieser Prozeduren sind entweder bestimmte Größen vom Typ real, integer oder Boolean oder eine Feldbezeichnung dieser Typen.

Wir wollen noch einige Bemerkungen machen. Gewöhnlich ist jedes Programm in Algol in Form eines Blocks dargestellt, d.h. in die Anweisungsklammern begin − end eingeschlossen. Zur besseren Lesbarkeit von „Algol"-Programmen werden in diese noch sog. Kommentare eingeführt, d.h. Erläuterungen für den Programmierer, die in der Algol-Sprache selbst keine Bedeutung haben und daher auch von dem Übersetzer bei der automatischen Programmierung nicht beachtet werden.

Als Kommentar ist anzusehen jede Folge von Symbolen (die nicht unbedingt Algol-Symbole sein müssen), die mit dem Hilfswort comment (Kommentar) hinter einem Semikolon beginnt oder mit dem Wort begin. Der Kommentar endet mit einem Semikolon und darf im Inneren kein Semikolon enthalten. Als Kommentar wird auch jede Folge von Symbolen angesehen, die hinter dem Wort end folgt und sich bis zum Semikolon oder bis zum Ende des Programms erstreckt. Eine solche Folge darf nicht die Wörter end oder else und auch kein Semikolon enthalten. So ist zum Beispiel in den Ausdrücken comment Text; begin comment text; end Text; das Wort „Text" der Kommentar. Vom Standpunkt der „Algol"-Programme ist der erste Ausdruck einer Leerstelle, der zweite dem Wort begin und der dritte dem Wort end gleichwertig.

Für Elektronenziffernrechenmaschinen kleinerer und mittlerer Leistung ist die Sprache Algol-60 noch zu kompliziert, um eine effektive Übersetzung aus ihr in die Maschinensprache durchführen zu können. Es wurde deshalb eine vereinfachte Variante von Algol vorgeschlagen, die die Bezeichnung Smolgol-61 erhielt.[1]

---

1) Beschreibung der Sprache SMOLGOL-61 siehe: Communication of the Assoc. for Comp. Mach., 1961 V. 4, Nr. 11, S. 499-502.

Die Vereinfachungen bestehen in folgendem: Erstens ist das Alphabet entweder nur auf kleine oder nur auf große Buchstaben des lateinischen Alphabets beschränkt. Zweitens werden die logischen Operationen Implikation und Äquivalenz und auch die Hilfswörter while, Boolean, true und false aus der Betrachtung ausgeschlossen. Es ist also nicht erlaubt, die logischen Werte „wahr" und „falsch" zu verwenden. Die Benutzung von Identifikatoren zur Bezeichnung logischer Größen wird auch ausgeschlossen. Boolesche Variable können vom Programmierer nur künstlich eingeführt werden, indem man die logischen Werte „wahr" und „falsch" durch die ganzen Zahlen 1 und 0 ersetzt. Boolesche Ausdrücke werden nur in Bedingungen verwendet. Wenn in Algol der Wert irgendeines Booleschen Ausdrucks einem bestimmten Identifikator P zugeordnet wird – P := , so muß dies in Smolgol wie folgt umgeschrieben werden: P: = if $\mathcal{B}$ then 1 else 0. Auf der rechten Seite steht nunmehr kein Boolescher, sondern ein arithmetischer Ausdruck.

Ferner wird die Länge eines Identifikators auf maximal fünf Buchstaben begrenzt. Mehr noch, Identifikatoren, bei denen die ersten fünf Buchstaben übereinstimmen, werden in Smolgol als gleich angesehen. In einem arithmetischen Ausdruck a ↑ b in den Größen a und b vom Typ integer werden für den Exponenten b keine negativen Werte zugelassen. Ganze Zahlen können nicht als Marken verwendet werden. In einer Laufanweisung muß entweder der Schritt die ganze Zeit positiv oder die ganze Zeit negativ sein, wobei in letzterem Fall das Zeichen „Minus" unmittelbar vor dem Ausdruck stehen muß, der die Schrittweite angibt. In der Laufliste darf nur ein einziges step-until-Element vorkommen.

In allen Prozeduren außer der Eingabe- und Ausgabeprozedur dürfen als aktuelle Parameter keine strings verwendet werden. Keine Prozedur darf aufgerufen werden, ehe sie nicht beschrieben ist. Es wird die Möglichkeit ausgeschlossen, eine Prozedur in einer anderen aufzurufen, wenn beide Prozeduren in ein und demselben Block beschrieben wurden. Ein zweiter Aufruf einer Prozedur ist erst möglich, wenn der erste Aufruf vollständig abgearbeitet worden ist. Man darf zum Beispiel einen rekursiven Aufruf einer Prozedur F(u, v) in der folgenden Form F(x, F(x, y)) nicht verwenden. Eine Prozedur darf, wenn die erste Anweisung bereits abgearbeitet ist, erneut angewendet werden, zum Beispiel ist ln (ln(x)) in Smolgol zugelassen. Ist eine Pro zedur P ein aktueller Parameter einer anderen Prozedur, so müssen alle Parameter der Prozedur P durch Wertaufruf value vermittelt werden.

Standardprozeduren zur Bestimmung des Vorzeichens oder des Absolutbetrages darf man nicht als aktuelle Parameter in anderen Prozeduren verwenden. Ist es dennoch erforderlich, sie in dieser Weise zu verwenden, so muß man sie vorher als Funktionen beschreiben, d.h. in Form eines Ausdrucks der Form real procedure abs(x); value x; real x; begin abs := abs(x) end (und analog für integer procedure sign (x)). Keine Prozeduren und keine formalen Parameter dürfen vom Typ Boolean sein.

Own-Variable dürfen sich nicht auf Programmteile außerhalb des Blocks beziehen, in dem sie definiert sind. Die Grenzen von Feldern müssen konstant sein. Als Elemente der Verteilerlisten in den Verteilerbeschreibungen sind nur Marken und nicht beliebige Zielausdrücke zugelassen.

Prozedurbeschreibungen von Prozeduren, die in einem beliebigen Block aufgerufen werden, müssen unmittelbar nach der Beschreibung der Typen, der Verteiler und der Felder des entsprechenden Blocks kommen. Prozedurbezeichnungen können innerhalb von Prozeduren nur auftreten, wenn sie linke Seiten entsprechender Ergibtanweisungen sind. Darüber hinaus gibt es noch andere Arten von Beschränkungen.

Natürlich kann ein beliebiges in Smolgol geschriebenes Programm auch als ein „Algol"-Programm angesehen werden. Das umgekehrte ist im allgemeinen nicht richtig.

### 3.5. Beispiele für die Programmierung in der Sprache Algol-60

Wir betrachten zunächst als ein sehr einfaches Beispiel das Beispiel aus dem Abschn. 3.3., das wir zur Illustration der Programmierung in Maschinensprachen gewählt hatten. Es handelt sich um die Berechnung des Wertes der Summe $\sum_{k=1}^{m} 1/k^2$. Das entsprechende „Algol"-Programm kann wie folgt geschrieben werden:

```
begin real s; integer m, k;
      read (m) ; s :=0;
      for k :=1 step 1 until m do s := s + 1/k ↑ 2;
      punch (s)
end.
```

Die Prozeduren read (m) und punch (s) sorgen für die Einführung der erforderlichen Information in den Automaten (obere Summationsgrenze) und die Ausgabe des Ergebnisses des Wertes der gesuchten Summe. Man sieht leicht, daß das in Algol geschriebene Programm sehr viel anschaulicher und verständlicher ist, als das im Abschn. 3.3. angeführte Maschinenprogramm.

Sehr durchsichtig und anschaulich können auch die Programme der anderen Beispiele geschrieben werden, die im Abschn. 3.3. betrachtet wurden. Die Berechnung des Skalarprodukts zweier (reeller) Vektoren (a1, a2, ..., an) und (b1, b2, ..., bn) stellt sich wie folgt dar:

```
begin integer n : read (n);
      begin real s; integer i; real array a, b [1 : n];
            read (a); read (b); s :=0;
      for i := 1 step 1 until n do
          s := s + a [i] × b [i];
            punch (s)
      end
end.
```

Die Multiplikation des Vektors (b1, b2, ..., bn) mit der Matrix $A_{ik}$ wird in Algol durch folgendes Programm dargestellt:

```
begin integer n; read (n);
      begin integer i, k; real array s, b [1 : n], A [1 : n, 1 : n];
            read (b); read (A);
            for k := 1 step 1 until n do
            begin s [k] := 0;
                  for i := 1 step 1 until n do
                  s [k] := s [k] + b [i] × A [i, k];
            end;
            punch (s)
      end
end.
```

In diesem Programm geht eine Laufanweisung in eine andere ein. Es wurden interne Anweisungsklammern eingeführt, da in der ersten (der äußeren) Laufanweisung eine Folge ausgeführt werden muß, die aus zwei Operatoren besteht.

Wir erwähnten, daß die Sprache Algol eine universelle algorithmische Sprache ist und deshalb zur Darstellung beliebiger Algorithmen geeignet ist. Außerdem können, wie ebenfalls bereits bemerkt wurde, alle in Algol geschriebenen Programme (unter der Bedingung, daß ein genügend großes Speichervolumen zur Verfügung steht), auf einer beliebigen universellen elektronischen Ziffernrechenmaschine realisiert werden.

Wir nutzen den letzten Umstand aus, um zu illustrieren, daß universelle elektronische Ziffernrechenautomaten nicht nur gewöhnliche, sondern auch Algorithmen mit stochastischen Übergängen und beliebige selbstorganisierende Systeme von Algorithmen realisieren können.

Damit man in Algol die Möglichkeit hat, beliebige zufällige Algorithmen zu konstruieren, muß noch eine besondere Prozedur eingeführt werden, die wir mit <u>random</u> (a, b) bezeichnen. Bei jedem Aufruf bildet diese Prozedur irgendeine zufällige Zahl aus dem Intervall [a, b]. Dabei wird vorausgesetzt, daß die Auswahl auf Grund der Gleichverteilung vorgenommen wird. Nach der Gleichverteilung sind alle Zahlen eines bestimmten Intervalls gleichwahrscheinlich. Die Zufallszahlen selbst sollen vom Typ <u>integer</u> oder <u>real</u> sein, je nachdem, welcher Typ den formalen Parametern (den Intervallgrenzen) a und b zugeschrieben wird. Selbstverständlich sollen beide Parameter vom gleichen Typ sein.

Das Verfahren für diese Prozedur selbst kann in ziemlich weiten Grenzen variieren. Man kann zum Beispiel einfach in den Speicher der Maschine eine Tabelle von Zufallszahlen bringen und eine Prozedur aufbauen, die diese der Reihe nach auswählt. In einigen Fällen wird in der elektronischen Ziffernrechenmaschine selbst ein spezieller Geber für Zufallszahlen vorgesehen. Dann besteht die Prozedur in der Auswahl der von dem Geber gebildeten Zahlen mit einer nachfolgenden Transformation auf das gegebene Intervall [a, b].

Weit verbreitet sind auch verschiedene Prozeduren, die Folgen sog. Pseudozufallszahlen liefern. Zur Bildung einer derartigen Folge kann man zum Beispiel folgendes Verfahren wählen: Es wird eine bestimmte positive Zahl $a_1$ ausgewählt und ins Quadrat erhoben. Aus der erhaltenen Zahl $a_2 = a_1^2$ werden einige Stellen herausgegriffen (gewöhnlich nicht die höchsten und nicht die niedrigsten). Die Zahl $b_2$, die aus diesen Stellen gebildet ist, wird als erste Pseudozufallszahl genommen. Erhebt man $b_2$ ins Quadrat, so erhält man eine neue Zahl $a_3 = b_2^2$, mit der man genauso wie mit der Zahl $a_2$ verfährt. Setzt man diesen Prozeß fort, so erhält man die verlangte Folge von Pseudozufallszahlen.

Eine so konstruierte Folge kann man, wenn ihre Länge nicht zu groß ist, praktisch als zufällig ansehen. Bei sehr großer Länge der Folgen treten verschiedene Arten von Zyklen auf (zyklische Wiederholung schon vorher gewonnener ganzer Folgenstücke), wodurch sich dann die Pseudozufallszahlenfolgen von echten zufälligen Zahlenfolgen unterscheiden. Man kann jedoch für jeden konkreten Fall eine solche Prozedur zur Erzeugung von Pseudozufallszahlen wählen, so daß man praktisch dasselbe Resultat erhält, wie bei einer Prozedur, die echte Zufallszahlen liefert.

Mit Hilfe der beschriebenen Prozeduren können beliebige zufällige Algorithmen auf universellen elektronischen Ziffernrechenmaschinen realisiert werden. Die Realisierung von selbstorganisierenden Systemen von Algorithmen auf Rechenmaschinen ist dem Wesen nach noch einfacher, da man hier in der Regel keine besonderen Prozeduren einzuführen braucht. Eine solche Realisierung wird mit den üblichen Hilfsmitteln hergestellt, und zwar mit Hilfe von Programmen, die in der Sprache Algol geschrieben werden können.

Wir wollen Beispiele für die Art von selbstorganisierenden Systemen bringen, wie sie im Abschn. 2. beschrieben wurden.

Als erstes Beispiel betrachten wir einen selbstorganisierenden Steuerungsalgorithmus, der auf der Methode des steilsten Abfalls beruht. Aufgabe dieses Algorithmus ist die Angabe von Zahlenfeldern A [1 : n] (Steuerungseinwirkungen), für die ein bestimmtes Kriterium f einen möglichst kleinen Wert annimmt. Das Kriterium f ist dabei eine bekannte Funktion einiger Parameter (Anzeigeparameter) von Geräten, die den Prozeß kontrollieren, deren Werte periodisch in Form eines entsprechenden Feldes B[1 : m]in den Algorithmus eingeführt werden.

Die Parameter, die das Feld B (St euerungsresultate) bilden, ändern sich unter der Einwirkung der Steuergrößen (Feld A) sowie auf Grund anderer Ursachen, die am gesteuerten Objekt wirksam werden und vom Steueralgorithmus unabhängig sind. Sie resultieren aus der Änderung nicht regelbarer Parameter, deren Charakter dem Steueralgorithmus im voraus nicht bekannt ist. Man sieht leicht ein, daß der beschriebene Steueralgorithmus eine Extremalregelung (nach dem Kriterium f) verwirklicht, deren Güte um so größer ist, je kleiner das Verhältnis der Zeit ist, die der Algorithmus benötigt, um die optimalen steuernden Einwirkungen zu finden (Feld A) zu der mittleren Zeit, in der eine merkliche Änderung der nichtregulierbaren Parameter erfolgt. Man überprüft leicht, daß dann der Steueralgorithmus durch folgendes Programm in der Sprache Algol beschrieben werden kann:

```
begin integer i, j, k; real y, s; array B [1 : m], P [1 : n];
  L: read (B); y := f(B); s := 0;
     for i := 1 step until n do
     begin A [i] := A [i] + d;
           punch (A); read (B);
           P [i] := (f(B) - y)/d;
           s := s + P [i]↑2;
           A [i] := A [i] - d
     end;
     r := d/sqrt(s);
     for j := 1 step 1 until n do
     A [j] := r × P [j] + A [j];
     punch (A); read (B);
     if aBs (y-f(B)) = l then go to L else
     for k := 1 step 1 until n do
     A [k] := A [k] - r × P [k];
     punch (A);
     go to L
end.
```

In dem angegebenen Programm ist d die Schrittweite des steilsten Abfalls und l die Genauigkeit für das Erreichen eines minimalen Wertes des Kriteriums f. Die Funktion sqrt(s) ist gleich der positiven Quadratwurzel aus s. Das Feld P[1 : n]liefert die relativen Werte der optimalen Zuwüchse der Steuereinwirkungen A [1 : n] bei jedem Schritt im Prozeß des steilsten Abfalls. Vorausgesetzt wird, daß die Größen d, l, die reellen Prozeduren f(B) und sqrt(s) und die Anfangswerte der Feldkomponenten A [1 : n] von vornherein in den Algorithmus eingeführt sind (bis zu dem Aufruf mit der Marke L).

Betrachten wir nun einen Algorithmus, der die Arbeit eines bestimmten diskreten α-Perceptrons P ausführt. Wir setzen voraus, daß das Perceptron ein Netz besitzt, das aus N Rezeptoren besteht und das für die Erkennung zweier Formen gedacht ist. Die A-Elemente sind (1, 1, 1)-Neuronen, die Belohnungskonstante ist gleich Eins und die Strafkonstante gleich Null. Die auf das Netz projizierte Darstellung ist ein bestimmtes Boolesches Feld r [1 : N], das von außen abgefragt wird, wenn dem Perceptron eine neue Darstellung gezeigt wird. Von außen abgefragt wird auch die Boolesche Größe a, das Gebesignal über die Richtigkeit oder Unrichtigkeit der vom Perceptron abgegebenen Antwort p. Die Antwort p ist einfach die Nummer des Bildes, dem das Perceptron die dargebotene Abbildung zuordnet. Mit sf und ss bezeichnen wir die Ausgangssignale der Summatoren des ersten und zweiten Bildes.

Ferner setzen wir voraus, daß die Zahl der Neuronen sowohl des ersten als auch des zweiten Bildes gleich n ist. Mit xf[i] und yf[i] bezeichnen wir die Nummern der Rezeptoren des Netzes, mit welchen der erregende und gesperrte Eingang des i-ten Neurons des ersten Bildes verbunden ist. Mit xs[i] und ys [i] bezeichnen wir die entsprechenden Nummern der Rezeptoren für das i-te Neuron des zweiten Bildes und mit vf [i] und vs [i] die Gewichte der i-ten Neuronen des ersten und zweiten Bildes (i = 1, 2, ..., n). Unter diesen Voraussetzungen kann der Algorithmus, der die Arbeit des Perceptrons P (im Lernregime) ausführt,in folgender Form geschrieben werden:

```
begin integer p, i, j, k ; real sf, ss; Boolean a;
      Boolean array r [1 : N]
      L: read (r); sf := 0; ss := 0;
      for i := 1 step 1 until n do
      begin if r [xf [i]] ∧ ⌐ r [yf [i]] then
      sf := sf + vf [i]
      if r [xs [i]] ∧ ⌐ r [ys [i]] then
      ss := ss + vs [i]
      end;
      if sf > ss then p := 1;
      if sf < ss then p := 2;
      if sf = ss then go to L;
      punch (p); read (a);
      if a ∧ (p = 1) then for j := 1 step 1 until n do
      if r [xf [j]] ∧ ⌐ r [yf [j]] then vf [j] := vf [j] + 1;
      if a ∧ (p = 2) then for k := 1 step 1 until n do
      if r [xs [k]] ∧ ⌐ r [ys [k]] then vs [k] := vs [k] + 1;
      go to L
end.
```

Es wird angenommen, daß die Felder xf [1 : n], yf [1 : n], xs [1 : n], ys [1 : n], vf [1 : n] und vs [1 : n] schon von vornherein in das Programm eingeführt sind und daß die letzten beiden Felder (die Gewichte der Neuronen des ersten und zweiten Bildes) nicht nur aus Nullen bestehen. Sonst würden die Summatoren der Bilder immer nur Nullsignale (sf und ss) abgeben, und weil im Programm angenommen wurde, daß bei gleichen Summatorsignalen das Perceptron überhaupt kein Signal p abgibt, könnte es keinen Lernprozeß geben (und allgemein auch keinerlei Änderung der Gewichte).

Von der letzten Beschränkung könnte man sich befreien, wenn der Lehrer nicht einfach ein Signal der Zustimmung gibt, sondern dem Perceptron die wahre Nummer des Bildes mitteilt, zu welchem die der Reihe nach dargebotene Darstellung gehört. Ein solches Verfahren für die Funktion eines Perceptrons im Lernprozeß wurde im Abschn. 2. betrachtet. Wir wollen noch auf die Abänderungen im beschriebenen Programm hinweisen, die entsprechend diesem neuen Typ des Signals a vorgenommen werden müssen.

In der Beschreibung muß die Größe a als eine Größe vom Typ integer und nicht als Boolesche Größe deklariert werden. Die Änderungen im Programm reduzieren sich auf die folgenden: Hinter dem Operator if sf < ss then p := 2 muß anstelle des Operators if xf = ss then go to L der Operator if sf ≠ ss then punch (p) stehen. Dann müssen in den bedingten Anweisungen, die auf den Operator read (a) folgen, die Bedingungen if a ∧ (p = 1), if a ∧ (p = 2) ersetzt werden durch die Bedingungen if a = 1 und if a = 2.

Unschwer kann man auch die Änderungen beschreiben, die in dem Ausgangsperceptronprogramm vorgenommen werden müssen, wenn man nicht den Lernprozeß, sondern den Prozeß des Selbstlernens des Perceptrons modellieren will. Dazu wird die Größe a vollständig aus dem Programm zusammen mit dem betreffenden Operator read (a) ausgeschlossen. In den nachfolgenden bedingten Anweisungen müssen in den Bedingungen, die hinter den Hilfswörtern do stehen, zusätzlich noch die Glieder ∧ (sf > ss) und ∧ (sf < ss) angebracht werden.

Also kann man sowohl den Lernprozeß als auch den Prozeß des Selbstlernens eines α-Perceptrons leicht in der Algol-Sprache nachbilden. Daher lassen sich diese Prozesse auch auf universellen elektronischen Ziffernrechenmaschinen modellieren. Das gleiche gilt, wie man leicht einsieht, auch für beliebige Formänderungen und Verallgemeinerungen des Schemas eines Perceptrons.

Nun wollen wir mit den Hilfsmitteln des Algol noch ein selbstorganisierendes algorithmisches System beschreiben. Dieses soll den Prozeß der biologischen Evolution und die Entstehung neuer Arten nachbilden. Die Modellierung eines ähnlichen (wenn auch etwas davon verschiedenen) Systems wurde von A. A. Letitschewski für eine universelle Ziffernrechenmaschine verwirklicht [23].

Wir betrachten einen gewissen diskreten Raum, der aus einer endlichen Menge von Punkten besteht, die mit den Zahlen 1 bis n einschließlich durchnumeriert sind. Der Einfachheit halber setzen wir voraus, daß diese Menge zyklisch geordnet ist. Mit anderen Worten, wir definieren für jeden Punkt i zwei zu ihm benachbarte Punkte, einen unmittelbaren Vorgänger bi und einen unmittelbaren Nachfolger fi. Ist i ≠ 1, so ist bi = i − 1; für i = 1 setzen wir bi = n. Analog dazu ist für i ≠ n, fi = i + 1, und für i = n setzen wir fi = 1.

Jedem Punkt i dieses Raumes schreiben wir einen bestimmten Zustand s [i] zu, der jeden ganzzahligen Wert von 0 bis k einschließlich annehmen kann. Ist s [i] = 0, so wird der entsprechende Punkt als „leblos" angesehen. Ist s [i] ≠ 0, so nehmen wir an, daß dann der Punkt i ein bestimmtes Lebewesen repräsentiert, das sich im Zustand s [i] befindet. Als solche „Lebewesen" werden in dem betrachteten Modell abstrakte Automaten mit derselben Menge von Zuständen (1 bis k) und im allgemeinen verschiedenen Überführungstabellen und Ausgabetabellen gewählt.

Außerdem ist für jeden Punkt i unseres Raumes eine Zahl F [i] gegeben, die gleich 1 oder 0 ist, je nachdem, ob sich in dem i-ten Punkt „Nahrung" befindet oder nicht. Im Fall des Vorhandenseins von „Nahrung" in diesem oder jenem Punkt, werden die Vorräte an Nahrung als so groß (oder selbstreproduzierbar) vorausgesetzt, daß ein Automat, der sich in diesem Punkt befindet, diese Vorräte im Prozeß seiner „Speisung" praktisch nicht ändern kann. Das Feld F ändert sich bei jedem Arbeitstakt des Algorithmus entsprechend einem bestimmten „Naturgesetz", das außerhalb des Algorithmus lokalisiert sein soll.

Neben den eigentlichen Zustand s [i] eines Automaten, der sich im i-ten Punkte befindet, gehören zu diesem Automaten noch zwei Zahlen, nämlich ein Lebenszähler L [i] und ein sog. „Hunger"-Zähler H [i]. Die Größe L [i] erhöht sich bei jedem Arbeitstakt des Algorithmus um Eins, und wenn sein Wert eine bestimmte vorgegebene Schwelle l überschreitet, geht der entsprechende Automat in den Nullzustand über, d.h., er wird vernichtet (dies ist die Nachbildung des natürlichen Todes).

Die Größe H [i] erhöht sich um Eins, wenn F [i] = 0 ist (wenn sich der Automat also in einem Raumpunkt befindet, in dem keine „Nahrung" vorhanden ist und vermindert sich um Eins im entgegengesetzten Fall, jedoch so, daß keine negativen Werte auftreten können (im Fall, daß H [i] = 0 ist, setzen wir H [i] – 1 = 0). Überschreitet die Größe H [i] eine bestimmte gegebene Schwelle h, so geht der entsprechende Automat auch in den Nullzustand über (dies ist die Nachbildung des Hungertodes).

Eingangssignale für den Automaten, der sich im Punkt i befindet, sind die Zustände s [bi] und s [fi] der zu ihm benachbarten Punkte, und auch die Signale F [bi], F [i], F [fi] über das Vorhandensein oder Nichtvorhandensein von Nahrung im i-ten Punkt selbst und in den dazu benachbarten Punkten. Ausgangssignal m ist die sog. Bewegung des Automaten, mit anderen Worten die Änderung der Nummer des von ihm eingenommenen Raumpunktes im gegebenen Arbeitstakt des Algorithmus. Wir nehmen an, daß die Größe m nur die drei verschiedenen Werte 0, 1 und – 1 annehmen kann.

Da fünf Eingangskanäle vorhanden sind, sind die Überführungstabellen und Ausgabetabellen jedes Automaten in Form von 6-dimensionalen Feldern gegeben. Für die Angabe der Überführungstabellen und Ausgabetabellen aller Automaten benutzen wir 7-dimensionale Felder SP [1 : n, 1 : k, 0 : k, 0 : k, 0 : 1, 0 : 1, 0 : 1] und M [1 : n, 1 : k, 0 : k, 0 : k, 0 : 1, 0 : 1, 0 : 1]. Der erste Index in jedem dieser Felder bezeichnet die Stelle i, in der sich der Automat befindet, der zweite Index den Zustand s [i] dieses Automaten, der dritte und vierte sind die Zustände der benachbarten Punkte s [bi] und s [fi], der fünfte, sechste und siebente Index sind die Signale F [i], F [bi] und F [fi] über das Vorhandensein oder Nichtvorhandensein von Nahrung in dem Punkt selbst und den dazu benachbarten Punkten.

Der durch die Ausgabetabelle M gegebenen Bewegung legen wir keine weiteren Beschränkungen auf. Wir fordern nur, daß die betreffende Bewegung nur dann ausgeführt wird, wenn der Punkt, zu dem sich der Automat bewegt, nicht schon von einem anderen Automaten besetzt ist.

Die Änderung des „Lebens-" und des „Hunger"-Zählers wird nach Ausführung der Bewegung und Übergang des Automaten in den neuen Zustand durchgeführt. Kommt es dabei nicht zum Untergang des Automaten und ist seine Bewegung nichttrivial (d.h., bleibt der Automat nicht auf dem alten Platz), so kommt es, wenn einige zusätzliche Bedingungen erfüllt sind, zu einer Vermehrung des Automaten durch Teilung.

Dabei behält der verschobene Automat A seine Struktur, nur sein Lebenszähler wird auf Null gestellt. Auf der Stelle, an der sich der Automat A vorher befunden hat, entsteht ein Duplikat, das sich von A nur dadurch unterscheidet, daß in jedem der beiden Felder, die die Übergänge und Ausgaben des Automaten A beschreiben, eine Zahl (die dem neuen Zustand oder der neuen Bewegung des Automaten entspricht) durch eine zufällige Zahl ersetzt wird. Der „Lebens"-Zähler des neuen Automaten wird ebenfalls auf Null gestellt.

Damit eine Vermehrung möglich ist, muß die Anzeige des „Lebens"-Zählers zwischen zwei gegebenen Zahlen ll und lu liegen, und der „Hunger-Zähle darf eine bestimmte gegebene Zahl hu nicht überschreiten.

Für die Erzeugung der Zufallszahlen legen wir ein besonderes ganzzahliges Verfahren random (a, b) fest, das bei jedem Aufruf eine bestimmte in dem abgeschlossenen Intervall [a, b] liegende ganze Zahl abgibt. Alle ganzen

Zahlen des angegebenen Intervalls werden als gleichwahrscheinlich angesehen. Verfahren zur Realisierung derartiger Konstruktionen wurden bereits beschrieben.

Der von uns anzugebende Algorithmus muß während eines Arbeitstaktes die Durchsicht aller Punkte des Raumes vornehmen und die angegebenen Änderungen bewirken. Bei dem nächsten Takt muß der Algorithmus neue Werte aller Komponenten des F [1 : n] einlesen und zur Ausführung des nächstfolgenden Taktes übergehen. Die Takte werden wir mit Hilfe einer besonderen Größe t zählen. Wenn diese Größe eine gegebene Schranke p erreicht, soll der Algorithmus seine Arbeit einstellen.

Zur Erleichterung der Programmierung des beschriebenen Algorithmus in Algol führen wir drei Blöcke ein, die die Verschiebung des im i-ten Punkt befindlichen Automaten, seinen Untergang und seine Vermehrung beschreiben. Wir bezeichnen der Kürze halber diese Blöcke mit $\mathfrak{B}_1, \mathfrak{B}_2$ und $\mathfrak{B}_3$ und schreiben für jeden dieser Blöcke ein entsprechendes Algol-Programm.

Block $\mathfrak{B}_1$:

```
begin integer m, j, bs, fs, f, bf, ff;
        m := M [i, s [i], s [bi], s [fi], F [i], F [bi], F [fi]];
        pi := if i + m > n then 1 else i + m;
        if s [pi]≠0 then pi := i comment pi ist die Nummer des Punktes, in
        den sich der betrachtete Automat verschiebt;
        L [pi] := L [i] + 1;
        H [pi] := if F [pi] = 0 then H [i] + 1 else if H [i] ≠ 0 then
        H [i] − 1 else 0;
        if pi ≠ i then
        for j := 1 step 1 until k do
        for bs := 0 step 1 until k do
        for fs := 0 step 1 until k do
        for f := 0,1 do for bf := 0,1 do for ff := 0,1 do
        begin SP [pi, j, bs, fs, f, bf, ff] := SP [i, j, bs, fs, f, bf, ff];
              M [pi, j, bs, fs, f, bf, ff] := M [i, j, bs, fs, f, bf, ff]
        end;
        s pi := SP [i, s [i], s [bi], s [fi], F [i], F [bi], F [fi]]
end.
```

Der Block $\mathfrak{B}_1$ verwirklicht eine Verschiebung des Automaten aus dem Punkt i in den Punkt pi, seinen Übergang in einen neuen Zustand (der bestimmt ist durch die Situation in dem Moment, in dem sich der Automat im Punkt i befindet), die Änderung der Zustände der Lebens- und der Hungerzähler und eine Umschreibung der Felder, die die Übergangsfunktionen und Ausgabefunktionen der Automaten bestimmen entsprechend der neuen Lage des Automaten. Beim Austritt aus diesem Block bleiben die Werte i und pi erhalten.

Der Block $\mathfrak{B}_2$ ist ganz einfach: begin s [pi] := 0 end.

Wir bemerken, daß das Programm von uns so aufgebaut wird, daß nach einem Untergang eines Automaten im Punkt pi die Werte L [pi] und H [pi] wie die Werte der entsprechenden Feldkomponenten SP und M erhalten bleiben, wodurch keine Fehler hervorgerufen werden können. Dies wird dadurch erreicht, daß bei Wiederholung des Programms alle aufgezählten Größen, bevor sie benutzt werden, neu definiert werden, weil sie zwangsläufig vorher als linke Seiten entsprechender Ergibtanweisung auftreten.

Der „Vermehrungs"-Block $\mathfrak{B}_3$ ist wie folgt aufgebaut:

```
begin integer rj, rbs, rfs, rf, rbf, rff, j, bs, fs, f, bf, ff;
      Boolean B; rj := random (1, k);
      rj := random (1, k);
      rbs := random (0, k);
      rfs := random (0, k);
      rf := random (0, 1);
      rbf := random (0, 1);
      rff := random (0, 1);
      for j := 1 step 1 until k do
      for bs := 0 step 1 until k do
      for fs := 0 step 1 until k do
      for f := 0,1 do for bf := 0,1 do for ff := 0,1 do
      begin B := j := rj ∧ bs := rbs ∧ fs := rfs ∧ f := rf ∧ bf := rbf ∧ ff := rff;
            SP[i, j, bs, fs, f, bf, ff] := if B then random(1, k)
            else SP[pi, j, bs, fs, f, bf, ff];
            M [i, j, bs, fs, f, bf, ff] := if B then random (- 1,1)
            else M [pi, j, bs, fs, f, bf, ff]
      end
end.
```

Das gesamte Modellierungsprogramm für den Evolutionsprozeß läßt sich dann folgendermaßen darstellen:

```
begin integer t, i, bi, fi, p, q, pi;
      integer array F [1 : n], S [1 : n], L [1 : n], H [1 : n],
      Sp [1 : n, 1 : k, 0 : k, 0 : k, 0 : 1, 0 : 1, 0 : 1], M [1 : n, 1 : k, 0 : k,
      0 : k, 0 : 1, 0 : 1, 0 : 1];
      for q := 1 step 1 until k do
      L [q] := H [q] := 0;
      t := 0, i := 1; read (S); read (SP); read (M);
   Q: read (F); fi := if i ≠ n then i+1 else 1;
      if S [i] = 0 then begin i := fi; go to P end;
      bi := if i ≠ 1 then i - 1 else n;
                  |Block 𝔅1| ;
      if L [pi] > 1 ∨ H [pi] > h then
                  |Block 𝔅2| ;
      if pi ≠ i ∧ H [pi] ≦ hu ∧ L [pi] ≦ lu ∧ L [pi] ≧ ll then
                  |Block 𝔅3| ;
      if pi ≠ fi then i := fi else i := if fi ≠ n then fi + 1
      else 1;
   P: if i = 1 ∨ pi = 1 then t := t + 1 ; if t ≠ p then go to Q
end.
```

Das von uns angegebene Programm ist hinsichtlich des Speicherbedarfs und der Notwendigkeit der Umschreibung mehrdimensionaler Felder nicht ökonomisch. Man erhält ein wesentlich ökonomischer aufgebautes Programm, wenn man eine Numerierung der Automaten durchführt und in den Folgen L, H, SP und M anstelle der Nummern des jeweiligen Punktes die Nummer des entsprechenden Automaten verwendet.

Bei der Modellierung eines Evolutionsprozesses auf einer universellen elektronischen Ziffernrechenmaschine wurde in der Arbeit [21] ein Programm mit geringeren Möglichkeiten verwendet. Trotzdem zeigen die damit durchgeführten Versuche, daß sogar unter diesen Bedingungen die Qualität der

Modellierung recht befriedigend ist. Bei relativ einfachen „Naturgesetzen" wurde ein Anpassungsprozeß der Automaten an das umgebende Milieu und die Herausbildung stabiler „Arten" schon nach einigen hunderttausenden von Arbeitstakten des Algorithmus beobachtet und nach dem Wechsel einer bestimmten Anzahl von „Generationen". Die ursprüngliche Tabelle der Übergänge und Ausgaben der Automaten (die Felder M und Sp) in unserem Fall wurden vollständig willkürlich vorgegeben. Im Prozeß der Evolution kam es zum Aussterben schlecht aufgebauter Automaten und der Entstehung von Formen, die für das „Leben" unter den gegebenen Bedingungen besser geeignet waren.

# Literaturverzeichnis


[1] Attley, O.M.: Mășiny uslovnoj verojatnosti i uslovnye refleksy, v sb. „Avtomaty", IL, M., 1956.

[2] Aufenkamp, D. D.: Analysis of sequential machines II, IRE Trans., EC-7, 1958, Nr. 4.

[3] Aufenkamp, D. D.; Hohn, F. S.: Analysis of sequential machines I, IRE Trans., EC-6, 1957, Nr. 4.

[4] Barsov, A. S.: Čto takoe linejnoe programmirovanie, Fizmatgiz, 1959.

[5] Bellman, R.: Dinamičeskoe programmirovanie, IL, M., 1960.

[6] Braverman, É. M.: Opyty po oblučeniju mašiny raspoznavaniju zritel'nych obrazov, Avtomatika i telemechanika, 1962, Nr. 3.

[7] Copi, I. M.; Elgot, C.; Wright, J. B.: Realisation of events by logical nets, Journ. Assoc. Com. Mach., 1958, v. 5, Nr. 2.

[8] Feller, V.: Vvedenie v teoriju verojatnostej i ee priloženija, IL, M., 1952.

[9] Gel'fand, I. M.; i Cetlin M. L.: O nekotorych sposobach upravlenija složnymi sistemami, UMN, 1962, T. 17, vyp. 1.

[10] Ginsburg, S.: Synthesis of minimal state machines, IRE Trans., EC-8, 1959.

[11] Gluškov, V. M.: Ob odnom algoritme sinteza abstraktnych avtomatov. UMZ, 1960, T. 12, Nr. 2.

[12] Gluškov, V. M.: Ob odnom metode analiza abstraktnych avtomatov, DAN USSR 1960, Nr. 9.

[13] Gluškov, V. M.· Nekotorye problemy sinteza cifrovych avtomatov, Žurnal vyčislitelnoj matematiki i matematičeckoj fiziki, 1961, T. 1, Nr. 3.

[14] Gluškov, V. M.: Ob odnom metode avtomatizacii programmirovanija, Problemy kibernetiki, 1959, vyp. 2.

[15] Gluškov, V. M.: Samoorganizujuščiesja sistemy i abstraktnaja teorija avtomatov, Žurnal vyčislitel'noj matematiki i matematičeskoj fiziki, 1962, T. 2, Nr. 3.

[16] Gluškov, V. M.; Griščenko, N. M.; Stognij, A. A.: Algoritm raspoznavanija osmyslennych predlozenij, v sb. „Principy postpoenija samoobučajuščichsja sistem", Gostechizdat, K., 1962.

[17] Goldman, S.: Teorija informacii, IL, M., 1957.

[18] Joseph, A. D.: On predicting Perceptron Performance, IRE Intern. Conv. Rec., 1960, v. 8, Nr. 2.

[19] Kantorovič, V. L.: Matematičeskije metody organizacii i planirovanija proizvodstva, Izd-vo LGU, L., 1939.

[20] Klinin, S.: Predstavlenie sobytij v nervnych setjach i konečnych avtomatach, v sb. „Avtomaty", IL, 1956.

[21] Kolmogorov, A. N.; Uspenskij, V. A.: K opredeleniju algoritma, UMN, 1958, T. 13, vyp. 4 (82).

[22] Kramer, G.: Matematičeskie metody statistiki, IL, M., 1948.

[23] Leticevskij, A. A.; Dorodnicyna, A. A.: Modelirovanie estestvennogo otbora na vyčislitel'noj mašine, v sb. „Principy postroenija samoobučajuščihhsja sistem", Gostechizdat, K., 1962.

[24] Mealy, G. H.: A Method for Synthesizing Sequential Circuits, Bell System Techn. J., 1955, v. 34.
[25] Moore, É. F.: Umozritel'nye éksperimenty s posledovatel'nostnymi mašinami, v sb. „Avtomaty, IL, 1956.
[26] Roberts, I. O.: Pattern Recognition with an Adaptive Network, IRE Intern. Conv. Rec., 1960, Nr. 2.
[27] Romanovskij, V. I.: Diskretnye cepi Markova, GTTIL, M.-L., 1949.
[28] Rosenblatt, F.: Two Theorems of statistical Separability in the Perceptron, Symp. Mechaniz. Thought Proc., Nat. Phys. Lab., Teddington, England, 1958.
[29] Selfridge, O. G.: Pandemonium: A paradigm for Learning, Symp. Mechaniz. Thought Proc., Nat. Phys. Lab., Teddington, England, 1958.
[30] Wilkes, M. V.; Stringer, J. B.: Microprogramming and the Design of the Control Circuits in an Electronic Digital Computer, Proc. Cambridge Phil. Soc., 1953, v. 49, Nr. 2.
[31] Cetlin, M. L.: Nekotorye zadači o povedenii konečnych avtomatov, DAN SSSR, 1961, T. 139, Nr. 4.

Bei Fragen zur Produktsicherheit wenden Sie sich bitte an:
If you have any questions regarding product safety,
please contact:

Walter de Gruyter GmbH
Genthiner Straße 13
10785 Berlin
productsafety@degruyterbrill.com